U0175126

Un irlandais, St Desle, fonda [illegible]
Seigneur de Besançon, St Donat [illegible]
Pour les femmes, il a fonda Jus[illegible]
règles de St CÉSAIRE [que Ste R[illegible]
Celle-ci est aujourd'hui une caserne.

Le frère de St Donat ~~fonda~~ rétablit Romain-Moutier
[Elle est consacrée par pape Étienne II. Devient Cluny.]

Bèze.

Cusance.

St Ursanne, à Bâle.

St Germain de Grandval.

St Vandrille ~~et~~ reine Bathilde, batissent Fontenelle
Scoarnis sont Archevêque Ouen et Philibert de Jumièges
St Phil. fonda encore Noirmoutier en Poitou et Montivilliers de
Caux pour femmes.

Trois frères bénis par Colomban.
1° Adon — Jouarre
2° Radon — Reuil (Radolium)
3° Dadon, c'est Ouen (Audoenus). évêque de Rouen
Fondation de Rebais, dont l'abbé est St Agile de Luxeuil.

Ste Fare, de Meaux, a été béni par St Col. Elle fonda Faremoutiers
L'Irlandais, St Fursy : Lagny-sur-Marne.
St Frobert : Moutier-la-Celle, près Troyes.
Berchaire : Hautvillers et Moutier-en-Der.
Ste Salaberge à Laon.

Luxeuil maritime à Leuconaüs, à l'embouchure de Somme.
C'est St Valéry. Ses reliques furent translatées par Richard-Coeur-de-Lion à St Valéry-en-Caux.

（一）

"建筑是石头的史书"，"建筑是艺术的最高峰"。十九世纪，这两句话在欧洲很流行，已经很难确实地说是哪位聪明人先想出来的了。十九世纪，欧洲人已经认识了建筑在人类文化中的地位了。

建筑在文化中的地位，决定于它的性质、作用和它达到的高度，技术的和艺术的高度。它不是一般的[illegible]，它是Monument，这就是它的性质。

从黄土地上的窑洞，到小山村温馨的围屋，到豪华的宫殿，到金字塔、圣母教堂、万神庙，到万里长城，建筑性质的多样和变化的跨度之大，包容了整个的人类文化。人类没有第二种作品，有建筑这样的气魄，丰富、豪华、精致，有性格、有感情。

建筑是人类历史的文化档案，它记录着人类为创造历史而付出的一切，也真实、生动、准确地记录着人类文明的发展和成就

陈 志 华 文 集

【卷七】

建筑遗产保护文献与研究

陈志华　译／著

商务印书馆
创于1897 The Commercial Press

编辑委员会

（按姓氏拼音排序）

杜　非　　黄永松　　赖德霖　　李玉祥　　罗德胤

舒　楠　　王贵祥　　王明贤　　王瑞智

责任编辑

杜　非　　庄昳泱　　曹金羽

出版说明

1981年，陈志华参加由联合国教科文组织的国际文物保护研究所组织的文物建筑保护研究班，从此开始系统地学习、考察、研究和推广国际先进的建筑遗产保护理论与实践。他自法文和英文文献翻译了反映国际建筑遗产保护理念和方法论形成过程的重要文献和权威性文件，其中大部分收入于1992年出版的《保护文物建筑和历史地段的国际文献》（台湾博远出版有限公司）。在此基础上，1986—2014年，他在《世界建筑》《建筑学报》《时代建筑》《中国文物科学研究》《建筑师》《乡土建筑遗产的研究与保护》《建筑史》《读书》《中华遗产》《人民日报》《光明日报》《中国文物报》《中国旅游报》《新京报》上刊载了介绍、阐释、研究、评论论文和文章四十篇左右，内容主要集中在建筑遗产保护、乡土建筑遗产保护和北京古城保护三个方面。

受陈志华本人授权，本卷将陈志华翻译的这部分文献和撰写的文章新辑为一册，分上、下部，上部为文献部分，以文献形成先后排序；下部“研究与评论”以各主题下文章发表时间前后排序，作为卷七，收入《陈志华文集》，由商务印书馆出版。

商务印书馆编辑部

2021年6月

目 录

上部

保护文物建筑和历史地段的国际文献

下部

研究与评论

上部

保护文物建筑和历史地段的国际文献

拉斯金论文物建筑保护*

（1849）

“修复”（restoration）这个词儿，群众不懂，关心公共纪念物的人们也不懂。它意味着一幢建筑物所能遭到的最彻底的破坏，一种一扫而光什么都不留下的破坏，一种给被破坏的东西描绘下虚假形象的破坏。再也不要在这件重大事情上自欺欺人了，根本不可能修复建筑中过去的伟大和美丽，就像不能使死者复活一样。建筑物的生命，它的由工人们的手和眼所赋予的灵魂，是不能再现的。另一个时代能给它另一种灵魂，使它成为新建筑；已经死了的工人的精灵不能再回来指导别人的手和思想。至于忠实的模仿复制，显然是办不到的。已经剥蚀了半寸的表面能复制得出来吗？全部雕饰都在失掉了的半寸里；如果你尝试重做那些雕饰，你就是臆测着做的；如果你复制残存的那些，姑且假定能够做得很像，那么，新的比旧的好在哪里呢？在旧东西里有生命，有对它的过去面貌的显示，也显示它所失去的是什么；经风雨和太阳剥蚀而变得柔和的线条里有一些甜蜜的东西。而在新的雕刻里，除生硬之外一无所有。……

不要再提修复了罢。所谓修复，从头到尾是个骗局。你能给一

---

* 译自《建筑七灯》的“论纪念性”。拉斯金（John Ruskin，1819—1900），英国维多利亚时代作家、哲学家、艺术评论家。作为建筑理论家，反对文物建筑修复，倡导“绝对保护”，影响深远。

座建筑物做一个模型，就像给尸体做模型一样，你能把原有的断壁残墙嵌到你的模型里去，就像把骷髅嵌在模型里一样，但我丝毫也看不出这有什么好处。古老的建筑物还是毁掉了，比埋没在一堆灰尘里更彻底、更无情地毁了，还不如化为泥土。尼尼微的废墟比重建过的米兰能使我们知道得更多。但是，有人说，可能有修复的必要！就算如此。仔细看看这种必要，了解一下它的真相。其实这是一种拆除的必要。承认它，接受它，那么，把老建筑物推倒，把石头块扔到荒僻的角落里去，用它们做炮弹或者砂浆，怎么干都行，但是要老老实实地干，不要在它们的原地上说谎话。你只要在这种必要性来到之前认真预防，就能制止它。我们现在的规矩是：先把建筑物丢在一边任它颓败；然后再去修复它。其实，只要适当地照顾你们的纪念性文物建筑，你们就没有必要去修复它们了。及时地盖一块铁皮到屋顶上，及时把断枝败叶从水沟里清理出去，就能把屋顶和墙保住，不致损坏。要小心翼翼地爱惜一幢古建筑物，尽一切努力、不计工本地去保护它，不要让它受到任何损伤。像对待王冠上的宝石那样去对待古建筑物的每一块石头，像城池被围困时派人守住城门那样派人守住古建筑物。石头松动了，就用铁条箍上，歪了就支上木撑，不要怕铁条和木撑难看，用拐棍比断腿好。这些工作要做得细致，做得诚心诚意，要坚持不懈，那么，就还会有许许多多代的人在这古建筑物的庇护下出生，成长，再安静地死去。古建筑物总有一天会临到末日的，就让这一天公开地来吧，我们发讣告好了，不要用假造的替身去剥夺它的令人怀念的葬礼。

至于那些蛮横无知得多的粗暴破坏，说了也没有用；我的话到不了干那种事情的人的耳朵里，不过，管他们听不听呢，我还得把真理说出，这就是：该不该原样保护古代的建筑物，既不是一个功利性问题，也不是一个情感性问题。我们没有任何权力去触动它们。它们不是我们的。它们一部分属于那些建造它们的人们，一部分属于以后一代一代的人们。死去了的人们仍然保持着对它们的权力。他们工作的追求，他们对成就的自豪，他们所表达的宗教感情，以及他们打算在这些建筑物上传之永久的那一切，我们都没有权力去抹杀。我们尽可以拆除我们自己建造的东西。但是，别人对用他们的力量、财富和生命去完成的东西拥有权力，死了还有！这些东西属于他们的子孙后代。只考虑我们眼前的方便，我们认为有些古建筑物没有用处了，就把它们拆掉，这会在以后使千百万人伤心、难过。我们没有权力使人伤心，使人遭到损失。……满不在乎地破坏任何东西的人都是贼、土匪，不管他是有意强暴，还是好心办坏事；不管是芸芸众生，还是坐在衙门里的老爷。而建筑物的被破坏，总是由于满不在乎。

原载《保护文物建筑和历史地段的国际文献》，
台湾博远出版有限公司，1992年

维奥勒-勒-杜克论文物建筑的修复*

（1858）

修复（restauration）这个字眼和这件事情都是现代的。修复一座建筑物，不是维持它，不是修缮它，也不是翻新它，而是要把它复原到完完整整的状态，即使这种状态从来没有真正存在过。

我们可以说，修复我们在建筑物上见到的所有东西，跟企图用原先想必存在过的东西来取代后来的外形一样，都是危险的。前一种情况，艺术家的真诚善意可能铸成大错，使后人篡改的经文神圣化；后一种情况，用原来的外形取代后人熟知的现存外形，也会使某次修缮的痕迹消失，而那次修缮有充分的理由记录下一桩特殊事件。

……每一座建筑物，或者建筑物的每个局部，都应当修复到它原有的风格，不仅在外表上要这样，而且在结构上也要这样。……因此，在修复工作开始之前，首要的是确切地查明每个部分的年代和特点，根据它们拟定一个以可靠文献为依据的逐项实施计划，或者是文字的，或者是图像的。……负责修复的建筑师，不但要确实地精通艺术史各时期特有的风格，而且要精通各流派的风格。……

……修复工作困难重重。通常是，一个时期或一个流派的文物建筑

* 译自《11—16世纪法国建筑词汇注释》。维奥勒-勒-杜克（Engène Violet-le-Duc，1814—1879），法国建筑师与理论家，“风格修复”的倡导者，法国哥特复兴建筑的中心人物，主持修复巴黎圣母院、皮耶枫城堡等中世纪文物建筑。

或它们的局部经过了好多次的重修，而且是由别处来的工匠们重修的。因此就有许多困惑。如果既要修复原先部分也要修复改动过的部分，那么，是要不顾这些改动，重新把弄乱了的风格统一起来呢？还是精确地修复一切，包括修复后来的改动？看来，绝对化地采用这两种做法之一是危险的……要根据具体情况办事。（例如）首先，负责修复的建筑师，比具备丰富的考古知识更重要的是要有丰富的结构知识和经验，不是一般的而是专业意义上的高水平的结构专家，这就是说，他应当精通各个不同时代的和不同流派的建筑的建造方法。这些建造方法的价值是相对的，并不都同样好。有一些已经理所当然地被废弃掉了，因为它们有缺点。举一个例子：一座檐口底部没有截水槽的12世纪的建筑，在13世纪修缮时加了复合式的截水槽。现在整个檐口都坏了，必须重修。那么，难道应该除掉13世纪的截水槽而恢复12世纪没有截水槽的槽口吗？当然不行，必须再把13世纪的截水槽做出来，并且把檐口改成13世纪的式样，因为12世纪的檐口是从来不做截水槽的。如果打算做一个12世纪的檐口而又凭想象给它添一个截水槽，那就是造一部石头的假史书。另一个例子：一座12世纪的教堂的中厅的拱顶局部损坏了，后来修缮时没有维持原样而是用了当时的式样。这后修的部分又将要倒塌了，非再修缮不可。那么，应该把这部分修复到原先的式样呢，还是照那次修缮的式样？这种情况，还建筑物以统一是有很大好处的，而保留那修缮的样子却没有好处。这跟前一个例子不同，在那个例子里是要保持对一个有缺点的做法的改进，而在这个例子里，那次修缮是缺乏研究的，它采用了一种一直沿用至今的方法，即：在翻修和修复一座建筑物的时候，都要采用修复时通用的形式。让我们遵循跟它相反的原则吧，这就是：把每一幢建筑物都修复到它原有的样式。设想一下，假如那个跟原先的拱顶格格不入的后修而又要再修的部分是非常美丽的，它们展现了图案精美的彩色大玻璃窗，它们有条有理地跟价值很高的外部结构系统形成一体。那么，为了复原最初的中厅的纯洁性要把它们全都拆掉吗？把这些彩色玻璃窗存到仓库里去吗？就让扶壁、飞券等等什么都不支承，无所事事地呆在那儿吗？当然不，由此可见，在修复工作里的绝对化原则会导致荒谬。

有时候，要彻底大修一座大厅的柱子，这些柱子原先用的石料太脆，厚度又太小，以致被荷载压裂了。过去，这些柱子中的一部分陆续修缮过，改变了它们原先的断面。我们在重新修缮这部分柱子的时候，要保持它们不同的断面并保持石料原来不够结实的厚度吗？不！我们要把每棵柱子的断面都恢复到原先的样子，却用更厚的大石块来砌筑它们，以防再度裂开。但是，有些柱子是根据人们对整座文物建筑的改动设计而调整了断面的，是从艺术进步角度来看有重要意义的改动……在彻底翻修时，我们要去掉这个没有完全实现却显示了新学派潮流的改动设计的痕迹吗？不！我们要按照改动过的样子来重建它们，因为这个改动可能说明艺术史中的一个问题。……

在教堂的一个中厅的扶壁之间，增添了小礼拜室，它们的窗下墙和窗侧墙跟先于它们建造的扶壁没有任何联系，并且很容易看出来它们是后加的。现在，风化了的扶壁的外表面要重修，小礼拜室也要重修。我们要这造于不同时期却在同时重修的两部分联系起来吗？不！我们小心翼翼地保持这明显不同的两部分，不联系它们，以便人们永远能看出来这些小礼拜室是后来加建在扶壁之间的。

同样，应该机智地在建筑物的隐蔽部分保存能说明对原先处理所做的一切增添和修改的痕迹。……

在修复工作中，必须时刻牢记一项基本原则。这就是，只许用更好的材料，更牢靠或更完善的方法来取代坏掉了的部分。修复建筑是为了把它传给将来，修复之后，它将来的生命要比已经过去的长。……

负责修复一座建筑物的建筑师，不但要熟知这幢建筑物的风格和它所属的流派的风格，而且，如果可能，最好是熟知它的结构，它的构造，它的性格气质，因为他的首要的责任是使它有生命力。……

经过了建筑师的手之后，建筑物不应该比修复之前更不便于使用。

书呆子式的考古学家们经常不考虑这种需要，尖锐地责备建筑师对眼前的需要让步，就好像那委托给他们的文物建筑是他自己的东西，好像他不必完成付托给他的任务。……其实保护文物建筑的一个好办法就是给它找一个合适的用途，好好地去满足这个用途的各种需要，条件是不改动它。……

在这样的情况下，最好是把自己放在原先的建筑师的地位上，设想他复活回到这世界来，人们向他提出了现在提给我们的任务，他会怎么办。当然，必须具备这些古代匠师所具备的一切，要按照他们的工作方式工作。好在中世纪的艺术在外行人看来好像局限于几个狭窄的程式，而在内行人看来，它的手法其实是很灵活、很巧妙、很开放和很自由的，它没有不能完成的任务。它建立在一些原则之上，而不是建立在一个程式上；它在任何时候都可以满足任何需要，就好像一种完美的语言能表达一切思想而不致犯文法错误一样。必须掌握，精湛地掌握这套文法。

原载《保护文物建筑和历史地段的国际文献》，
台湾博远出版有限公司，1992年

英国文物建筑保护协会成立宣言
（威廉·莫里斯*，1877）

一个协会，以上示名称出现在公众之前，它必须解释为什么和怎么样，它建议保护那些古建筑。对大多数人来说，那些古建筑本来就已经有了这么多的、这么杰出的保护人了。那么，我们就做出解释。

无疑，在过去五十年里，对那些古代艺术纪念物的新兴趣高涨起来了，几乎跟别的意识一样，它们成了一门最吸引人的学术的对象，成了宗教热情、历史热情、艺术热情的对象，这是我们时代确定无疑的收获之一。但我们认为，如果继续像目前这样对待它们，我们的后代将会发现它们不值得研究了，它们会给热情泼冷水。我们认为，最近五十年的知识和关怀对它们的破坏比过去几百年的革命、暴乱和忽视都厉害。

因为，建筑学长期衰落，终于在关于中世纪艺术的知识诞生的时候死亡了，至少作为一种人民的艺术是死亡了。所以，19世纪的文明世界，纵然对过去许多世纪的各种风格有很广泛的知识，却没有它自己的风格。由于这个一得一失，在人们的脑子里产生了一个古怪的念头，这就是修复古建筑，一个古怪而又最糟糕透顶的念头，它的名称就意味着可以从古建筑身上去掉这个、那个，去掉它历史的一部分，也就是去掉它生命的一部分，然后在某一个随意选定的状态上罢手，而认为使它仍

* 威廉·莫里斯（William Morris，1834—1896），19世纪英国设计师、诗人、早期社会主义活动家，工艺美术运动的创始人，1877年创建英国文物建筑保护协会。

然是历史的，是活的，甚至跟过去一样。

早年，这种伪造历史是不可能的，因为那时知识还不足，或者，说不定是本能使他们不敢干。如果必须维修，如果野心或者虔敬心驱策他们去改变，这改变必然是照当时流行的式样，清清楚楚，不会误认的。一座11世纪的教堂可能在12、13、14、15、16或者甚至在17或18世纪扩建或者改建。但每一次改变，不论它毁灭了多少历史，它留下了自己的历史，它在它以自己当时的式样所作所为中活了下来，这样，结果是，常常有一些建筑物，虽然经过许多粗糙的、历历可见的改变，由于这些改变之间存在着对比，仍然是很有意思的、很有益处的，而且绝不会叫人弄错。但现在那些人，他们以"修复"（restoration）为名进行改变，声称要把建筑物带回它历史上最好的情况去，但他们并没有科学根据，仅仅根据他们自己的狂想，决定什么是有价值的，什么是没有价值的。他们的工作的性质迫使他们破坏一些东西，迫使他们用想象出来的原先的建筑者应该或者可能做过的东西来填补空白。而且，在这个破坏和增添的双重过程中，建筑物的表面必然会遭到窜改，因此，古物的面貌就被从它保留下来的古老的身上弄掉了，并且没有任何痕迹可以满足参观者对于弄掉了的东西的推测。总而言之，这种劳民伤财的"修复"的最后结果是一个卑微的、毫无生命的假古董。

说来叫人伤心，就是按照这种方式，英国和欧陆上的大多数大型教堂和大量其他建筑物，都被一些常常是很有才华的人、理应得到更好的职位的人处理过了。这些人对诗和历史的真谛一窍不通。

为了那些还剩下的古建筑，在建筑师、官方监督人、公众前面抗辩，我们求他们记得，宗教、思想和过去的风尚习俗已经失去了多少，都从没得到普遍的赞同去"修复"它们；求他们考虑，有没有可能"修复"那些建筑物，即它们的活的灵魂是宗教、思想和过去的风尚习俗的不可分割一部分的那些建筑物。至于我，我们可以向他们无所顾虑地肯定，迄今为止搞过的所有"修复"中，最坏的那些意味着不顾一切地剥掉建筑物的一些最有意义的物质面貌；而最好的那些像修复一幅古画，画上局部损伤了的古代大师的手笔被现在平庸的、不动脑筋的雇佣文人的手弄得干干净净、光光溜溜。此外，如果问我们，是建筑物上的什么艺术、风格，或其他有意义的东西，使这建筑物有保护的价值，我们回答，是任何可以认为是艺术的、审美的、历史的、古老的或者本质性的东西；总之，有教养的、懂艺术的人们认为值得讨论的任何东西。

因此，为了这些建筑物，各个时代、各种风格的建筑物，我们抗辩、呼吁处理它们的人，用“保护”（protection）代替“修复”，用日常的照料来防止败坏，用一眼就能看出是为了加固或遮盖而用的措施去支撑一道摇摇欲坠的墙或者补葺漏雨的屋顶，而决不假装成别的什么，并且反对窜改这幢还没有倒塌的建筑物的本体或装饰。如果它已经不适合于当今的用途，那么，另造一幢，而不要去改变或扩建旧的。因为古建筑是一种已经过去了的艺术的纪念物，是由已经过去了的方式创造的，所以，现代的技艺只要一介入进去，就必然会破坏它。

只有这样，我们才能免于受人责备，说我们的学识反倒成了坑害我们的陷阱。只有这样，我们才能保护我们的古建筑，把它们富有教益地、神圣地交给我们的子孙。

原载《保护文物建筑和历史地段的国际文献》，
台湾博远出版有限公司，1992年

国际建筑师协会第六次大会决议

（马德里，1904）

一、文物建筑可以分为两类：死去了的文物建筑，它们属于一种过去了的文明，或者已经没有用处；还活着的文物建筑，即保持着原先的用处的。

二、为保护死去了的文物建筑，只允许采取必要的加固措施，以防止它倒塌而沦为废墟。因为这种文物建筑的重要性在于它的历史的和技术的价值，一旦文物建筑失去了，它们也就随之而失去。

三、还活着的文物建筑应该修复，继续使用，因为对建筑艺术来说，效用是美的基础之一。

四、这种修复应该采用该文物建筑的原有风格，以保持它的统一性，风格的统一性也是建筑美的基础之一。该文物建筑的原有的几何形状应该完全恢复。它的与整体风格不同而有另一种风格的局部，应该受到尊重，只要它的风格有内在的价值，而且不破坏文物建筑的审美的平衡。

五、文物建筑的保护和修复必须由持有政府所发执照的建筑师来负责，并且要受国家在艺术、考古和技术方面的监督。

六、每个国家都必须建立保护历史的和艺术的文物建筑的团体。它们可以团结起来共同工作，可以编制一份国家的和地区的文物的总目录。

原载《保护文物建筑和历史地段的国际文献》，
台湾博远出版有限公司，1992年。

墨索里尼对罗马市第一行政长官的讲话（摘要）

（1925年12月）

我的意思很清楚，我的命令很明确。五年之内，罗马必须使全世界的人都觉得像奇迹一样不可思议——宏大、整齐、雄壮，就像在奥古斯都大帝时那样。

你应当把高耸入云的橡树主干上的一切污秽清除掉，你应当在马切罗剧场、卡比托利欧山和万神庙周围弄出大片空地来。没落的年代里在它们周围生长出来的一切都必须消失。

五年之内，必须使万神庙能够在纪念柱广场通过宽阔的豁口看到。你也应当清除掉罗马基督教教堂四周的寄生的和渎神的建筑物。必须把我们历史的永恒的纪念物周围清理干净，使它们显得高大。这样，第三罗马将要扩大到别的小山上去，循着神圣的河的堤岸一直扩大到第勒尼安海。要造一条世界上最宽的笔直的大路从欣欣向荣的奥斯提亚直达由无名战士守卫着的罗马市的心脏。（注：即无名战士墓前的威尼斯广场，墨索里尼的官邸所在。）

原载《保护文物建筑和历史地段的国际文献》，
台湾博远出版有限公司，1992年

文物建筑修复规则

（意大利文物和美术品最高顾问委员会，1931）

文物和美术品最高顾问委员会正在进行研究，以制定修复文物建筑的规范，在意大利，文物建筑的修复已经成了国家性的大问题。委员会也意识到，必须保持和推进我们国家在这方面——包括科学、艺术和技术——的无可争议的领先地位。

委员会深信，每一件修复工作都会包含着多方面的、重大的责任。例如保证已破损构件的稳定性，保护或恢复文物建筑作为艺术品的价值，处理转化到石头上的历史的和艺术的文献，它们的价值绝不下于博物馆里和档案馆里的文献，进行分析研究，这工作可能产生艺术史和建筑史中新的、未曾预料到的成果。

委员会深信，决不可以让草率从事、急功近利和个人爱憎来影响这件工作，以致使它不彻底，不能连续地、可靠地控制，不合乎肯定的评判标准。委员会坚持，这些原则不论对私人负责的还是公家负责的修复工作都是必须遵守的，负责研究和保护文物建筑的最高总监承担的修复工作要带头遵守这些原则。

委员会考虑到修复工作应该综合而不是排斥（哪怕是部分地排斥）各种各样的评价标准。例如历史的标准：它要求文物建筑面貌上已经添加的有意义的一切都得保留；它不允许往文物建筑上再添加任何东西使它变得虚假，使人弄不清它的真面目；它要求凡在分析研究过程中发现的一切资料都不得遗失。例如建筑的观念：它要恢复文物建筑作为艺术品的面貌，在可能的时候，恢复它的形式的完整（但不是风格的统一）。例如人们感情深处的标准，城市的精神中的标准，它们要求有记忆，有怀念之忧。最后，从行政角度来看的标准，这标准总是与可用的手段和实际的用途有关的。

委员会考虑到，在修复文物建筑方面有了三十多年的实际工作并获得出色的成绩之后，一定已经有可能从这些成绩中得出一套明确肯定的概念来进一步巩固修复的理论并使它更专门化，这理论已经在委员会的考虑中牢牢地建立了起来，并且已经被文物和艺术品总监遵守着了。委员会提出了这个已被实践肯定了的理论的主要原则。

委员会宣告：

1. 高于一切的、最最重要的，是经常细致地维护和加固文物建筑，恢复它们的抵抗力和耐久力，防止它们损伤和破坏。

2. 为了艺术和建筑的完整而提出来的重建的问题与历史评价标准密切相关。只有在文物建筑本身提供的绝对可靠的资料的基础上，不是靠臆测；只有在大多数的原构件还存在的基础上，而不是大多数构件是新配的，这种重建才是合理的。

3. 很古老的，而且对我们已经没有实际用处了的文物建筑，例如古典时代的文物建筑，不可以去修复补足。只允许原构件复位，即散落的部分重新拼合，而新添的东西应该尽可能地少，只用来合成原形，并为保护创造条件。

4. “活着的”文物建筑应该加以利用，但用途不可与原来的相差太远，以免需要对文物建筑做重要的改动。

5. 一切具有艺术的或历史的价值的因素都应该保存，不论它们属于哪个时期。不要企图建立风格的完整统一，不要企图回复到原初的风格，以致要去掉一些东西，伤害另一些东西；只有那些毫不重要、毫无意义，无谓地歪曲了原形的东西才可以去掉，如为填塞窗洞和券洞的东西。不过，评估这种相对价值，做出去掉的决定，在一切情况下都需要有可靠的论证，不能由修复工作的负责人单独做出决定。

6. 尊重文物建筑，尊重它的一切方面，应该包括尊重它的环境，不可以改变环境而使它孤立，也不可以建造在体量上、色彩上和风格上会压倒文物建筑的东西。

7. 为了加固，为了整个的或者局部的重新整合，为了重新使用，如果必须在文物建筑上添加一些东西的话，必须把它们限制在最少的程度，并且外观简单朴素，不做装饰，服从原建筑物的外形，保持原建筑物的轮廓。

8. 这些添加的东西，材料应不同于原来的，以便可以准确地识别出来。或者，用没有雕刻的光秃秃的檐口、用记号、用题签等等使添加的东西可以识别。修复决不可以欺骗学者，决不可以伪造历史。

9. 一切新的工程技术方法都是极有用处的，都可以恰当地用来加固文物建筑已经不牢靠了的结构，用来把它重新整合，但只有在原来的工程技术方法已不足以达到这些目的时才可以用。以前没有用过的各种科学技术，也可以用来解决复杂而又精细地保护破损了的结构的问题，过去那种只凭经验的做法应该让位给严格的科学方法。

10. 勘察和发掘古代遗址时，要立即井井有条地处理被挖出来的残迹，要立即采取切实可靠的措施保护挖出来而且有可能在原地保护的艺术品。

11. 修复文物建筑，以及考古发掘时，一项重要的非做不可的工作是做详尽准确的记录。要写出分析性的叙述来，在专业杂志上发表，配上图和照片。这样，文物建筑的结构和形式的一切部分，发掘和修复工作的一切方面，都要永久地可靠地保存下去。

原载《保护文物建筑和历史地段的国际文献》，
台湾博远出版有限公司，1992年

雅典宪章
（国际博物馆协会大会，1931 年 10 月）

总决议

I. 基本原则

大会听取了关于保护文物建筑的基本原则的报告。

尽管具体情况千差万别，每种情况有自己不同的答案，大会注意到，在与会者所代表的各个国家里，占主导地位的倾向是彻底放弃复原以避免它所造成的危害，而代之以用经常持久的维修来保护文物建筑。

由于坍塌破坏而必须复原时，大会建议，应该尊重过去的历史和艺术作品，不排斥任何一个特定时期的风格。

大会建议，为了延续文物建筑的生命，必须继续使用它们。但使用的目的是为了保护它们的历史和艺术特性。

II. 关于保护历史性文物建筑的行政和立法措施（略）

III. 文物建筑的审美保护

大会建议，造房子的时候，要尊重这些房子所在城市的性格和外貌，尤其在文物建筑附近。对文物建筑的环境应该做专门的研究。甚至某些构图，某些入画的景观都应该保护。在文物建筑或建筑群旁边种植花木的时候，必须考虑到要保护它们的古老风貌。

在历史的和艺术的文物建筑附近，不许设任何广告，不许竖难看的电杆，不许造嘈杂的工厂和烟囱之类的高构筑物。

Ⅳ. 复原所用的材料（略）

Ⅴ. 文物建筑的损坏

大会注意到，在当前条件下，全世界的文物建筑都受到越来越严重的空气污染的威胁。

除了经常的预防和当前行之有效的保护方法之外，由于情况的复杂多变以及知识之不足，不可能提出一种普遍适用的法则来。

大会建议：

1. 在每个国家，建筑师和文物建筑保管人都应该与物理、化学和其他自然科学家合作，以决定在各种情况下要采取的措施。

2. 每个国家在这方面做的工作都应向国际博物馆协会报告，协会在刊物中要报道这些工作。在大型纪念性雕刻的保护方面，大会的主张是，原则上不应该把它们从原来所设计安放的地方搬走。它建议，采取预防措施来保护原件，万一不可能，则再铸一个。

Ⅵ. 保护的技术

大会满意地注意到，在交流中所提出来的原则和技术方案的基本思想是一致的，这就是：

当文物建筑已经倒塌成废墟时，需要谨慎地加以保护，要尽力设法把可能找到的原物的片断复位。为此目的而使用的新材料必须可以识别。当考古发掘中挖出来的废墟不可能保护时，大会建议把它们回埋起来，在回埋之前做好详尽的记录。

当然，发掘和保护文物建筑都需要考古学家与建筑师密切合作。

至于其他的文物建筑，专家们一致同意，在任何加固或局部修复之前，都必须对文物建筑破坏的原因做彻底的分析。他们认为，每个个案都要个别地处理。

VII. 文物建筑保护与国际合作

一、技术的和道义的合作（略）

二、关于保护文物建筑的教育

大会坚信，保护文物建筑和艺术品的最可靠保证是人民大众对它们的珍重和爱惜。

这种感情在很大程度上可以由公共权力机构采取措施加以激发。

大会建议教育工作者们要求儿童和青年不要损伤各种各样的文物，培养起他们对保护这些各个文明时期的具体见证的越来越大的兴趣。

三、国际文献的价值

大会希望：

1. 每个国家或者有关的专门机构出版文物建筑目录，附有照片和说明。

2. 每个国家都应编制文物建筑正式档案，包括与它们有关的全部文献。

3. 每个国家都把它的关于艺术和历史文物的出版物送一本给国际博物馆协会。

4. 协会将在它的刊物里拨出一部分篇幅给保护文物建筑的一般程序和方法。

5. 协会将研究最好的方式来使用这些资料。

原载《保护文物建筑和历史地段的国际文献》，

台湾博远出版有限公司，1992年

雅典宪章*

（“智力合作所”国际会议决议，1933）

城市的历史遗产

65. 建筑资产必须保护，不论是个别的房屋还是城区的一部分 城市的生命是一个延续不断的经历，千百年来，它表现在布局和房屋结构这些物质产品上，它们形成了城市的性格，从中逐渐生发出城市的灵魂来。它们是过去的年代的珍贵的见证，应该受到尊重，首先是为了它们的历史和情感价值，其次，它们中有一些的造型很好，体现了人类极高的才能。它们是人类文化遗产的一部分，任何一个拥有它们的人或者受委托保护它们的人，有责任和义务尽他一切努力把这些贵重的遗产完整无缺地传给下一代。

66. 应该保护那些见证一种过去的文化的和值得受到普遍关怀的东西 有生必有死，人类的作品也如此。在对待过去时代的物质见证时，必须善于鉴别那些还真正有生命的。并非过去的一切都值得传之永久，应该正确地挑选出必须珍视的东西来。如果继续保存某些重要的、宏伟的历史遗物会不利于城市，那么，应该找到一种折衷的解决办法。当相同的实物很多的时候，要把一部分作为历史档案保护下去，另一些则可以拆除；另一种情况，把有纪念性的或者还能使用的

* 摘译，1—64略。

部分同其他部分分开，改造利用。最后，在一些特殊情况下，可以考虑整体迁移某些确实位于不利地点，然而却有重要的审美和历史意义的东西。

67. 保护不得迫使人们继续在不健康的环境下生活 决不可以盲目崇拜过去，以致忽视社会的正义。有些人，关心美观甚于关心社会的稳定，力争保护一些富有画意的城区，而毫不顾及这些城区中的贫穷、混乱和瘟疫。他们自以为负有庄严的责任。这问题必须研究，有时候，可能有巧妙的解决办法；但是，无论如何，崇拜历史、崇拜画意都不可以优先于健康的居住条件，每个人的幸福和精神健康都密切地有赖于居住条件的健康。

68. 采取根本措施改变不良的现状，例如，使繁忙的交通迂回改道，或者甚至使过去认为不能改变的中心转移位置 一个城市异常地扩大，会造成一种危险情况，走进死胡同，只有做出牺牲，才能逃出。一个障碍只有毁了它才能搬开。但一切措施都不可破坏真正的建筑的、历史的，或精神的财富。为了交通而搬开障碍，不如使交通绕道，或者使交通以隧道在障碍的下面通过。最后，也可以把繁忙的中心搬走，移到别处，从而改变一个拥挤地段的交通方式。要把想象力、创造力和技术手段结合起来，去解开非常复杂的结子。

69. 拆掉历史性文物建筑周围的贫民窟，可以得到绿地 有些情况下，拆除有历史价值的文物建筑周围的破烂房屋和贫民窟会破坏一种古老的氛围。这很可惜，但不可避免。把这地段变成绿地，可以变失为得。在绿地里，历史古迹会沐浴在新的、意想不到的氛围之中，当然是一种可以接受的氛围，能有利于周围地区的氛围。

70. 以审美为借口，给造在历史地段里的新房子以古旧的风格，后果是有害的。无论如何不能容忍这种做法再继续下去了，也不能再提这种主张了 这种方法违背历史的伟大经验。人类从来不曾倒退到过去，一个人从来不能重蹈自己的足迹。过去的伟大杰作告诉我们，每一代人有自己的思想方法，自己的观念，自己的审美，它们会动用当时的全部技术力量来推动他们的想象力。亦步亦趋地模仿过去，会使我们堕落成骗子，把“造假”当成原则，因为过去的工作条件不可能再现，因为把现代技术用到过了时的范例上去，只能产生没有生命力的假古董。把假的掺到真的中去，这不能获得统一的印象，这不能产生风格的纯净，这只能导致虚伪的再造，只能使真正的历史见证失去价值，而我们却是被真正的历史见证感动才决定去保护它们的。

原载《保护文物建筑和历史地段的国际文献》，
台湾博远出版有限公司，1992年

威尼斯宪章*

（ICOM，1964）

世世代代人民的历史文物建筑，包含着从过去的年月传下来的信息，是人民千百年传统的活的见证。人民越来越认识到人类各种价值的统一性，从而把古代的纪念物看作共同的遗产。大家承认，为子孙后代而妥善地保护它们是我们共同的责任。我们必须把它们的原真性所包含的全部信息传递下去。

绝对有必要为完全保护和修复古建筑建立国际公认的原则，每个国家有义务根据自己的文化和传统运用这些原则。

1931年的《雅典宪章》，第一次规定了这些基本原则，促进了广泛的国际运动的发展。这个运动体现在各国的文件里，落实在从事文物建筑保护的建筑师和技术人员国际议会（ICOM）的工作里。落实在联合国教科文组织的工作里，也落实在它建立文物保护和修复国际研究中心（ICCROM）这件事里。人们越来越注意到，问题已经变得很复杂、很多样，而且正在继续不断地变得更复杂、更多样：人们已经对问题做了深入的研究。于是，有必要重新检查宪章，彻底研究一下它所包含的原则，并且在一份新的文件里扩大它的范围。

为此，从事历史文物建筑保护的建筑师和技术人员国际议会第二次

---

* 即《保护文物建筑及历史地段的国际宪章》，ICOM第二次会议决议，1964年5月31日于威尼斯。

会议，于1964年5月25日至31日在威尼斯开会，通过了以下的决定：

定义

第一项　历史文物建筑的概念，不仅包含个别的建筑作品，而且包含能够见证某种文明、某种有意义的发展或某种历史事件的城市或乡村环境，这不仅适用于伟大的艺术品，也适用于由于时光流逝而获得文化意义的在过去比较不重要的作品。

第二项　必须利用有助于研究和保护建筑遗产的一切科学和技术，来保护和修复文物建筑。

第三项　保护和修复文物建筑，既要把它当作历史见证物，也要把它当作艺术作品。①

保护

第四项　保护文物建筑，务必要使它传之永久。②

第五项　为社会公益而使用文物建筑，有利于它的保护，但使用时决不可以变动它的平面布局或装饰，只有在这个限度内，才可以考虑和同意由于功能的改变所要求的变动。

第六项　保护一座文物建筑，意味着要适当地保护一个环境，任何地方，凡传统的环境还存在，就必须保护。凡是会改变体形关系和颜色关系的新建、拆除或变动都是决不允许的。

第七项　一座文物建筑不可以从它所见证的历史和它所产生的环境中分离出来。不得整个地或局部地搬迁文物建筑，除非为保护它而非迁不可，或者因为国家的或国际的十分重大的利益有此要求。

第八项　文物建筑上的绘画、雕刻或装饰，只有在非取下便不能保

① 有些版本在第三项前有小标题“宗旨”。

② 有些版本的第四项为：文物建筑保护首要的是日常的维护。

护它们时才可以取下。

修复

第九项　修复是一件高度专业化的工作。它的目的是完全保护和再现文物建筑的审美和历史价值，它必须尊重原始资料和确凿的文献。它不能有丝毫臆测。任何一点不可避免的增添部分都必须跟原来的建筑外观明显地区别开来，并且要看得出是当代的东西。不论什么情况下，修复之前和之后都要对文物建筑进行考古的和历史的研究。

第十项　当传统的技术不能解决问题时，可以利用任何现代的结构和保护技术来加固文物建筑。但这种技术应有充分的科学根据，并经实验证明其有效。

第十一项　各时代添加在一座文物建筑上的正当的东西都要尊重，因为修复的目的不是追求风格的统一。一座建筑物有各时期叠压的东西时，只有在个别情况下才允许把被压的底层显示出来。条件是，去掉的东西价值甚小，而显示出来的却有很大的历史、考古和审美价值，而且保存情况良好，还值得显示。负责修复工作的个人不能独自评价所涉及的各部分的重要性和去掉什么东西。

第十二项　补足缺失的部分时必须保持整体的和谐一致，但在同时，又必须使补上去的部分跟原来部分明显地区别，防止补上去的部分使原有的艺术和历史见证失去真实性。

第十三项　不允许有所添加，除非它们不致损伤建筑物的有关部分：它的传统布局、它的构图的均衡和它跟传统环境的关系。

历史地段

第十四项　必须把文物建筑所在的地段作为专门注意的对象，要保护它们的整体性，要保证用恰当的方式清理和展示它们。凡在这地段上的保护和修复工作要按前面所说各项原则进行。

发掘

第十五项　发掘必须坚持科学标准，并且遵行联合国教科文组织1956年通过的关于考古发掘的国际原则的建议。

遗址必须保存，必须采取必要的措施，永久地保存建筑面貌和所发现的文物。进一步，必须采取一切方法从速理解文物的意义，阐发它而决不可歪曲它。

首先要禁止任何的重建，只允许把还存在的但已散落的部分重新组合起来。黏合材料必须是可以识别的，而且要尽可能地少用，只要能保护文物和再现它的形状就足够了。

出版

第十六项　一切保护、修复和发掘工作都要有明确的记录，做有分析有讨论的报告，要有插图和照片。

清理、加固、调整和重新组合成整体的每个步骤，以及工作进行过程中的技术和外形的鉴定，都要写在记录和报告里。记录和报告应当存在一个公共机构的档案里，使研究者都可以读到，最好是公开出版。

原载《保护文物建筑和历史地段的国际文献》，
台湾博远出版有限公司，1992年

内罗毕建议

（UNESCO，1976）*

联合国教科文组织于1976年10月26日至11月30日在内罗毕召开了第19次全体大会。

考虑到历史的或传统的建筑群形成了人们日常生活环境的一部分，它们向人们生动地展示了产生它们的那个过去的时代，它们使生活环境具有与社会的多样性相适应的多样性，因此，它们获得了价值和人道的重要性。

考虑到历史的或传统的建筑群经历了长久的岁月之后，构成了人类文化的、宗教的和社会的创造性的丰富性和多样性的最确切的见证，因此，保护它们并把它们纳入现代社会的生活环境之中，是城市规划和国土整治的一个基本因素。

考虑到面临我们时代经常出现的千篇一律化和非个性化的危险，这些过去时代的生动见证对每个人、每个民族都具有极大的重要性，他们从这些见证上既能找到他们文化的表现，又能找到他们自己特色的基础之一。

考虑到全世界各地在发展和现代化的借口下，无知的破坏和不合理的、不恰当的重建正严重地损害着这种珍贵的历史遗产。

---

* 即《关于保护历史的或传统的建筑群及它们在现代生活中的地位的建议》，UNESCO（联合国教科文组织）第19次全体大会通过，1976年11月26日于内罗毕。

考虑到历史的或传统的建筑群构成了一份不动产，它的破坏即使在不造成经济损失时也会引起社会动荡。

考虑到这种情况使每个人都负有责任，使公共权力机构负有义务，只有他们才能担当得起这些责任和义务。

考虑到面对着这种破坏甚至完全消灭的危险，每个国家都应该行动起来，紧急采取全面的和积极的政策，作为国家的、区域的或地方的规划的一部分，来保护这些历史的或传统的建筑群及它们的环境，并使它们重新充满生气从而拯救不可替代的无价之宝。

考虑到许多国家没有一个关于建筑遗产和它与国土整治（英文本为：关于建筑遗产和它与城市规划，地区、区域或地方规划）的关系的充分有效并具有灵活性的立法。

注意到全体会议已经通过了一些保护文化和自然财富的国际条约，如确立关于考古发掘工作的国际原则的建议（1956），关于保护自然的与人为环境的美和特色的建议（1962），关于保护受到公共工程和私人工程威胁的文化资产的建议（1968）以及关于把保护文化和自然遗产列入国家级计划的建议（1972）。

希望充实这些国际条约所确认的原则和规范并扩大它们的应用范围。

提交了一项关于保护历史的或传统的建筑群及它们在现代生活中的作用的提案给大会，它是大会日程中的第27项议题。

决定把这问题作为向会员国提出建议的题目，于1976年11月26日通过了现在这个建议。

全体大会向会员国建议，以国家法律或其他形式，在他们管辖的领土内采取措施使本建议中的原则和规范生效，从而实现以下条文。

全体大会建议会员国促使国家的、区域的和地方的政权机构以及与保护历史的或传统的建筑群及其环境有关的机构、协会等组织注意本建议。

全体大会建议会员国根据大会所决定的日期和方式向大会报告它们

对本建议的回应（英文本为：报告它们按本建议所采取的行动）。

Ⅰ.定义

1. 本建议的目的：

a. “历史的或传统的建筑群”指包括考古遗址和古生物遗址在内的一切，其内聚力和价值均已被考古学、建筑学、历史学、史前学、美学和社会文化学确认了的，作为人类在城市或乡间的居住地的空间的、构造物的和建筑物的群体。

这些“建筑群”的差别很大，可以区分为史前遗址、历史城市、古城区、村庄、小村落和纯文物建筑群，最后这一项一定要完整地（英文本作：不加改变地）保存。

b. 历史的或传统的建筑群的“环境”指的是对这些建筑群的静态的或动态的景观发生影响的人造的或自然的背景，或者那些与这些建筑群在空间上直接联系或经过社会的、经济的或文化的纽带联系的人造的或自然的背景。

c. “保护”（*sauvegarde*）的意思是：鉴定、防护（protection）、保存（conservation）、修缮、复生、维持历史的或传统的建筑群及它们的环境并使它们重新获得活力。

Ⅱ.总原则

2. 历史的或传统的建筑群和它们的环境，应该被当作全人类的不可替代的珍贵遗产。保护它们并使它们成为我们时代社会生活的一部分，是它们所在地方的国家公民和政府的责任。为了全体人民和国际社会的利益，国家的、区域的和地方的政权机构应该根据每个国家权力分配的具体情况来担当起这份责任。

3. 每一个历史的或传统的建筑群和它的环境应该作为一个有内聚力

的整体而被当作整体来看待，它的平衡和特点决定于组成它的各要素的综合，这些要素包括人类活动、建筑物、空间结构和环境地带。全部有根据的要素，包括最普通的人的活动，都对建筑群有必须尊重的意义。

4. 必须积极地保护历史的或传统的建筑群不受破坏，尤其要防止不适当的使用，没有必要的增添和没有分寸、没有鉴赏力的改动所造成的破坏，它们会损害它的真实性，会使它遭到各种各样的污染。所做的修缮工作必须立足在科学的基础上。同样，必须十分注意它的和谐和美学情趣，这情趣是由组成建筑群的各种不同要素之间的联系和对比造成的，它赋予建筑群各自不同的气氛。

5. 现代的城市化导致建筑物的尺度和密度大大地扩大和增加，在这种条件下，除了有直接破坏历史的或传统的建筑群的危险之外，还有更现实的间接的破坏：新建区会使它的毗邻地段变样，也会使它所在的远景景观变样。建筑师和城市规划师应该注意：要尊重文物建筑和建筑群本身所构成的景和从它们望出去所得的景，要把历史的或传统的建筑群与现代生活构成和谐的整体。

6. 在一个施工技术和建筑形式的普遍一致可能使人类的生活环境有千篇一律的危险的时代，保存历史的或传统的建筑群会对加深每个国家特有的社会和文化价值有利，会对在建筑方面丰富世界文化遗产有利。

Ⅲ. 国家的、区域的和地方的政策

7. 每一个会员国都应该制定国家的、区域的和地方的政策，以便国家、区域和地方当局可以采取法律的、技术的、经济的和社会的措施来保护历史地段和它们的环境，并使它们适合于现代生活的要求。这些政策应该影响到国家的、区域的和地方的规划，并为各级的城乡发展规划提出规范。这些政策应该包含目标和纲领、责任，以及工作程序。在实现这个保护政策时，要争取个人和民间社团的合作。

Ⅳ.保护措施

8. 历史地段和它们的环境应该根据上述原则加以保护，方法见下述。专门的措施要由各国政府根据自己的立法、宪法权限以及组织的和经济的结构来决定。

立法的和行政的措施

9. 一个保护历史地段和它们的环境的总政策的实施要以每个国家内普遍适用的原则为依据。会员国应该调整现行的保护历史地段和它们环境的规范，或者制定规范，来适应和落实本章和以后几章所提出来的规范。各国政府应该鼓励地区和地方当局落实这些规范，应该重新审查城市和区域规划的法律以及住宅政策，使它们与保护建筑遗产的法律配套。

10. 关于建立保护历史的和传统的建筑群的制度的条文，应该规定关于编制和审批计划和文件的总原则，尤其是：

· 适用于被保护区及其环境的基本要求和限制；

· 关于为保护和改善设施所必须预见到的方案和工程的指示；

· 必需的修缮，并指定修缮负责人；

· 城市规划，乡村改建和整治（对保护区及其环境）能干预到什么程度；

· 指定一个机构负责审批保护区内的修复、改动、新建或拆除；

· 保护方案实施和资助的方法。

11. 保护计划和文件应该明确规定：

· 要保护的地区和对象；

· 涉及它们的专门的限制；

· 限制修缮、修复和改动的规范；

· 装置为城乡生活所必需的管道和设施的一般条件；

· 建造新房屋的一般条件。

12.（略）

13. 公共权力机构和个人都有责任恪守保护措施。同时，应建立防止专断和不正确决定的机制。

14—16.（略）

17. 考虑到每个国家都有特殊的条件和国家的、区域的、地方的行政机构之间不同的权力分配，下述原则应该有利于保护工作的实施：

a. 要有一个负责任的常设机构来长久地协调全体有关人员和单位：国家的、区域的和地方的机关和专家组；

b. 编制保护计划和文件之前，必须先由多学科的专家组进行必要的科学研究。主要的学科专家有：

· 文物建筑保护专家和修缮专家，其中有艺术史家；

· 建筑师和城市规划师；

· 社会学家和经济学家；

· 生态学家和景观建筑师；

· 公共卫生和社会福利专家，以及对整治历史的或传统的建筑群有用的各学科的专家；

c. 权威机构要主动组织有关的群众参加和讨论；

d. 保护计划和文件要由法律规定的机构批准；

e. 各级——国家的、区域的和地方的——负责实施这些保护条例的机构应该有必要的人员以及技术手段、行政权力和经费。

技术的、经济的和社会的措施

18. 必须编制国家的、区域的和地方的各级所要保护的历史的或传统的建筑群及它们的环境的名单。名单中要分清主次缓急，以便正确地分配有限的保护经费。紧急情况下的各种性质的抢救措施不要等待制定保护的计划和文件。

19. 必须对建筑群的整体，包括它的空间演变以及它的考古的、历史的、建筑的、技术的和经济的资料进行分析。必须拟出一份分析性文件，确定必须绝对严格地完全保护的建筑物和建筑群，要在一定的条件下保存的或者要在特定的并且有严格的档案记录的环境中保存的和要拆除的，这有助于政府阻止一切不符合本建议的工程。此外，为同一目的，还应有一份公共的和私人的空地及绿化的调查登记表。

20. 除了这些建筑方面的调查外，还要深入了解社会的、经济的、文化的和技术的资料和结构，以及城市环境和更大范围的地区环境的资料和结构。如果有可能，还要研究人口组成，经济、文化和社会活动，生活方式和社会关系，财政问题，市政设施，道路状况，交通网络，以及与邻近地区的相互关系。有关政府部门应该高度重视这些研究并应懂得，没有这些研究就不可能制定可靠的保护计划。

21. 在上述分析研究之后，制定保护计划之前，原则上应该采取的程序是既考虑到尊重城市规划的、建筑的、经济的和社会的情况，也考虑到尊重城市和乡村现状的现实与它的特点相适合的功能的能力，（略）历史建筑群和它的环境是不断演变的，调查研究要定期举行。因此，编制实施保护计划都要在无干扰地研究的基础上进行而不要拖延着却去研究改善计划手续。

22.（略）

23. 当历史的或传统的建筑群有分属于不同历史时期的要素时，保护工作必须要考虑把这些时期都显示出来。

24. 有了保护计划之后，城市整治和颓败地区拆除方案，包括拆除没有建筑和历史意义的房屋，拆除已很破以致无法保存的房屋和没有价值的增建和加层，直至拆除那些破坏建筑群统一的现代房屋，都需要经过审批，以符合保护计划。

25. 在尚未制定保护计划的区域内实施城市整治和颓败地区拆除工程时，必须尊重有建筑价值和历史价值的建筑物和其他要素以及与它们共生的要素，如果工程会危及这些房屋和要素，就必须首先制定保护计划。

26.（略）

27. 在历史的或传统的建筑群中进行城市整治工程时，也要考虑到与文化遗产保护标准相适应的有关防火和防自然灾害的一般规范。如果二者发生矛盾，则应在有关各方合作之下研究特殊的办法，旨在既要保证文化遗产最大限度的安全，又要不使文化遗产受到规范的损害。

28. 必须特别重视制定规章来管理新的建筑，以保证它与它插进去的那个建筑群的氛围和空间结构完全协调。为此，在一切新建之前必须对城市物质和文化环境进行分析，不但要确定这个建筑群的一般性格，而且要确定它的主要特点：高度、色彩、材料和形式这些构成立面和屋顶的元素的和谐，建筑物实体与它们之间的空隙的关系，它们的平均比例和建筑物的位置。要特别注意地段分块的大小，一切改动都有可能在体量上危及建筑物的和谐。

29. 决不能批准拆清文物建筑的邻接地段以致把它孤立起来。同样，只有非常特殊的万不得已的理由，方能搬迁文物建筑。

30. 不许在历史的或传统的建筑群内立电线杆、拉电线和电话线、装电视天线、张贴大幅广告，如果这些东西原来已经有了，就应采取适当措施除掉它们。招贴、霓虹灯、商业广告、交通标志、其他城市设施及地面铺装都必须认真推敲和控制，以保持整体的和谐。要努力防止一切形式的粗野行为。

31. 会员国及有关单位应保护历史的或传统的建筑群免受越来越严重的由技术发展所引起的危害，如一切种类的污染。要禁止在附近建设有害工业，要采取措施防治机器和交通工具引起的噪音、撞击和震动。要采取进一步的预防措施防止过量的旅游所引起的破坏。

32. 大多数的历史的或传统的建筑群里，都发生了汽车交通与城市结构和建筑艺术质量之间的矛盾，会员国应鼓励和帮助地方政府探讨解决这矛盾的办法。（略）

33. 在保护和修缮时，要采取恢复生命力的行动。因此，要保持已有的合适的功能，尤其是商业和手工业，并建立新的，为了使它们能长期存在下去，必须使它们与原有的经济的、社会的、城市的、区域的和国家的物质和文化环境相适应。（略）必须制定一项政策来复苏历史建筑群的文化生活，要建设文化活动中心，要使它起促进社区和周围地区的文化发展的作用。

34. 在农村地区要严格控制会引起景观品质降低和会改变社会经济结构的工程，以保存历史的农村社区与它的自然环境的统一性。

35—45.（略）

46. 应该避免使保护措施引起社会结构的变化。（略）

V. 科研、人才培养和情报

47. 为了提高必需的技术和手工艺能力并鼓励人民重视和参与保护工作，会员国应采取与它们的宪法和法律权限相适应的以下措施。

48. 会员国和有关团体应该鼓励下列研究：

· 历史的或传统的建筑群和它们的环境的规划问题；

· 保护和国土整治及规划的关系；

· 建筑群的保护措施；

· 材料的变化；

· 保护工作中采取现代技术问题；

· 必需的手工艺技术。

49. 应该设置和发展有关上述诸问题的专门教育，包括一定时期的实习。培训保护历史地段和它周围的开放空间的专业工人和艺匠是非常重要的。要鼓励艺匠们，他们正遭受工业化的排挤。（略）

50. 应该资助对保护历史地段有关的行政官员的教育，以适应各地发展的需要。要有适当的机构审核和管理这些资助申请。

51. 在中小学、大学以及校外要进行保护历史地段及其环境的教育，要运用书籍、杂志、电视、广播、电影、旅游展览等宣传保护工作的必要性。要清楚地、全面地报道一个有效的关于保护历史地段和它的环境的政策的成果——不仅仅是审美的，还应该是社会的和经济的。这样的报道要广泛地传播到公私的专门机构团体中去，也要传播到大众中去，让他们知道他们的环境为什么和如何用这种方法来改善。

52. 关于历史建筑群的知识应该纳入各级教育之中，尤其是历史教育之中，以便在青年人心里植下理解和尊重过去的东西的根，并使这些文化珍宝的作用显现在当代的生活中。这种教育主要靠音像手段和实地参观历史的或传统的建筑群。

53. 教师和导游的进修及辅导员的培养应该方便，以帮助愿意获得有关历史的或传统的建筑群的知识的成年人和青年人的团体。

Ⅵ. 国际合作

54.（略）

55. 根据本建议的各项原则的精神，会员国不应该采取任何行动破坏或改变该国领土内的历史地段、城市和地区的特色。

（译者按：本“建议”从法文本译出，有删节。其中“历史的或传统的建筑群”在英文本中为“历史地区”。）

原载《保护文物建筑和历史地段的国际文献》，
台湾博远出版有限公司，1992年

佛罗伦斯宪章*

（ICOMOS & IFLA，1982）

定义与目标

第1项："古迹园林是因历史价值和艺术价值而受到公众关注的建筑的和园艺的组合（composition）。"因此，它应该被认为"文物建筑"（monument）①。

第2项："古迹园林是一个建筑的组合，它的构成要素主要是植物性的，因此是有生命的，这意味着，它们是会死亡的，也是会复苏的。"因此，古迹园林的面貌反映着四季的轮换、自然的荣枯和艺术家与工匠力图使它恒久不变的愿望这三者之间的反反复复的平衡。

第3项：作为文物建筑，古迹园林的保护必须遵循《威尼斯宪章》的精神。因为它是"有生命的文物建筑"，它的保护又必须服从一些特殊的规则，本宪章就是关于这些规则的。

第4项：古迹园林的建筑组合包括：

---

* "文物建筑及历史地段国际会议"（ICOMOS）与"国际景观建筑师联盟"（IFLA）的古迹园林（Historic Gardens）国际委员会于1981年5月21日在佛罗伦斯开会，决定制定一份关于保护古迹园林的宪章，以佛罗伦斯命名。由该委员会起草的本宪章于1982年12月15日被ICOMOS通过，作为《威尼斯宪章》的附件。

① 在《威尼斯宪章》中，我把monument译作"文物建筑"，很合适，但在此处看来，这个词的外延应该更广泛一些，可惜暂时找不到合适的中文词来对应它。——译者注

——它的平面和地形。

——它的花草树木，包括品种、配比、色彩组合、间距和它们各自的高度。

——它的结构性的和装饰性的外观。

——它的反照着天空的静止的和流动的水。

第5项：作为文明与自然相亲和的表征，作为适宜于沉思和休息的安逸场所，园林涵有无穷的意味，它是世界的理想化形象，真正的“天堂”，它是文化、风格、时代以及创造性艺术家的个性的见证。

第6项：“古迹园林”一词同样适用于小型花园和大型公园，适用于规则式的和自然风致的。

第7项：不论是否附属于一座占主导地位的建筑物而成为它的不可分割的补充，古迹园林不应同它自己特有的环境隔离开来，不论是城市的还是乡村的环境，人工的还是天然的环境。

第8项：历史地段是特殊的景观，它关系到值得记忆的一幕：例如，一件重大的历史事件，一则广泛传诵的神话故事，一场悲壮的战斗，或者一幅名画的题材。

第9项：古迹园林的保护首先要鉴定和列入保护名单，它们需要各种的处理，例如保养、保护和修复，在某些特殊情况下，也可以重建。古迹园林的“真实性”既在于它的各部分的图形和大小，也在于它们的装饰外观和它们所采用的植物或无机材料。

保养、保护、修复和重建

第10项：在任何保养、保护、修复和重建古迹园林或它的局部的工作中，一定要同时处理它的外观的所有组成部分，把各种工作分开来做，将会破坏整体的统一。

保养和保护

第11项：对古迹园林做经常不断的保养是最最重要的，因为主要材料是树木花草，所以要保护园林不变，就不但需要及时更换，还需要有一个定期更新的长远计划（砍伐老树，另种长成了的新树）。

第12项：选择要定期更换的乔木、灌木和花卉时，应该根据植物学和园艺学方面公认的经验，鉴定原有的品种并保存它们。

第13项：那些作为古迹园林中不可分割的部分的永久性的或可以移动的建筑物、雕刻和装饰品必须留在原处，只有当不搬走就不可能保护它们或修复它们时才允许搬走，如果它们已岌岌可危而必须替换或修复时，必须遵循《威尼斯宪章》的原则，凡完全替换的，必须标明日期。

第14项：古迹园林必须保存在适当的环境中，物质环境中会危及生态平衡的任何变动都必须禁止，这些要求适用于基础设施的一切方面，不论是内部的还是外部的（下水道、灌溉系统、道路、停车场、篱笆、监守设施和游览设施等等）。

修复和重建

第15项：要修复，尤其是要重建古迹园林，必须事先做彻底的研究以保证这些工作是科学的。这研究要包括从现场发掘到收集关于这座园林和与它相似的园林的一切资料，否则就不可以修复和重建，在修复和重建工作开始之前，必须先在这些研究的基础之上做一个设计，送交专家组共同审查和批准。

第16项：重建工程必须尊重该花园发展过程中的各个阶段。原则上，不允许偏重一个时期而轻视另外的，除非有很特殊的情况，如某一所园林的某一部分的破坏程度已很严重，以致只能根据残存的痕迹或确凿可靠的文献证据来重建。重建工作常常施于花园中建筑物周围的部分，目的在于表现出这些部位的设计意图。

第17项：如果一座园林已经完全不存在了，或者只有关于它的各个时期的一些推想出来的证据，那么，任何的重建都不能认为是古迹园林。

利用

第18项：开放古迹园林供人参观时，必须控制参观人数，与它的规律和易损程度相应，以保护它的实体和文化信息。

第19项：古迹园林的性质和目的，是作为一个和平的场所，促进人们的交往、安宁和对自然的关怀。它在少数节庆时的作用和它的这种经常性的用途相矛盾，因此，要明确规定一些条件，要求任何一种偶然的节庆的使用，只能提高古迹园林的观赏效果，而决不可以损害它、破坏它。

第20项：古迹园林可用于日常安静的体育活动，在它附近应另辟一个场地供激烈而喧闹的体育活动之用，既满足群众在这方面的需要，又不致妨害园林和景观的保护。

第21项：保养和保护工作的内容和时间决定于季节，保护古迹园林的原貌应优先于公众使用的要求，向公众开放应服从于管理，以保证古迹园林的格调品味不受损害。

第22项：如果园林有围墙，只有经过全面研究，确定拆除不会改变它的风格、气氛和保护，才可以拆除。

立法和行政保证

第23项：管理当局有责任在咨询有资格的专家后采取恰当的立法的和行政的措施来鉴定古迹园林，把它列为保护单位加以保护。园林的保护必须包含在土地使用规划中，必须写入区域的和地方的规划文件。管理当局也有责任在咨询有资格的专家后采取经济措施以保证保养、保护和修复古迹园林，以及在必要时的重建。

第24项：古迹园林的性质决定它是一种需要由经过训练的专家密切地、不断地护理才能保存下去的历史遗产，所以，应该提供各种条件来培养这样的专家，包括历史学家、建筑师、景观建筑师、园艺家和植物学家。

也要重视繁殖各种品种的植物，保证保养和保护的需要。

第25项：应该采取各种行动来强调古迹园林作为文化遗产的真实价值，丰富关于它们的知识，增进对它们的爱好，从而引发公众对它们的兴趣：推进科学研究、国际交流和信息流通；要出版书籍，包括给一般人看的普及本；要鼓励公众在适当地控制下来参观；要利用媒体宣传爱护自然和历史遗产。最杰出的古迹园林应该申请列为“世界文化遗产”。

注意：上述各项建议适用于全世界所有的古迹园林。

原载《世界建筑》1992年第6期

文物建筑保护工作者的定义和专业*

（ICOM，1984）

1. 导言

1.1 本文件的目的是确定文物建筑保护专业的基本目的、原则和要求。

1.2 在大多数国家，还没有特定的文物建筑保护专业，无论什么人，不管他所受教育的广度和深度如何，只要从事文物建筑保护，就算文物建筑保护工作者。

1.3 为了文物和文物所有者的利益，必须考虑文物建筑保护工作的职业道德和水平，应该做各种各样的努力来规范这个专业，把它和相关的专业（建筑师、科学家、工程师）区分开来，并且确定专门的培训要求，其他的专业，例如物理学家的、律师的和建筑师的，都已经度过了没有考核、没有定义的时期而建立了普遍公认的标准。对文物建筑保护专业来说，定义已经不得太晚了，一个恰当的定义会使这个专业达到文献考据学家和考古学家那样的学术水平。

2. 文物建筑保护工作者的工作

* 国际博物馆议会（ICOM）在哥本哈根通过。

2.1 文物建筑保护工作者的工作包括鉴定、保养、保护、修复文物建筑：

鉴定是先期程序，用以确定对象的历史价值、原有的结构和材料，破坏程度、变动和缺失，并把这些制成档案。

保养是延缓或阻止文物建筑老化或破坏的工作，方法是通过控制它们的环境或者修理它们的结构尽可能地使它们处于近乎不变的状态。

修复是使已经破损或破坏了的对象可以辨认的工作，尽可能地减少审美的和历史的价值的损失。

2.2 文物建筑保护工作者或者在博物馆工作，或者在政府的文物保护机构工作，或者在私营的文物保护企业工作，或者是独立的，他们的任务是弄清楚具有历史和艺术意义的对象的物质方面的内容，阻止它们败坏，提高对它们的认识，进一步区别原有的和伪造的。

3. 保护工作者的活动的预期效果

3.1 文物建筑保护工作者对施于对象的各种处理负有特殊的责任，这些对象都是不可替代的真古董，它们通常是独一无二的，具有巨大的艺术的、宗教的、历史的、科学的、文化的、社会的或者经济的价值，这些对象的价值在于它们建构的特点，在于它们能像历史文献那样起见证作用，所以，它们的价值在于真实性，这些对象“都是过去的精神生活、宗教生活和艺术生活的有意义的表现，常常是历史情况的物证，不论它们是最高级的作品还是日用品”。

3.2 文物建筑的历史见证意义是艺术史、文化人类学、考古学研究的基础，也是其他一些以科学为基础的学术研究的基础。所以，保护它们的体质的完整性非常重要。

3.3 因为任何一种维修和修复措施都内含着窜改或变动对象的危险，所以，保护工作者必须与考据学家或其他有关学者密切合作。他们一起区别必要的和不必要的，可能的和不可能的，区别哪些措施会提高对象的品质，哪些会损害它们的整体性。

3.4 文物建筑保护工作者必须注意文物建筑作为历史见证的性质。每一座文物建筑包含着历史的、风格的、形象的、技术的、思想的、审美的或者还有精神的信息和资料。保护工作者在研究建筑或对建筑施以保护工作时，都应该对这些信息和资料十分敏感，要能够认识它们的性质，并在履行职责时以它们为根据。

3.5 因此，在采取任何措施之前，都先要做规范化的科学研究，目的在于了解对象的一切方面，每个措施的各种后果都要充分考虑到。任何一个缺乏训练不能进行这种研究的人，任何一个由于没有兴趣或其他原因进行这种研究的人，都没有资格被信任、被委以保护的责任。只有一个经过良好训练的、有经验的文物建筑保护工作者才能正确地理解这种研究的结果并预见到所做的决策的后果。

3.6 对历史的或艺术的对象做工作时，必须遵守科学方法论的一般程序：考察源流、分析、解释、综合。只有这样，所采取的措施才能保护对象的体质完整，并使它的意义易于被人理解。最重要的是，这种态度能提高我们阐释对象的科学信息的能力，因而提供新的知识。

3.7 保护工作者在对象身上做工作，就像外科大夫一样，他的工作主要的是手工。但是，正像外科大夫那样，手工要和理论知识结合起来，要有能力迅速判断情况，立即动手，并估计到效果。

3.8 多学科的合作极其重要，现在，文物建筑保护者要作为集体中的一员。就像外科大夫不可能同时是放射科专家、病理学家和心理学家，文物建筑保护工作者不可能是艺术史或文化史专家、化学家或者其他的自然科学和人文科学专家。就像外科大夫的工作那样，文物保护工作者的工作也要由学者们的发现和分析来支持。如果保护工作者能够科学地、精确地提出问题，并正确理解答复，那么，这种合作就会大有成效。

4. 与相关专业的区别

4.1 文物建筑保护工作者的专业活动是与艺术家或工匠的活动不同的。这种区别的一个基本标志是：保护工作者的活动不创造新的文化产品。重建一座已经不存在了的建筑物或者不可能保存的建筑物不是他的专业范围里的事。不过，他可以提供极有价值的发现和指导意见。

4.2 是否可以由艺术家、工匠或者保护工作者对有重大艺术和历史价值的对象采取措施，只能由训练有素的、受过良好教育的、有经验的、高度敏感的保护工作者做出决定。只有这样的人，与考据专家和其他专家一起，有能力研究对象，判断它的情况，估计它的作为历史见证的意义。

5. 文物建筑工作者的培训和教育

5.1 与上述专业的特点相适应，文物建筑保护工作者应该在全面的普通教育基础之上，接受艺术的、技术的和科学的训练。

5.2 这训练也应该包括提高他的敏感性和手工技艺，对材料和技术的理论知识，磨练他的科学方法论，以培养他在保护方面的能力，遵守系统的研究程序，采用精密的研究方法，深入而有见地理解一切后果。

5.3 理论训练和教育应包括以下方面：

艺术史和文化史

科学研究方法论

技术和材料方面的知识

文物保护理论和职业道德

文物保护历史和技术

破坏和保护的化学、物理学、生物学

5.4 任何一种训练计划都应该有一个实习期。训练以毕业论文为最后成绩，训练水平应相当于大学毕业学位。

5.5 在这训练的现有阶段，都应该强调实践，但决不可以放松技术、科学、历史和审美等课程，以发展和加深这些方面的知识和理解力。

训练的最后目的是培养出真正全面的专业人才，能够深思熟虑地完成高度复杂的保护措施，能够完美地记录这些措施。这样，工作和报告就不仅对保护有用，而且深入地了解了与所保护的对象有关的历史的和艺术的事件。

原载《世界建筑》1992年第6期

德意志民主共和国保护文物建筑和历史地段的原则

(马丁·穆施塔[*]，1985)

在德意志民主共和国，保护文物建筑已经成了社会生活的一个组成部分。保护工作已经不仅仅是专门工作者的事，它受到公众广泛的支持。通常，这工作是由中央和地方政府主管的。在文化部下面，设立了两个负责保护工作的机构，它们互相合作。一个叫“保护研究院”，它的任务是为要做的工程做理论、科学的准备，对所有的修复工程起咨询作用。同时，它负责文物建筑的普查、登录和立档。另一个机构负责指导一些专门的国营公司，这些公司里有建筑师、工程师、工匠、修理工等等，它们直接承担修复和保护文物建筑工程。在地方政府下面还有许多小型公司。此外，民主德国文化协会会员们组织的爱好者集团，也参与文物保护工作。

德意志民主共和国初期，1952年的关于文物建筑保护的第一个法令就确定了文物建筑的概念，1975年的文物建筑法又肯定了它。文物建筑包括如下几类：传统的艺术和建筑文物，城镇和居民点的历史中心里的艺术和建筑文物，历史纪念物，技术纪念物和历史性花园和公园。因为不规定文物建筑的年限，所以最新的东西也可以成为文物。在全民主德国，一共有4.8万件登录了的文物建筑。

因为文物保护工作早在重建社会生活和经济时就开始了，所以，直

* 马丁·穆施塔（Martin Muschter），民主德国ICOMOS委员会古建筑保护专家。

到现在，文物保护工作仍然跟社会的建设和发展紧密联系在一起。文物建筑的文化-历史意义受到极大重视，并且被认为是城市和乡村的基本的、不可改变的历史面貌。因而，文物建筑就在城乡的社会生活中起了积极的作用。

德意志民主共和国的政策认为，文物建筑和历史地段在形成文化个性中的特殊价值可大致归纳为以下各点：

1. 文物建筑是历史的见证

通常，一件文物建筑不仅仅从一个历史时期获得它的特点，它在存在过程中经过变化，经过增补。因此，它能够见证整个逝去的时期。除了历史的和科学的意义之外，现代人还在感情上被文物建筑深深打动。不但艺术文物能感动人，历史的和生产的纪念物也能感动人。历史信息的价值非常之高，因此，就要求尽力保护文物建筑的历史内容，并且还要用各种文献和实物材料来加深它的价值。

2. 文物建筑是创造力的见证

文物建筑一般都有比较高的审美价值，反映出特定历史时期的文化程度。在保护和修复文化建筑和在扩大它们的精神影响时，都必须保存它们的本质特点。因为这些特点是历史研究的对象，它们是文化特性的起点。《威尼斯宪章》里把保存这些本质特点作为文物保护的最重要、最基本的任务。连一片保存下来的废墟都能传递过去了的历史的信息。

保护工作还要做到住宅身上。只要住宅有比较好的建筑质量，那么，除了屋顶、烟囱、落水管等等之外，别的什么都不要动。但是，有时候严格建立在科学工作之上的重建还是必要的，这在特殊情况下才允许重建外形。

在特殊环境中，文物建筑的早期形态比晚期形态更有价值，更加重要，这时候，可以放弃一些晚期的东西，恢复它早期的形态。对于受战争破坏的文物建筑，重建也是可以允许的。

3. 文物建筑是城乡面貌的特征

文物建筑的形象特征是城乡面貌的基本部分。所以，城乡建设必须把文物建筑当作城乡构图的组成因素。这就是说，保护和重建文物建筑跟民主德国住宅建设政策密切联系。在“住到文物建筑里去”的口号下，掀起了一场运动，动员老百姓和政府机关充分利用文物建筑作住宅。现在可以见到许多把文物建筑改造成舒适方便的公寓的实例。

民主德国许多城市中心里，有历史建筑的街道和广场往往是城市生活的中心，在许多情况下被划为步行区，这样，历史建筑和城市街道或广场就提高了它们的价值。

4. 文物建筑对现代生活的价值

除了政治的、文化教育的基本功能之外，大多数文物建筑都派了用场，因而跟现代生活发生了紧密的联系。其中绝大多数保持原来的用处、传统的用处，现在仍然照样不变。例如市政厅、住宅、教堂、博物馆等等。只要现代的需要能够跟文物建筑适合，它的传统功能就应当维持下去。如果使用危及文物建筑，那就应当立即改变。通常，文物建筑的新用途是当博物馆或供其他文化活动之用。

总而言之，可以说，德意志民主共和国的保护文物建筑的原则是，使文物建筑尽可能地为人们所能理解、所接受、所爱护，把它用到造福于人民的社会发展中去。文物建筑的保护是社会主义生活的一个组成部分。

原载《世界建筑》1985年第3期

欧洲关于文物建筑保护的观念

（B. M. 费尔顿*，1986）

一、文物建筑的价值

欧洲人认识文物建筑的多方面价值。我建议归纳为以下三方面：

（1）情感价值：新奇感，认同作用，历史延续感，象征性，宗教崇拜。

（2）文化价值：文献的，历史的，考古的，审美的，建筑的，人类学的，景观与生态的，科学的和技术的。

（3）使用价值：功能的，经济的，社会的，政治的。

二、为什么要由国家来负责保护文物建筑

1984年在罗斯托克-德累斯顿召开的ICOMOS全体大会上，帕尔森博士（Dr. Roland Palsoon，瑞典国家文物局局长）给这个问题做了很好

* 费尔顿博士（B. M. Feilden，1919—2008），曾任英国ICOMOS主席、罗马ICCROM总主任，是UNESCO的文物保护顾问，受该组织委托编写了向世界各国推荐的文物保护教科书。他因为在文物建筑保护方面的成就和贡献而被英国女王封为骑士。1982年，费尔顿博士曾到清华大学建筑系讲学，做了题为“英国现代建筑”的讲演，《世界建筑》曾于1983年第3期刊出摘要。本文是他为《世界建筑》撰写的专文，因原文过长，所以译者做了摘录和改编。

的说明。他说：

1. 保护文化遗产的基本要求是和平与国际合作。

2. 文物建筑与历史地段有巩固民族和个人的文化认同性的重要作用，能抵抗社会的分崩离析，提高公民自觉性。

3. 文物建筑和历史地段的含义越来越宽，涉及到了整个环境；

4. 文物建筑和历史地段的数量也大大增加，个人和地方不可能负担全部保护工作。

5. 保护规划和修缮需要高水平的综合工作。

6. 要有很高的权威来严格限制文物建筑的使用者保持文物建筑的原状。

7. 必须要把文物建筑的保护列入城市的和区域的规划中去。

8. 文物建筑有利于展示文化的多样性和多元性，从而促进民族和宗教的宽容，并且提高落后民族的信心。

9. 政府可以统筹考虑社会的各种文化传统。

10. 空间上和时间上的文化认同，是人民生活和行动的框架，十分重要。

三、保护文物建筑的六种措施

1. 防止破坏（或称间接保护）：主要是经常的、定期的检查文物建筑和它的环境，及时清除隐患，避免破坏的发生。这是文物建筑保护的最重要措施。因为破坏后的任何修缮都会降低文物建筑的历史价值。检查环境包括：减少空气与水质污染，减少交通震动，预防洪涝，防止风化腐蚀，保持地下水位，监视滑坡与地震、防火、防盗等等。检查文物建筑本身包括控制内部湿度、温度和照度，清洁卫生，去除野草杂树、蚁窦鼠穴，防水堵漏，清理雨水管和下水道，检查各种设施等等。负责这项工作的人，应该具有关于保护文物建筑和它的环境的全面综合的知识。在预防破坏上花钱投工是最经济实惠的。等发生了破坏方去修缮，那就会要很多钱和人力。

2. 维持现状：直接处理文物建筑本身。当文物建筑的现状没有什么问题时，保护工作应限于使它不改变现状。只有为了防止进一步的破坏，才允许修缮。水、蒸汽、冰冻、化学反应、动植物和霉菌等造成的一切破坏都要制止。

3. 加固（直接保护）：加固是指在文物建筑现有组织中注入粘结材料或对它局部施加支撑材料以保证文物建筑结构的稳定和完整。这种措施只有在确实判明文物建筑的结构和材料强度已经无法支持下去时才能采取。结构体系的完整性和外形必须严格不受扰动。任何历史见证都不得破坏。首要的是必须利用传统的工艺和材料。如果传统方法已经不能保护文物建筑而必须采用现代方法时，那么，新工艺和新材料的长远效果必须是有把握的，它们跟文物建筑原有部分的共同作用必须是可靠的。

文物建筑所使用的易损材料，如芦苇、黏土、夯土、土坯和木材等，在腐朽破坏之后，允许以同样的材料用同样的工艺来替换，这种情况，维护它的原设计就很重要。

一切加固措施都应是可逆的，即可以把它们除去而不致损伤文物建筑的现状（当然不包括因除去它们而使原有的破坏趋势继续）。

加固措施应该尽可能地少，仅仅是非有不可的那一点。并且不应妨碍以后采取其他更有效的保护措施。在许多情况下，临时性的加固措施更为合理，争取时间，留待更理想的技术的出现。

4. 修复：当文物建筑的初始形式有特殊的历史意义，而缺失部分在总体中只占很小分量时，允许修复缺失部分，但修复要有考古的精确性，对原状要有权威的证据。修复部分要跟其余部分形成整体，但必须可以识别其为修复的，以保持文物建筑的历史的可读性，不作假、不使文物建筑的历史失真。

《威尼斯宪章》规定，文物建筑在其存在过程中所获得的一切有意义的东西都应该保留。一切后加的东西，除了可以判断为纯粹的维修措施的之外，都含有历史信息，应该保护。当一座文物建筑有互相叠压的部分时，只有当上面的一层确实没有什么价值而下面的一层不但价值高，并且还可能保存得相当好的时候，才允许去掉上面的一层。但做出上述判断的，必须是范围很广的有关各方面的专家，任何个人无权做出判断。

用从文物建筑上倒塌下来的材料复原文物建筑，必须有严格的考古证据。如果需要补充的材料太多则这种复原就没有意义。因为这种复原十分困难，所以工作必须是可逆的，要做好详尽的记录，以便发生疑问时拆开重来。

5. 适宜的使用：维持文物建筑的一个最好的方法是恰当地使用它们。最好是按照它原来的用途去使用它们。此外，如把中世纪的修道院用来当学校或其他文化机构，把18世纪的谷仓用来当住宅，也是最经济可行的保护方法。

旧城区成片保护的老建筑，在不能动外形、不损害历史价值的前提下，可以改动内部，使它们现代化。但文物建筑则不许可这样做。

旧城区保护有很困难的社会、经济等问题。

6. 重建：重建指在严重损坏的废墟上重新按原样建造文物建筑。只有在极特殊的情况下才允许重建文物建筑。它很容易造成文化史的错误认识、真假不分甚至虚伪和欺骗。

在火灾、地震或者战争之后，也许有必要重建文物建筑和历史中心，如果这是当地人民普遍的感情的需要的话。重建也必须要有严格的根据和证明，决不可以臆测。即使如此，它们也不可能有任何历史的痕迹和信息，没有真实性，所以，重建不符合《威尼斯宪章》，它是排斥重建的，联合国教科文组织的《世界文化遗产公约》也不承认它，拒绝登录重建的文物建筑和历史中心。

迁移也是一种重建。当事关国家民族的重大利益时，才可以迁移文物建筑，但必须指出，迁移必然会损坏文物建筑的历史价值，并且使它冒在新环境下遭受破坏的危险。例如为建造埃及的阿斯旺水坝而迁移了的阿布辛贝神庙，现在正受到风的侵蚀。

四、一切保护措施必须遵守的基本原则

1. 任何措施必须由经过专门训练的专家主持，必须有文物、考古、历史、民俗、美术、建筑、规划、结构、材料、施工、化学、物理、环保、水文、地质甚至动植物等各学科的专家参加。

2. 任何措施都必须有严密的计划。这计划必须建立在对文物建筑本身和它的环境的过去、现在、未来的全面而充分的调查研究之上。这计划必须有明确而有连贯性的政策作背景。计划的实施过程要有详尽的记录。调查研究和记录应该形成系统的档案，公开供人查阅，并且争取出版。

3. 必须保护文物建筑在其存在过程中的全部历史见证，使它的全部历史见证显现出来，亦是使文物建筑的历史具有可读性。决不可以使它的历史失真或者混乱，作假是不能允许的。

4. 必须全面保护文物建筑所具有的历史、文化、科学、情感等方面的价值，不可以只见到某些方面而忽略了其他方面。

5. 一切措施都应该是最必要的，非做不可的，坚决避免做过头，做得太多，有时候可以采用临时措施，以待将来更理想的办法。

6. 最大可能地保存文物建筑的原存部分，包括一砖一石。在各种措施中尽可能地使用原来的工艺和材料。一切新材料、新工艺都只有在十分必要时才得使用，而且要经过实验证明它们长远的可靠性。

7. 一切措施都应该是可逆的，并且不妨碍日后采取进一步的措施。

8. 修复缺失部分和拆除后加部分，一般是不允许的。在有经过充分研究并经公认的理由时，才可以修复和拆除，但这些部分必须只占很小的分量。

9. 凡加固措施，凡修复部分，都应该是可以识别的，决不可以与原有部分混淆，不可乱真。凡拆除部分，也应留下可以恢复其原状的痕

迹。这也是保持文物建筑的历史可读性的重要一环。

10. 保护文物建筑，必须包括保护它的环境，从环境中排除一切自然的和人为的可能导致文物建筑破坏的原因。

五、目前英国文物建筑评定和分级原则

英国文物建筑委员会拟订的文物建筑评定标准是：

1. 建于1700年以前的建筑物并且保持原状的；

2. 建于1700年至1840年间的大部分建筑物，有选择的；

3. 建于1840年至1914年间的建筑物，除属于一建筑群者外，有一定的质量和特点的。主要建筑师的代表作；

4. 1914年至1939年间建造的某些经过挑选的建筑物。

在评定时，特别注意：

1. 说明社会史和经济史的建筑类型（如工业建筑、火车站、学校、医院、剧场、市政厅、市场、交易所、济贫院、监狱、劳改场等）中有特殊价值的建筑物；

2. 显示技术进步和技术完美的建筑物（如铸铁建筑、预制建筑、早期混凝土建筑等）；

3. 与重大历史事件或重要人物有联系的建筑物；

4. 有建筑群意义的建筑物，尤其在城市规划方面有价值的（如广场、联排住宅、模范农舍等）；

登录的文物建筑根据它们的重要性分级。

分级情况是：

1. 约有百分之九属于高级。教堂中这个比例还要高得多。这些建筑物都是卓越的，拔尖的，有重要的国家性意义；

2. 其余的都是次级的。其中从住宅、工厂到墓碑、街道装饰等都有。

正在进行的复审工作完毕后，预计会有50万幢建筑物入册。不见得所有这些建筑都能保护下来，但至少不会被很不慎重地破坏掉。

六、文物建筑保护和城市规划

城市交通的发展是破坏城市的历史文物区的主要原因之一。火车的发展破坏过，汽车则破坏得更加厉害。欧洲的保护文物建筑的民间组织“我们的欧洲”于1975年发表的阿姆斯特丹宣言呼吁，在城市的规划中，文物建筑和历史地段的保护至少要放在跟交通问题同样重要的地位。

随着城市发展而来的旧区的改建所破坏的文物建筑比第二次世界大战的炸弹破坏的还多。商业活动和官僚主义不顾市民对城市个性和认同性的要求，到处大肆破坏。

在做城市规划时必须考虑到保护文物建筑和城市的历史地段。要充分利用这些不可替代的资源。

城市是人类最伟大的成就之一。但许多财迷并不认识这一点。政府已经制定政策，用津贴和免税等方法鼓励人们保护、维修和使用文物建筑，今后也应该奖励保护文物建筑和历史地段的城市规划方案。

七、结论

瑞典哲学家哈尔登（S. Hallden）在他的论文《我们需要过去吗？》中说：“生命的延续性的意识的强弱决定于社会被历史激发的程度。文物建筑和居住区形式对这个激发过程起很大作用。……除了少数例外，大多数人认为最好住在一个充满了记忆的环境里。知道前后左右都是些什么东西，会使人感到安全。……在我们跟环境和历史的联系中，文化的认同是归属意识，这是由物质环境的许多方面造成的，这些方面提醒我们意识到这一代人跟过去历史的联系。”

前面提到过的帕尔森博士说：“文物建筑和历史地段对于文化认同的重要作用是我们用来说服公众和政府来保护它们的最好的论据。我要强调说，虽然我们现在和将来还要用其他许多有力的论据去说服他们，但这一条一定是最能给人以深刻印象、最有说服力的。”

附：

在文物建筑的修缮中，切切不可使用水泥，不论是用作砌筑砂浆还是抹面。它有八大缺点：

（1）它是不可逆的。这是最坏的一条；

（2）它的强度太大，粘结力太强，跟文物建筑的较弱的材料不匹配；

（3）跟白灰砂浆相比，它缺乏弹性和可塑性，又加上前述第二点，就容易使相邻的原材料产生过大的应力而破坏；

（4）它孔隙率很低，不可渗透，所以抹在墙面会滞留水分和蒸汽，阻止蒸发，使水分上升而很不利于受潮的墙。如果用来作砌筑砂浆，它会增加内部凝结水，促成冻害；

（5）它在凝固时收缩，造成裂缝使水分侵入却又不易排出。从而增加了潮湿所造成的破坏；

（6）它在凝固时析出可溶性盐类，它们会溶解和破坏多孔材料和装饰；

（7）它导热性强，所以如果用作注射剂来加固外墙，它们会形成冷桥；

（8）它的颜色是冷灰色的，相当暗淡。而表质却又过分光滑和冷酷。这种特点跟文物建筑在审美上是完全不协调的。

原载《世界建筑》1986年第3期

华盛顿宪章*

（ICOMOS，1987年10月）

前言和定义

不论是或多或少自发形成的还是经过精心规划的，世界上所有的城市都是社会在历史长河中的多样性的物质表现，因而都是历史性的（英文版无最后八字——译者）。

本宪章所涉及的正是大小城镇和历史性的城中心或地区，包括它们的自然的或人造的环境。上述这些，除了具有历史文献作用外，还体现着传统的城市文化的固有价值。但是，在今天已经遍及一切社会的工业化时代所引起的那种城市化的影响下，它们正面临着没落、颓败甚至破坏的危险。

面对着这种常常具有戏剧性的会导致文化的、社会的甚至经济的特色丧失的情况，文物建筑与历史地段国际议会（ICOMOS）认为有必要制定一个《保护历史性城市和城市化地段的宪章》。

这份新的文件补充了通常被称为《威尼斯宪章》(1964）的《保护文物建筑及历史地段的国际宪章》，它确定了原则和目标、方法和行动手段来保卫历史性城市的素质，协调个人的和社会的生活，并使构成人类记忆的东西，哪怕是不太重要的，得以传之永久。

* 《保护历史性城市和城市化地段的宪章》。

正如1976年联合国教科文组织在华沙-内罗毕大会上通过的《关于保护历史的或传统的建筑群及它们在现代生活中的地位的建议》和其他国际条约所提出的，本宪章中所说的“保卫历史性城市”指的是采取措施保护它们、恢复它们、整体地发展它们以及使它们与当代生活和谐地适应。

原则和目标

1. 为了发挥最大效果，历史性城市和城区的保护应该成为社会和经济发展的整体政策的组成部分，并在各个层次的城市规划和管理计划中考虑进去。

2. 应该予以保护的价值是城市的历史特色以及形象地表现着那个特色的物质的和精神的因素的总体，尤其是：

a. 由街道网和地块划分决定的城市形式；

b. 城市的建造房子的部分、空地和绿地之间的关系；

c. 由结构、体积、风格、尺度、材料、色彩和装饰所决定的建筑物的形式和面貌（内部和外部）；

d. 城市与它的自然的和人造的环境的关系；

e. 城市在历史中形成的功能使命。

对这些价值的任何损害都会混淆并扰乱这个历史性城市的真实性。

3. 为了使保护取得成功，必须使全城居民都参加进来。应该在各种情况下都追求这一点，并必须使世世代代的人意识到这一点。切切不要忘记，保护历史性城市或城区首先关系到它们的居民。

4. 对历史性城市或城区的干预（intervention）都必须十分谨慎，讲究方法并且一丝不苟，要避免武断，要考虑每一个案例的特殊问题。

方法与手段

5. 在制定历史性城市和城区的保护计划之前应该先做多学科的研

究。保护计划应该包括对资料的分析，主要是考古的、历史的、建筑的、技术的、社会的和经济的资料，应该确定基本方针和在法律、行政和财政方面所要采取的行动方式。保护计划应该使历史性城区在城市整体中发出和谐的声音。保护计划应该确定需要特别保护的建筑物和建筑群，需要在某种情况下保护的以及在特殊情况下要拆除的。在采取任何干预行动之前的现状应该严格地立档。计划应该得到居民的支持。

6. 在保护计划等待批准期间，应该采取必要的保护措施，当然，要遵照本宪章和《威尼斯宪章》的原则和方法。

7. 历史性城市和城区的保护包含着对建筑物的经常维修。

8. 当代生活所要求的新的功能和基础设施网络应该适应历史性城市的特点。(英文本尚有：为使历史性城市适应当代生活，要求谨慎地设置或改善公共服务设施。)

9. 改善住宅应该是保护的基本目的之一。

10. 当必须改建建筑物或者重新建造时，必须尊重原有的空间组织，主要是原来的地块划分和尺度，并要把原有的建筑群的价值和素质赋予新建筑。引进具有当代特点的因素，只要不破坏整体的和谐，是有助于建筑群的丰富的。(英文本为：不应该反对引进与周围相和谐的现代因素，因为这种面貌能使一个地区丰富起来。)

11. 通过鼓励对城市的考古研究并恰当地在不损害城市体系的整体组织前提下展示城市考古的发现，对提高对历史性城市的历史知识是至关重要的。(英文本为：应该通过考古研究和恰当地展出考古发现来扩大对历史性城市和城市化地区的历史知识。)

12. 在历史性城市或地区内部要严格控制汽车交通：停车场需妥善管理，不要败坏历史性城市和它们环境的面貌。

13. 国土整治规划中的干线道路网不要穿过历史性城市，只要使交通易于接近这些城市并使进入这些城市较为方便就可以了。

14. 对历史性城市必须采取抵抗自然灾害和其他一切有害影响（主

要是污染和震动）的防卫性措施，既要保证保护居民的文化遗产，也要保护他们的安全和财产。为防御和修复一切自然灾害的后果而采取的措施都要和被保护的东西的特点相适应。（英文本最后一句为：不论影响历史性城市和城区的灾害的性质如何，防御和修复措施都必须与被保护的文物的特点相适应。）

15. 为了保证把居民吸引到保护工作中来，必须从学龄开始就对他们进行普遍的教育。要鼓励各种保护协会的工作，要采取财政措施鼓励保护和修复工作。

16. 为了保护，必须组织起对各有关专业的专门教育训练。

（译自法文本，英文本行文较简。）

原载《保护文物建筑和历史地段的国际文献》，
台湾博远出版有限公司，1992年

《世界文化遗产公约》的实施守则（草案）*

（UNESCO，1987 年 6 月）

第二章：保护的原则

2.01 导言

文化的认同性（identity）**和求异性**（diversity）

文化遗产的重要性在于它巩固了个人的和国家的文化认同性，也在于这种觉悟的政治意义（例如，在一个急速变化着的社会中，通过激发公民把他们的历史和环境看作遗产，来对离心倾向做斗争）。人民生活和活动于其中的结构应该有时间和空间两个向量。对于文化求异性和多元主义的觉悟，形成越来越大的宽容度和对少数民族、少数宗教和地方意见的尊重，也形成了对进步社会中已经建立起来了的学理和实践的谦逊态度。

对生活的延续性的觉悟的程度，决定于社会受历史激活的程度。固定不动的大型文物和聚住区的形态对激活过程起很大的作用。我们需要这样的一个被激活了的环境，就像动物需要有生命的地域一样。除了少数例外，大多数生灵发现住在一个富有记忆的环境里是大有好处的。在被我们用其他手段（例如社会福利）搞得相当安全的环境里，了解这种非常基本的生物学事实仍然有用。文化认同性是一种归属感，它是由物

* 本译文仅取第二章。

质环境的许多方面引起的，它们使我们想起当今的世代与历史的过去之间的联系。

文化遗产的概念

广义的文化遗产概念，考虑到存在于文化和社会中的传统和所在环境的巨大差异，扩大到把整个环境包括进来。要把固定不动的大型文物放在它的文化和物质环境中来考虑，要把修复当作这种环境中的一项工作，因此，有必要把固定不动的大型文物的保存与城市规划结合起来，并把这个原则扩大到风景区和村庄中去。

政治的和教育的意义

固定不动的大型文物和历史地段对文化认同性的贡献是我们说服公众舆论和政治家去鼓励保护计划的最好依据之一。我们今天和明天的主要任务之一是通过提供真实情况和保护工作的成功实例去造就所需要的觉悟。保护物质环境的延续性是我们的事业的压倒一切的目标。这样的态度有深远的含义。支持这种态度并使它在当今变得特别迫切的根据是我们世界中迅速的、越来越多的变化。“未来冲击”的延续和扩散折磨着现代社会的一切方面，结果是，对历史和保护负有责任的人被要求对这种情况采取新的态度。

保护的责任

和平与国际合作是文化遗产保护的基本要求：文化遗产的保护职责应该分属到国家、地方政府和个人，以建立更多的专门机构。保护、规划和修复需要集体的合作。

2.02　价值

原真性

管理“世界遗产所在地”需要对它的重要价值有一个详尽的分析。当前在使用固定不动的大型文物和历史地段中要十分重视保持它们的原真性。下述各类价值可作有用的参考：

情感价值

a）惊叹称奇（Wonder）

b）认同性

c）延续性

d）精神的和象征的

e）崇拜

文化价值

a）文献的

b）历史的

c）考古的，古老和珍稀

d）古人类学和文化人类学的

e）审美的

f）建筑艺术的

g）城市景观的

h）地景的和生态学的

i）科学的

使用价值

a）功能的

b）经济的，包括旅游

c）教育的，包括展现

d）社会的

e）政治的

对这些价值做了分析之后，应该把它们排一个先后次序。把使用价值放在太靠前是危险的，可能危及历史地段（文物所在地）的统一性，忽视保护工作和现场的环境，这个情况会暴露出一些矛盾来，应该富有创造性地解决它们。当管理方针明确地规定了之后，各种价值也排出了恰当的次序，那么，就可以制定展现的规章制度了。这个规章制度，要说明文物现场（固定不动的大型文物）的意义，要制定一个日常管理工作中做决定时的简洁明了的守则。第一步是把属于这个文物现场（历史地段）或与它有关的文化财富登记入册。也必须建立一个完备的、永久性的资料基地和文献中心。这包括建立一个合适的图书档案系统，妥善地保存与这个文物现场有关的所有资料。

2.03　历史文物的意义

在14世纪的欧洲，“保护”是一门人文主义学问，它引发考古学、文化人类学、古人类学、历史学和艺术史学的研究，现在它发展成了一种科学的管理学，对世界的生存有本质意义的文化活动——因为文化遗产保护的基本前提是世界和平与国际合作。

文物保护的目的是制止浪费人类的和自然的资源，使它们可以被社会更长久地享用，从而在急速变化着的世界上提高生活的质量，加强文化的趋同性。保护人工建造的环境，使已经投入的人力物力为社会服务。

可以认为历史性城市是人类最美好的创造。“世界文化遗产城市”是过去世世代代人们的产物，具有独特的价值，对于保护签约国今日的文化认同性有重大的意义。为了给签约国和全世界保护它们的价值和文化资源，必须把这些价值在签约国制定的城市规划程序的一切方面重现出来。这包括减少后面各章中将要提到各种威胁给历史地段（文物所在地）带来的伤害。特别在地震灾害方面，管理工作可以大大降低破坏的可能性。

2.04　保护原则

保护工作必须严格遵守保护的道德。下述的要点是用来指导保护机构和工作人员的：

1. 建筑物在任何一种干预（intervention）之前的状态和处理中所采用的所有方法和材料都必须充分完全地记录下来。

2. 历史见证决不可破坏、失真或去掉。

3. 任何干预都必须是最低程度上必要的。

4. 任何干预都必须不折不扣地尊重文物的历史的、审美的和体形的完整性。

一切建议的干预必须

a. 如果在技术上可能，应是可逆的，或

b. 至少不妨碍将来有必要时采取的干预，

c. 不妨碍以后观察该文物所携带的全部历史见证的可能性，

d. 最大限度地保存原有的材料，

e. 如必需增添材料时，应在颜色、色调、表质、外形和尺度上和谐，但必须不像原有材料那样引人注意，同时又是可以识别的。

f. 不可以由未经足够训练的，或没有足够经验的保护工作者来做，除非他们得到了可靠的指示。必须知道，有些问题是独一无二的，需要根据原则摸索着去做。

2.05 威尼斯宪章

文物保护的现代理论在欧洲可以追溯到意大利文艺复兴，但是那种我们可以称之为对资源的实际的或经济的保护是从史前时代一直沿用到工业革命时期的自然方法。当情况发生了变化，对我们的遗产的威胁增大了，一种首尾一贯的保护理论就不可避免地发展起来了，这个理论还会继续变化和发展。

当代的理论包含在《威尼斯宪章》中，这是1964年起草，经国际建筑师协会第二次代表大会通过，又于1966年被ICOMOS采纳的。它提出了有价值的、有普遍意义的准则，应该把它当作一个整体来看待，不要引用个别部分来为某些行为辩护。在英文中，“monument”这个字的意思是历史性建筑物或者地段。虽然带有特定的历史色彩，它的普遍性价值在于：

a. 确定原真性或完整性的价值

b. 对所有的历史时期一视同仁

c. 反对拆除历史上的增添物，反对没有适当根据的风格重建

d. 要求完整的文献档案

参约国可以参照《威尼斯宪章》、各种公约和建议制定自己国家的章程，它应该反映出地区性的文化影响，并关系到本国保护工作者所面临的典型问题。

2.06 建筑保护

应该注意到，尽管目标和方法相似，建筑保护与艺术品保护之间有一些根本性的差别。

首先，建筑保护要在露天、在实际上不能控制的环境下（外部气候）处理建筑材料。艺术品保护工作者可以依靠良好的环境控制去把破坏降到最低点，而建筑保护工作者却不能，他只好忍受时间和气候的影响。

第二，建筑保护工作的规模要大得多，在许多情况下，艺术品保护所用的方法对建筑是行不通的，因为建筑体量大而且复杂。

第三，也是由于建筑物的体量大而且复杂，所以需要各种人，如承包商、技术员和工匠等来从事各种保护工作，而艺术品保护工作者自己就能做大部分工作。所以，理解宗旨、人际交往、监工等成了建筑保护工作的最重要的一个方面。

第四，还有一些差异是由于建筑物还要作为结构物而起作用，抵抗静荷载和活荷载，必须提供适当的内部空间，并要抵抗火灾和野蛮的破坏等等。

最后，建筑文物保护包括它的所在地和环境的保护。

所有的历史性建筑物都应该受检查，并且必须坚持经常性的监护。现场工作人员应该做规定的定期检查，每月、每年都写报告，至少每五年要由专业人员做一次深入的检查，定出维修计划。

这种防护性维修在大多数情况下比重大的干预措施更重要，实践证明，它能减少一个国家用于保护文物建筑的费用。

2.07 重新使用

与艺术品相反，文物建筑保护的最好方法是继续使用它们，或者使它现代化而只做或不做一点适应性的改动。为保护建筑物最好保持它原来的用途，这样它就可以改动得最少。不过，有时候一种新用途是保存建筑物的唯一方法，例如在威尼斯把一所中世纪的修道院改为一所保护石头的技术学校和实验室，把一座18世纪的谷仓改为一个私人住宅，这是一种经济可行的方法来保护建筑物的历史和审美价值并使它达到当代的水平。

2.08 不同程度的干预

最低程度的必要干预和采用的技术决定于文物所处的气候条件。必须考虑到大气污染和交通震动，应该判定地震和洪水的危险。

干预总是会使文物的价值受到损失，但为了把文物保存到将来，干预是合理的。保护包含着多种规模、各种程度的干预，规模和程度决定于物理条件、破坏原因，以及可以预见到的文物将来所处的环境。每一种情况都应该个别考虑，作为一个整体来考虑，考虑到所有的因素；要把最终目标和保护的原则和规定牢记在心，尤其要记住，最低程度的有效干预是最好的。一共有六个级别的干预，一个比一个程度高。在任何一项重大的保护工作中，在不同的部位会采取不同级别的干预。这六个级别是：

1. 制止破坏（prevent deterioration）
2. 保持原状（preservation）
3. 加固（consolidation）
4. 修复（restoration）
5. 复制（reproduction）
6. 重建（reconstruction）

下面要讨论这些级别的干预。

2.09 制止破坏（或称间接保护）

就是通过检查它的周围、监护文物建筑本身和对历史地段（文物所在地）的经常性保养来保护文物建筑。保护文物现场的专门步骤必须实施，这步骤过去是由法律和章程专门为列为世界文化遗产的一类文物建筑规定的。在其他各种事情之外，这还包括减轻大气污染、减轻交通震动、防止腐蚀、防御不驯服的河流、检查因采矿和排水引起的滑坡、防火、防纵火犯、防窃贼和粗暴的破坏者。

监护文物建筑包括控制内部湿度、光照和温度，检查原初的建筑材料和结构，检查一切设备，控制文物所在地的使用。通过尽可能地控制环境，就可以使败坏和破坏趋向缓和。为制定合适的保护措施，首要的是懂得材料的特性，它们的规律，以及破坏的原因和过程。多学科的合作研究是制定措施的重要方式。

总之，对文物的监护和经常性的检查，是防止文物破坏的根本。维修，打扫清洁卫生，良好的日常照料和正确的管理也有助于防止破坏。这种检查是维修和修缮的第一步。

2.10 保持原状

保持原状是直接施加在文物身上的措施。它的目的是把文物保持在现有状态。只有当为了防止进一步败坏而不得不修缮时才进行修缮。由于各种形态的水、化学品和各种害虫及微生物引起的破坏必须停止，以保存结构物。

2.11 加固（或直接保护）

加固是把黏合剂或支撑材料注入文物的体内以保证它的耐久性或结构的完整性。就固定不动的文物来说，加固的例子之一是注射黏合剂把脱落的壁画重新黏到墙上去，或者黏住结构物上的类似的饰面。

历史性建筑，它的结构构件的强度大大降低，已经经受不住以后的伤害，这时候就应该对它现存的材料进行加固。但是，结构系统的整体性必须保持，并保持它的形状。任何历史见证都不得破坏。首先应该懂得历史性建筑物是如何作为一个“空间系统”而整体地起作用的，要知道是不是可以令人满意地引进新技术，是不是可以给美术品提供一个恰当的环境，是不是可以为了一项新的用途而做些调整。

使用传统的技艺和材料是特别重要的。但是，当传统的方法不足以保护文物时，就可以采用现代技术，这新技术应该是可逆的，经过试验的，并适用于文物的规模和它的气象环境的。对文物保护的这个合理的态度要求使用妥当的技术。

不耐久的材料，如芦苇、黏土、夯土、土坯和木材，在维修或修复坏了的部分时，应该使用这些材料和传统技艺。保护原有的设计，与保护原有的材料一样，都是文物保护的重要任务。最后，在许多情况下，用临时性措施维持住，争取时间，以期将来会有更好的技术出现，这样做是聪明的，尤其当如果对它加固有可能会妨碍将来的保护工作时。

2.12 修复

修复的目的是再现文物原来的概念或易明性。修复和重新整合细部和外形是常做的，一定要尊重原有的材料、考古证据、原有的设计和真实可靠的文献。把失掉了的或者败坏了的部分复原，必须与整体和谐，但在细看时要能与原有的部分区别开来，这样，修复就不致使考古的和历史的见证失真。清洁文物建筑也是一种修复的形式，另一种是把失落的装饰构件复位。

以细致的历史研究为基础，一切时期对这文物建筑所做的重要贡献都应该尊重。一切增添物，凡可以认为是“历史见证”的而不仅仅是一次过去的修复的，都必须保存。当一座文物建筑有不同时代的工程层层叠压时，只有在特殊例外的情况下才允许把下面的一层清理出来。条件是：确实判定，要清理出来的那一层具有很大的历史和考古价值，并且，它的保存情况尚好，值得清理出来。要满足这两条条件是不容易的，不幸的是，没有经过深思熟虑的考古好奇心会冒犯这两个条件。

用（从文物建筑上落下的）原来的材料修复（anastylosis），如果有可靠的考古根据，并能使遗址更容易理解，就是说使空间体形更容易看清，那是正当的。如果需要加入太多的新材料，那么，修复就值得怀疑了。雅典卫城的经验证明，精确地用原来材料修复文物建筑，出乎意外地困难，所以这种工作必须是可逆的，而且要做详尽的记录。如果修缮得太多，那就会使历史所在地（文物建筑）看上去像电影布景，降低了文物信息的价值。"增添物"（patina）应该保留，"缺失物"（lacunae）应该小心翼翼地补上但应该比原有历史材料不引人注意。

2.13 复制

即使可以复制文物，但要记住，不可以把复制品当作历史的和艺术的文物，所以，要严格限制复制文物。复制限于仿造尚存在的装饰品（artefact），通常是为了补足失落的或败坏了的装饰，以保持文物建筑的审美的和谐。如果有价值的文物正在无可挽救地败坏，或者受到环境的威胁，这就可能需要把它搬到一个更合适的环境中去，在原地用一个复制品代替以保持建筑现场的统一性。例如，佛罗伦萨元老广场上米开朗基罗的"大卫"像就搬到一个博物馆里去了，以免受气象的损害，一个很好的复制品代替了它。

2.14 重建

重建只有在特殊的情况下才允许，它很容易造成误解，有失真或作假的危险，并可能造成文化上的欺骗。在火灾、地震或战争的灾害性破坏之后，有可能需要用新材料重建历史性建筑和历史性市中心。重建不可能有时间和长期使用所造成的痕迹。就像在修复中一样，重建必须以精确的文献资料和证据为基础，决不可以臆造。重建的建筑物不能评定为世界文化遗产，因为它们失去了原真性，而且不合《威尼斯宪章》的规定，宪章早就排斥了重建。（第15条）

把整座建筑物搬到新地点也是一种重建，这只有在重大的国家利益需要的时候才是正当的。这会使它失去重要的价值，并且，在新环境中可能遭到损害。最典型的例子是埃及的阿布辛贝神庙，造阿斯旺水坝的时候，为了免于淹没，把它搬了地方，但它现在正遭受着风的侵蚀。

只有在事先明确了目标，做过分析和评价，才能把拟议的重建付诸实施。在所有文物建筑保护工作中，要有构思的连续性和艺术处理的一贯性；为了最好地做到这一点，要任命一位文物保护建筑师，给他以总管之权，但他必须采纳多种学科专家的忠告。他对保存历史还是破坏历史负有不可推卸的责任。

2.15 总结

历史性文物建筑（固定不动的大型文物）、历史地段（文物场所）和构筑物的保护是一门多专业的学术，它把审美的、历史的、科学的和技术的方法协调在一起。文物保护是一门迅速发展的学术，从它的本质来说，它是多学科的活动，各方专家互相尊重别人的贡献，在一起形成一个有效率的集体，文物建筑和美术品和装饰美术品的保护问题不简单。即使在发展了空间旅行和原子能的时代，解决地方环境问题和制止败坏仍然是一个巨大的挑战。只有在了解了败坏和破坏的机制之后，我们才能扩大保护技艺，为子孙后代延长文物的寿命，但是我们必须承认，败坏是自然规律，我们只能使这个过程慢一点而已。

原载《保护文物建筑和历史地段的国际文献》，
台湾博远出版有限公司，1992年

介绍几份关于文物建筑和历史性城市保护的国际性文件

关于文物建筑和历史地段的保护，有几份重要的国际性文件。第一是1964年ICOMOS的《威尼斯宪章》，第二是1976年UNESCO的《内罗毕建议》（《关于保护历史的或传统的建筑群及它们在现代生活中的地位的建议》），第三是1987年10月在华盛顿通过的ICOMOS的《保护历史性城市和城市化地段的宪章》，也可以叫作《华盛顿宪章》。第四份目前还是草案，是1987年6月起草的UNESCO的《世界文化遗产公约》实施指南，它虽然是针对被列为《世界文化遗产目录》的一小部分文化建筑和历史性城市写的，其实却是总结了《威尼斯宪章》以来的几十年的科学成果的一份集大成的文件。

《世界建筑》在1986年第3期全文介绍了《威尼斯宪章》，引起了许多读者的注意，目前已经渐渐被我国文物建筑工作者熟悉和运用。

《威尼斯宪章》的主要起草人勒迈赫先生告诉我，在起草的时候，本来也想写到历史性城市的保护的，但是当时历史性城市的保护刚刚兴起，经验不多，问题又非常复杂，所以只好暂时避开，只点到两句。经过1975年的欧洲“文化遗产年”，一方面觉得对历史性城市的保护有了比较明晰的原则性知识，一方面又觉得迫切需要一份可以给各国参考或者说“遵守”的文件，于是，UNESCO在华沙–内罗毕会议上通过了《内罗毕建议》。

《内罗毕建议》内容很具体，全文55款，涉及方面很广，作为国际性文件，失之于过细过杂。于是，ICOMOS又委托英国文物建筑保护专家费尔顿爵士起草一份《宪章》，像《威尼斯宪章》那样。费尔顿爵士和N. 利契费尔德一起写了《草案》，承他们好意，寄了一份给我，征询意见。我征得他们同意后，译出发表在《城市规划》1987年第3期上。

1987年10月7—11日，ICOMOS在华盛顿召开大会，正式通过了《保护历史性城市和城市化地段的宪章》，大体同《草案》一致，略有出入。这是继《威尼斯宪章》之后的最重要的一份国际性的关于保护文物建筑和历史性城市的文件。我把它译出来，请《世界建筑》发表，供国内有关的同志们参考。

今年春天，罗马文物保护研究中心的建筑部主任J. 诸葛力多先生到中国来，把由他负责起草的UNESCO《世界文化遗产公约》实施指南的《草案》给了我一份。同来的费尔顿爵士说，这是迄今为止最好的文件，嘱我好好利用。我仔细研读了几遍，把它用在我的课程《文物建筑保护》中。考虑到文物建筑保护工作在我国还远远没有普遍走上科学化的道路，还迫切需要从国际上吸取先进的经验，所以决定把它译出来，介绍给做这方面工作的朋友们。不过，因为原文太长，《世界建筑》的容量有限，所以不得不做删节，如果我们在文物建筑和历史地段保护方面有专门的刊物，那就可以更充分地介绍国际经验了。

这几个国际性文件的基本特点是什么呢？是它的科学性，给文物建筑保护建立了一个科学的理论基础。因为是科学，所以它们有普遍性，而不是只限于某国、某洲。真正的科学是没有国界的。它们因此很简短，很原则化，没有过多陷入技术性问题，只有《内罗毕建议》稍稍说得具体一点儿。

我们有一些同志凡事都爱说个“中国式”的，在文物建筑保护问题上也这样。什么叫“中国式”的文物建筑保护？无非是“善男信女”的习惯，历来的工匠传统和群众的“喜闻乐见”。所有这些，左说右说，无非是“焕然一新”，是造“假古董”，是“可以乱真”，是“不管怎么干，二百年后就是文物”等等。甚至埋怨《威尼斯宪章》制定的时候没有请中国人出席，否则它的原则一定是另一个样子。其实，所有这些所谓“中国式”，都可以用一句话概括，就是“不科学”。如此这般的“中国化”，无意中会用“不科学”来代替了科学。文物建筑和历史性城市的保护是一项高层次的文化活动，它的历史还很短，目前不但在中国，即使在欧洲，也还需要继续做普及宣传工作。如果把它降低到“善男信女”、传统工匠或者文化水平还不高的“群众”水平，其实就是取消了文物保护。早在1935年，梁思成先生在写《曲阜孔庙之建筑及其修葺计划》的时候，就斩钉截铁般地否定了传统工匠和“善男信女”的修葺古建筑的方式，提出了保护文物建筑的新观念和新原则。现在国际上公认的这几份文件，就是欧洲人一百多年来反对“传统”和“习惯”，使文物建筑的保护工作科学化的成果。对我们国家来说，迫切需要的是引进这些科学理论，把我们的文物建筑保护工作提高到新的现代化的水平，而不是误信什么“中国式”，不自觉地用不科学的工匠传统和“善男信女”的习惯去抵制科学化。

另外有一些同志不接受国际公认的原则，原因是他们只以一个建筑师的眼光和知识，以一个建筑师的口味和爱好去看待文物建筑保护工作，而不知道文物建筑并不是一般的建筑。文物建筑有它特殊的历史、科学、文化和情感价值，因此它的保护有独立的理论和原则，不能用一般的建筑学知识去搞文物建筑保护。例如，建筑学讲究和谐、统一、完整等等，而文物建筑保护的第一的、最高的原则却是保持历史的真实性。历史的真实性是一切文物的价值所在，没有历史真实性的东西就不是文物。在这个真实性里，包含着文物建筑的历史的、科学的、文化的和情感的多方面的综合价值。建筑师不能对这种综合价值采取傲慢的轻视态度，仅仅从建筑学的专业爱好和知识出发，片面地追求统一、完整、和谐或者那个含糊不清没有科学意义的所谓“风貌”，而置文物建筑的历史真实性于不顾。历史真实性是不可再现的，一旦失去就永远失去，所以，必须用极谨慎的态度来对待它。19世纪下半叶流行于欧洲的法国学派，基本上就是一种建筑师的学派，他们半个多世纪的“保护”工作，现在被欧洲文物保护界认为是对文物建筑的一场浩劫。所以，现在各种国际性的文件或各国的立法，都规定，文物建筑价值的鉴定以及对它们的维修措施的决定，都要由各方面专家参加，不能只由建筑师说了算。

本来，鉴别真伪是所有文物工作者的最重要的基本功之一，我们一些建筑界同志们，包括一些热心宣传保护文物建筑和历史性城市的同志们，都在提倡“以假乱真”“弄假成真”，这是会误事的。

在欧洲和北美，普通的建筑师是不能搞文物建筑保护的，他们必须经过培训，学习一些专门的课程，才能得到搞文物建筑保护的执照。照罗马文物保护研究中心前主任之一C. 埃德的说法，这就是“洗脑筋”，把建筑师的脑筋改造成文物建筑保护师的。所以，我不仅希望文物工作者知道这几份国际性文件，也希望建筑界的朋友们认真对待它们。

原载《世界建筑》1989年第2期

关于文物建筑保护的两份国际文献

今年3月，台湾朋友要把我过去译的《威尼斯宪章》等国际文献和历史资料汇编成书出版。我打算再增加几份，回来后找出原件，动手翻译，那边来了电话，说书已经发行，因此，我把译成的两份请《世界建筑》发表，供有关的同志参考，希望我们大家都能真正理解这些和那些文献、资料的重要意义。

《威尼斯宪章》是保护古建筑的，《华盛顿宪章》是保护古城镇的，这一份《佛罗伦斯宪章》是保护古园林的，有这三份宪章，大体就齐备了。

《佛罗伦斯宪章》第21项说："保护古迹园林的原貌应优先于公众使用的要求，向公众开放应服从于管理，以保证古迹园林的格调品味不受损害。"因此，第18项说："开放古迹园林供人参观时，必须控制参观人数，……以保护它的实体和文化信息。"至于园林里的建筑物，应该按照《威尼斯宪章》的原则加以保护。（第13项）这些建议都是很容易理解的，但愿我们能够认真去做。

《文物建筑保护工作者的定义和专业》的基本意思是：文物建筑保护工作要专业化，从事的人要受相当于大学毕业水平的专门训练，要具有一定的资格。

据我所知，在一些保护工作做得特别严格的国家，如意大利，文物建筑保护师的资格比建筑师高，是由正式建筑师再由有资格的机构培训后发给证书才成的，没有这些人主持，文物建筑的修缮就不会被批准。

这个专业化的问题也很值得我们重视。

原载《世界建筑》1992年第6期

下部

研究与评论

谈文物建筑的保护

《世界建筑》出版文物建筑保护的专号，这说明，文物建筑保护事业在我们国家已经越来越受到重视。

保护文物建筑，首先从排除破坏文物建筑的原因下手。要找出原因，对症下药。破坏的原因有两大类，一是自然的，一是人为的。根据世界各地的经验教训看，人为的破坏是主要的。

在我国，前一时期的人为破坏主要是不懂文物建筑的价值，任意拆除。现在，随着认识的提高，这种破坏本来可以渐渐减少，但是，十分急速的城乡建设却使这种拆除变得更加普遍地威胁着文物建筑。同时，新的破坏威胁又应时出现或者渐趋严重，这主要是旅游公害和错误的修缮。大规模的旅游业会破坏文物建筑的环境和它的本身，错误的修缮可能使文物建筑部分地，甚至全部地失去历史价值。

为了排除这些破坏文物建筑的原因，显然，技术问题虽然很重要，却并不是最迫切的。最迫切的事仍然是要充分而正确地认识文物建筑的多方面的重大意义，要进一步了解当前世界公认的文物建筑保护的基本概念、理论和原则。经过一百多年的实践和修正，这些概念、理论和原则已经相当成熟了。

这一期《世界建筑》邀请当今世界文物建筑保护界负有盛名的学者写了专论，着重介绍基本概念、理论和原则。同时还发表了《威尼斯宪章》，这是目前世界公认的文物建筑和历史地段保护的权威性规范。

我在这里只补充说明几个重要问题。

第一，什么是文物建筑？

文物建筑包括了大部分古建筑（“古”的时限在各国不一致，有些国家不予限定），但不限于古建筑。它也应该包括近现代在社会史、经济史、政治史、科技史、文化史、民俗史、建筑史等领域里有重要意义的建筑物。所谓意义，也应该是多种多样的：记载事件，刻画过程，代表成就等等。一个国家、一个地方、一个城市或村镇，在制定保护建筑的名单时，应该从整体着眼，力求使列入名单的建筑物能够构成这个国家、地方、城市或村镇的全面的、完整的、系列化的历史和创作活动的见证。要使它们能够跟其他可移动文物一起，向世世代代的人们生动地、形象地、实在地叙说他们生活环境中的全部历史和人们的成就，建立和维持世世代代人们的感情联系。从这个“总体保护”的战略高度考虑，北京的前门火车站、东交民巷、大栅栏、原燕京大学校园等等，都应该是保护单位。甚至连“国耻史”的见证都应该保护。这就是为什么世界各国现在受保护的文物建筑越来越多、数量十分惊人的一个原因。也是为什么简陋的磨坊、破旧的谷仓、小小的驿站直至烟馆、娼寮能列为文物建筑的一个原因。

我们现在的文物保护单位的范围太狭窄，因此有许多有价值的文物建筑“不受保护”，面临破坏的危险。世界各国都以普查、审定、列表入册作为文物建筑保护的基础性工作，这是很有道理的。

这样来认识文物建筑的意义，可以帮助我们建立一个十分重要的观念，这就是，文物建筑首先是文物，其次才是建筑。对文物建筑的鉴定、评价、保护、修缮、使用都要首先把它当作文物，也就是从历史的、文化的、科学的、情感的等方面综合着眼，而不是只从或主要从建筑学的角度着眼，比如只着眼于古城区和古建筑的“风貌”。因为世界上大多数文物建筑保护师都是建筑师出身，所以克服专业的片面性是个普遍的问题，在我国也不例外。这种片面性往往是文物建筑遭到忽视、破坏或者部分丧失价值的一个原因。当然，其他的任何一种片面性也是有害的，最有害的一种是片面的牟利观点。为此，文物建筑保护工作必须由各有关方面的专家合作进行，具体负责的建筑师要经过专门的系统的培训，这样才能避免片面性。

第二，什么叫文物建筑保护？

保护文物建筑，就是保护它从诞生起的整个存在过程直到采取保护措施时为止所获得的全部有意义的信息，它的历史的、文化的、科学的、情感的等等多方面的价值。文物的不可再现性，文物价值的不可复制性，是文物保护的基本出发点。建筑师出身的文物建筑保护师最需要警惕的是，仅仅从建筑风格的统一、布局的合理、形式的完美和环境的景观等自己习惯的角度，去评价文物价值并且采取相应的措施。从19世纪中叶到第二次世界大战前夕，欧洲文物建筑的重要破坏者之一就是这样的建筑师。他们往往热衷于在修缮文物建筑时“做设计”，把它恢复成“理想”样子，或者在废墟上重建古建筑。其结果是把真古董弄成了假古董，失去了原有的文物价值，虽然也有可能成为另外一种意义上的文物。英国的文艺和建筑理论家拉斯金愤怒地谴责说：“翻新是最野蛮、最彻底的破坏。”美国的散文家霍桑（N. Hawthorne）也骂道：“翻新古迹的人，总是比毁灭古迹的人更加伤天害理。”

所以，修缮不等于保护。它可能是一种保护措施，也可能是一种破坏。只有严格保存文物建筑在存在过程中获得的一切有意义的特点，修缮才可能是保护。而文物建筑的有意义的特点，立档之始就应该由各方面的专家共同确认。这些特点甚至可能包括地震造成的裂缝和滑坡造成的倾斜等“消极的”痕迹。因为有些特点的意义现在尚未被认识，而将来可能，所以，《威尼斯宪章》一般地规定，保护文物建筑就是保护它的全部现状。

对我国文物建筑的保护工作来说，很重要的一条是克服无原则地“整旧如新”的修缮思想。所谓“焕然一新”，往往意味着历史信息荡然无存。这种不科学的传统必须抛弃。

我国文物建筑保护的先驱梁思成先生曾经说过，保护文物建筑“是使它延年益寿，不是返老还童”。这句话虽然还不够严密、不够具体，但是它精辟地概括了文物建筑保护的最基本的原则思想。

有一座历史文化名城的主管文物工作的部门，认真而努力地工作，积极地争取把道台衙门列为文物保护单位。但他们随即把大堂拆掉，在原址造了一幢地道清式木结构的二层楼房。他们高高兴兴把这件事叫作“进一步发展了文物建筑保护的原则”，这叫人怎么说呢？

“重建”不是保护，重建起来的建筑，不是文物建筑，它是假古董。把重建当作保护，那就等于取消了保护。

第三，怎样保护文物建筑？

保护文物建筑，预防破坏是第一条，修缮是万不得已的最后一条，因为任何修缮都不可避免地会使文物建筑的历史价值受到损失（对我国的木结构建筑来说，油漆彩画是预防破坏的措施，而且所用涂料又是易损的，需要经常更新，所以一些有重新油饰传统的建筑，保持这种传统是可以允许的）。

预防破坏，就是杜绝文物建筑本身和环境中的一切隐患。

我们有些同志提倡保护文物建筑的环境，只着眼于景观效果，其实，保护环境首先是为了保护文物建筑本身。例如，空气和水质的污染，地下水位的高低和成分的变化，汽车、火车的震动，湿度和温度的升降，还有洪涝、滑坡、火山、地震等等这些环境因素，都直接影响到建筑物。意大利威尼斯城的存亡危机，全都是由环境因素造成的，包括地下水位下降、空气污染、潮水冲刷、海风腐蚀等等。要拯救威尼斯，也只能从改变环境下手。

另一种需要预防的破坏是旅游公害。为商业性“开发”文物建筑的大量旅游设施，如果规划不当，管理不严，设计不佳，就会破坏文物建筑的环境。过多的游客拥进文物建筑，除了机械的磨损之外，人们身上和呼吸中散发出来的蒸汽和二氧化碳对陈设品、壁画和装饰都有很大的危害。所以欧洲有些国家已经开始限制一些文物建筑对普通游客的开放，甚至在旅游旺季关闭，即使损失大量收入也在所不惜。文物建筑是文化珍宝，不是摇钱树，总得把保护放在营利的前头。

任何文物建筑都有一个最大游览容量的问题。不能来者不拒，无限制地开放。北京的北海、颐和园、故宫等处，早就是超负荷运行了，这是有破坏性的。

至于为了迎合一般游客，为了赚钱，在文物建筑里设很多商业、服务业，不但冲淡了文化气息，拆改了文物建筑，而且使许多早应采取的保护措施不能采取，这也是一种颠倒。例如，天坛的树林本应补种，现在却是利用缺树的地方搭起了商店、餐馆，号称“开发”。

预防之外，修缮当然也是一项重要的保护工作。这工作固然有很复杂的技术问题，但首要的还是原则问题。需要强调一下的是，修缮工作必须保持文物建筑的历史纯洁性，不可失真，为修缮和加固所加上去的东西都要能识别得出来，不可乱真。并且应该设法展现建筑物的历史，换一句话说，就是文物建筑的历史必须是清晰可读的。还有一条，凡修缮和加固所加于文物建筑的东西，都应该可以除掉而无损于文物建筑。

历史的可读性是很重要的原则。《威尼斯宪章》规定，当文物建筑因特殊需要有所增补时，新建的部分必须采用当代的风格。欧洲各国，把这项规定引用到古城区的保护中去，当在古城区内建造新房屋时，也必须采用当代的风格，同时要在规模、色彩、尺度、体形等方面跟古城区取得和谐。一句话，现代的东西就是现代的风格，不可作假，不可伪造历史，不可失去历史的具体性和准确性。

一座建筑物，一个城市，在它们的面貌上看不到历史，那么，它们的活力也就衰弱了。

前故宫博物院院长吴仲超先生力主故宫内建造的一些附属用的小房子不可仿清式木结构的。他说“造了这几个假古董，人家会以为别的也是假古董。”他从另一个角度说明历史可读性的意义。改建后的北京琉璃厂，很有可能起这种使人怀疑别处真文物建筑的作用。罗马城也是因为仿文艺复兴式的建筑物太多，以致使真正的文艺复兴建筑失去了光彩。

有人认为，为了保护文物建筑的环境，为了保护历史名城，就必须建造假古董，必须抹杀我们时代的风格去跟旧的协调，这是一种误解。

旧的要保存好，新的要创造！

至于历史城市的保护问题，这是一个远远复杂得多的问题，它牵涉到更大的经济、社会、技术等等许多方面的问题，非常困难。

我在这里只说明一点：因为古城区必须是活的，所以古城区内一般建筑物的保护要求就比文物建筑放松得多，大多只要求保护外观，内部可以改造，可以现代化。

千万不要把这种做法跟文物建筑保护混为一谈。

近年来出国观光的人多了，带回来不少在国外见到的修缮古旧建筑的情况。将来还会有更多的人出国，见到五花八门的修缮。这就产生了一个如何认识它们，如何借鉴它们的问题。修缮文物建筑已经形成了一门专门的科学，要求我们用科学的态度去对待它，单靠零星的、偶然的见闻做判断是不行的。

我想在这里提出几点意见，给愿意研究外国经验的同志们参考。

第一，见到一座经过修缮的古旧建筑，首先要了解这座建筑物的性质和历史。比如说：它是文物建筑呢，还是旧城保护区里的一般建筑呢？还是什么都算不上呢？文物建筑的保护很严格，基本不许改动，无论内外。旧城保护区里的一般建筑，虽然外貌也有很古旧的，但历史价值比较低，而且为了现代化的使用，允许改动内部，只保持外形不变就可以了。我们必须分清楚这两类建筑物，留神不要在观光的时候见到旧城区的修缮误以为这就是修缮文物建筑，或者以为对文物建筑也是如此这般处理。

欧洲城市里有不少19世纪和20世纪初的复古主义建筑，看起来很像文物建筑。它们当中很大一部分并不在保护之列。但它们的主人，现在也有一些愿意自己保护它们，请人修缮，往往就有“整旧如新”的，甚至有添添改改的。

第二，见到一座经过修缮的文物建筑，如果想借鉴它，就必须了解它是什么时候修缮的。现在国际上公认的文物建筑保护的原则性文献是《威尼斯宪章》，它是1964年制定的。在制定之前，欧洲文物保护有好几个流派，各有自己的做法。在制定它之后，也并不是立即就被各国完全接受。大致从1975年“欧洲文化遗产年”活动起，《威尼斯宪章》才被各国普遍承认为指导性的。直到现在，《威尼斯宪章》的宣传贯彻也并没有大功告成，有意无意间违反它的情况并不少见。它的条文也还有可能被自由解释的地方，以致近来有人建议把条文重新写得更严密一些。

所以，早年的修缮工作，有不少已经被否定，当前的修缮，也未必完全正确。我们要谨防草草一看，碰巧正看到了这种“经验”。

要紧的是，要看到国际文物建筑保护学术的整体，看清它的主流，辨别它的发展方向。只有这样，才能正确吸取国际经验。

第三，要看文物建筑修缮的“经验”来自哪个国家。有些发达国家，在文物建筑保护方面并不先进，例如美国。美国人常常介绍的一种“经验”，是把文物建筑拆掉，在地面上用什么材料保留下它的痕迹，或者在空中用钢铁构件勾画出原来文物建筑的轮廓。他们的旧城区“保护”方法之一，就是把原有建筑物拆得只剩下一个立面，镶在新建的高楼大厦的立面上。这些做法，被国际文物建筑保护界嘲讽为“美式玩笑”。

日本人也有造假古董的事，例如著名的伊势神宫，每20年重建一次。

第四，要了解文物建筑修缮工作的背景，否则也很容易做出错误的判断。最突出的例子是，欧洲的教堂都归教会所有，政府部门实际上管不了。虽然有的教堂严格按文物保护的法规修缮，但有的就不一定，教会往往根据自己的需要修缮甚至改动教堂。这是欧洲文物建筑保护工作的一个大漏洞，一个很伤脑筋的大漏洞。有人建议《威尼斯宪章》要有足够的权威来管住宗教建筑，但是提不出什么好办法来。

所以，我们在欧洲见到修缮教堂，或者在别处见到修缮宗教建筑，都要了解一下修缮者的态度。

这也关系到一些非宗教性建筑物。因为严格地按科学原则办事，那是要花很多钱，费许多时间的。而且，保护遗址废墟、保护文物建筑的全部历史信息、展现它的历史可读性，要有很高的文化修养才能理解这种必要性。有些地方的当权人并不理解这种必要性，建筑师也没有足够的文化修养，于是，为了一时实际的目的，就不按原则办事，钻管理工作的空子，对文物建筑做错误的修缮。这是常有的事。所以我们在观光的时候不能不多留一份心。

第五，按照国际惯例，一些非永久性建筑材料，如草、生土、灰泥、粉刷、竹、芦苇等等，如果没有特殊的价值，是可以更新的。所以，在国外可以见到一些文物建筑，因粉刷而“焕然一新”，这在旧城区保护工作中尤其常见。但我们切不可把这种“见新”推想到更大范围去。

永久性材料就不允许这样“见新”。大约20世纪60年代后半叶，巴黎市曾经花了很多钱除去了几座文物建筑石材上的风化层，露出了原来大理石的光彩。主事的人以为做了好事，谁知舆论大哗，批评这种做法毁掉了文物建筑的历史。于是，一位德高望重的文化部长被迫辞职。如果我们不知道这件事的始末，见到那几个被“见新”了的文物建筑，误以为这也是一种“经验”，那可要上当。

第六，见到某些修缮过或修复过的文物建筑，要了解国际文物保护界对它的评价。

例如，19世纪末20世纪初修复的一些庞贝城的建筑，现在不但文物建筑保护界不承认，建筑史界也不承认。所以当写古罗马建筑史的时候，在比较认真的著作里，就只描写庞贝建筑的平面。法国在19世纪修复过一些中世纪建筑，“整旧如新”的水平很高。其中一座被拿破仑三世当过宫殿的皮埃尔丰堡垒，最近申请列入联合国的《世界文化遗产名单》，被拒绝了。西德的吕贝克城，在第二次世界大战中被毁，战后做了“考古式”的重建，它申请列入《世界文化遗产名单》，也被拒绝了。欧洲在19世纪末20世纪初按法国派方式修缮或修复了大量古旧建筑，现在被普遍认为是一场大破坏，其中有许多失去了原来的文物价值。不知道这个情况，也是会在这类修缮工作前上当的。

第七，如果想借鉴经验，而又没有人介绍，那么，就务必看得再仔细一点。

例如，有一些因战争或者地震倒坍了的文物建筑，现在“照原样”完全修复了。先不说国际文物建筑保护界怎样评价它们，就说它们的修复，只要仔细看，大多也还有一些处理。常见的一种做法是在残留的原来的断壁残垣的上沿加一个紫铜带，两侧略略挑出，上面再建修复部分。于是，哪些是原物很容易判断。再仔细一点，往往可以发现修复的部分的材料、灰浆等等都跟原物所用的不同。有一些文物建筑，不用这一条紫铜带，而用别的有明显区别的材料沿界砌一条虚线。

类似的处理在地面、抹灰层等等也都有。

总之，在国外观光，什么样的情况都可以见到。如果我们还没有克服建筑师的职业偏好，或者偶然疏忽，就有可能得到错误的认识。所以，还要再一次提醒：要了解国际文物建筑保护学术的整体、它的主流和趋势以及它当前的动态。仅仅看一看就形成观点，是很靠不住的。

当然，《威尼斯宪章》不过是些原则规定，而实际情况千变万化，而且它也赞成各国按照自己的传统和建筑特点采取措施。所以，并不是文物建筑的保护和修缮方法就千篇一律，在世界范围里搞一刀切。不过，它的科学思想是二百年来实践的总结，应该认真对待。不管世界上成千上万文物建筑保护专家长期共同探索的成果，自以为是地固执一些早已被否定了的狭隘经验，那是不大好的，是要误事的。

我国文物保护的先驱梁思成先生，在文物保护工作上提出过很重要的观点。他在一次给西安小雁塔的修葺计划提意见的时候说：文物建筑的保护，不是要它返老还童，而是要它延年益寿。这一句极简单的话，说出了文物建筑保护工作的基本原则。

这个原则，跟传统工匠的习惯和善男信女的审美要求是有根本差别的。梁先生从30年代起，就为划清现代的文物建筑保护工作跟传统的习惯与要求之间的界限而奋斗。解放以后，他多次反对过文物建筑“整旧如新”“焕然一新”的不幸遭遇。梁先生所奋斗的，正是为了把文物建筑保护工作建立在科学的理论的基础上，而摆脱传统工匠和善男信女的落后与愚昧。

文物建筑保护工作的科学化，是从19世纪中叶起，到20世纪中叶，经过一百年之久的发展过程的追求目标。在这个过程中，除了要对善男信女的审美习惯做斗争之外，还要对建筑师的专业偏见做斗争。要破除对文物建筑的各种狭隘的认识，建立起独立的、关于文物建筑的综合的观念。要建立文物建筑保护的一系列观念和理论体系。这门科学的建立并非易事。

在我们国家，文物建筑工作者当前迫切的任务之一，就是克服工匠传统和善男信女的习惯，借鉴世界的先进经验，把我们的文物建筑保护工作建立在严谨的科学理论的基础之上。

迁就传统和习惯，屈从喜闻乐见，就会给文物建筑保护工作带来损失，就会继续出现往北齐的石经幢上刷油漆，把宋代砖塔漆成红、黄、蓝三色那样的惨事。

原载《世界建筑》1986年第3期

我国文物建筑和历史地段保护的先驱

每天上下班，都路过一幢红砖的平房。平房早就很破旧了，当年整齐的绿篱已经一点没有，曾经花木扶疏的小院里，搭了几间破烂的棚子。平房西边的河沟填上了新土，不久，这里将要造起新楼来。也许，再不久，那幢平房就要拆除，在它的基址上也要盖高楼了。因此，我经过平房时，总有一丝惆怅，这幢平房有我充满了感激之情的记忆。当我还是一个不到二十岁的小青年的时候，曾经在这儿受到亲切的接待，听到热烈的鼓励。就是那次接待和鼓励，决定了我一生的命运。

万一这幢平房消失，我的记忆将失去实在的见证，我的感激之情将失去实在的依托。

个人的记忆是不足道的。但是，民族的记忆不能没有实在的见证，民族的感情不能没有实在的依托。这种记忆和感情，同样牵连着民族的命运。对这种见证和依托的需要，就是文物建筑保护的根据。在那幢将要消失的平房里，当年住着的，正是现代中国文物建筑保护的先驱，梁思成先生。

1948年深冬，就在这幢平房里，解放军的干部请梁先生在军用地图上标出北京城的文化古迹，以防攻城的时候毁掉。那天梁先生的惊愕、欣喜和感激，我是想象不出来的。他把整整一生的心血都洒在这些文化古迹上了，此刻，成千上万的枪口、炮筒、炸药包正对着北京城，他的心里本来有多少深沉的忧虑呀！

这件事其实并非偶然。梁先生早在抗日战争后期，就曾经编过一个全国文物古迹的名单，托人送了一份给周恩来同志，他想必还记得梁先生。

但是，天下大定之后，梁先生的欣喜却很快化成了忧虑。当初解放军曾经准备付出代价来保护的古迹，似乎变得不很值得珍惜了，甚至开了控诉三座门*“血债”的群众会。轮到梁先生真正为这些古迹付出代价了，他终于说出了一个热爱祖国文化的学者“无比痛苦”的话：“拆掉一座城楼像挖去我的一块肉，剥去了外城的城砖，像剥去我一层皮。”可怜的梁先生，他竟是被迫以忏悔自责的态度在“检讨”里说这番话的。

渐渐，人们忘记了梁先生还是我国提倡科学地保护文物建筑的先驱。

但他是当之无愧的先驱。他研究中国古建筑，正是日本侵略者占领了东北，长城上烽烟滚滚的时候。这时候乘着大车，跋涉在黄尘漫天的古道上，去寻找千百年前的残址遗构，绝不是由于怪癖，而是出于对处在危急存亡之际的祖国的依恋。他去寻找的，是民族记忆的见证和感情的依托。

1948年春天，梁先生把他的情思表达得十分完善。他在《北平文物必须整理与保存》一文中说：“每个民族每个国家莫不爱护自己的文物，因为文物不唯是人民体形环境之一部分，对于人民除给予通常美好的环境所能触发的愉快感外，且更有触发民族自信心的精神能力。”①因此，听任文物建筑损毁，“是每一个健全的公民的责任心所不许的”。②

到1950年，他更加斩钉截铁：“我们这一代对于祖先和子孙都负有保护文物建筑之本身及其环境的责任，不容躲避。”③

---

* 指天安门前的长安左门和长安右门。

①② 梁思成：《北平文物必须整理与保存》，《梁思成文集》（二），中国建筑工业出版社，1984年8月。

③ 梁思成，陈占祥：《关于中央人民政府行政中心区位置的建议》，《梁思成文集》（四），中国建筑工业出版社，1986年9月。

梁先生没有躲避这个责任，他的古建筑研究，始终是跟古建筑的保护结合起来的。

早在1932年，梁先生发表了他的第一篇古建筑调查报告:《蓟县独乐寺观音阁山门考》，在最后，他写了一段“今后的保护”。这一段写得不长，但是提出了非常重要的意见。请允许我整理一下，写出来。

第一，梁先生认为，“保护之法，首须引起社会注意，使知建筑在文化上之价值……是为保护之治本办法”。古建筑保护要靠人民普遍对它的价值和意义的认识。

第二，他认为，“古建保护法，尤须从速制定，颁布，施行”，古建筑保护要及早立法，政府应当切实负起保护古建筑的责任来。

第三，主持古建筑修葺及保护的，“尤须有专门知识，在美术、历史、工程各方面皆精通博学，方可胜任”，古建筑保护是一门专业，必须尽快培养训练有素的专家。

梁先生说的这三条——宣传、立法、专家负责，在世界各国都是作为文物建筑保护的基本工作来做的。现在，在许多国家里，群众性的文物建筑保护团体，作用越来越大，不但监督政府和专门机构，而且自己动手研究和管理。只有整个社会懂得保护文物建筑的意义了，这工作才能做得好。当然，同时也要有专家。培养古建筑保护师的大学本科专业，在许多国家里都有，近年来发展更快，没有经过专门的训练，得到执照，什么人都不能搞文物建筑修葺，连建筑师也不行。至于立法，现在更是一个大热门专题。梁先生在1930年代之初就抓住了这关键性的三条，他的见识在当时是很先进的。

在那段文章里，梁先生还提出了对文物建筑保护措施的看法。他说：“以保存现状为保存古建筑之最良方法，复原部分，非有绝对把握，不宜轻易施行。”这是一句很重要的话。保存现状，指的就是保存文物建筑从诞生之日起，到采取保护措施之时为止，它在存在的整个历史过程里获得的全部信息。这个观点是1964年通过的世界文物建筑保护的权威性规范《威尼斯宪章》的基本思想，现在被国际文物保护界广泛接受。

梁先生也谈到了“复原”。1934年，他应邀到杭州商谈六和塔的重修计划，提出“不修六和塔则已，若修则必须恢复塔初建时的原状”，主张拆掉清末的木檐，重修宋式的。这种“复原”的保护法，叫作“风格的保护”，当时在法国流行，现在已经被确认为不妥当的了。三十年之后才通过的《威尼斯宪章》说，“因为修复的目的不是追求风格的统一”，而是“各时代加在一座文物建筑上的正当的东西都要尊重”，这样才能保存文物建筑的历史真实性，保存它携带的全部历史信息。不过，在1930年代，正如梁先生在这一段文章里说的，“复原”问题还是“一大争点”，法国派的“风格的保护”虽然受到英国派和意大利派学者的批评，还很有势力，梁先生一时有那样的说法，也是难以避免的。重要的倒是，梁先生做的复原设计，都非常严谨，有实据而不凭臆测，做到了他说的“有绝对的把握”。这种科学的精神，正是文物建筑保护工作者应该学习、继承的。

1935年，梁思成先生写了《曲阜孔庙之建筑及其修葺计划》，在这个计划开头，梁先生摆明了他对修葺文物建筑的全部主张。这一段非常重要。梁先生说：“我们须对各个时代之古建筑，负保存或恢复原状的责任。”又说：“我们要极力地维持或恢复现存各殿宇建筑初时的形制。”虽然仍然不很恰当地提到“复原”如初，但是，他在划清“我们今日”跟“二千年以来”的修葺工作的区别时，说：现在的办法是“求现存构物寿命最大限度的延长，不能像古人拆旧建新”，这个表述已经有了很大进步了。

就在这一篇计划里，梁先生主张：“在计划以前须知道这座建筑物的年代，须知道这年代间建筑物的特征：对于这建筑物，如见其有损毁处，须知其原因及其补救方法。”他还主张在修葺文物建筑时使用“今日我们所有对于力学及新材料的知识”，“尽量地用新方法，新材料，如钢梁，螺丝销子，防腐剂，隔潮油毡，水泥钢筋等等，以补救旧材料古方法之不足；但是我们非万不得已，决不让这些东西改换了殿宇原来的外形”。所有这些主张，后来在1964年的《威尼斯宪章》里都可以找到，都是当今文物建筑保护的公认原则。不过使用新材料新技术当然要十分慎重，要考虑到它们长远的效果。

曲阜孔庙的修葺计划，是实施这些原则的最严正的典范。

梁先生在1930年代就走向了文物建筑保护的科学理论，是因为他眼界开阔，很熟悉当时世界的学术潮流。在1930年关于蓟县独乐寺的文章里，他提到了当时意大利教育部关于“复原”问题的争论，知道日本的有关理论和政府的工作情况；在1948年的文章里，他提到了意大利、英、美、法、苏、德、比、瑞典、丹麦、挪威等许多国家。眼界宽，知识就丰富，思想就活泼。没有国际交流，任何一个国家在任何一个领域里都不可能赶上世界前进的步伐。梁先生正是用世界的先进思想武装了自己，成为中国古建筑保护的先驱的。

梁先生最爱北京城。他从1930年代起就为北京的一些文物建筑的保护做设计。第二次世界大战后，他进了一步，提出要保护整个北京城，为这个而奔走呼号，直到不能再说话为止。

梁先生大约是国内第一个从城市规划的角度，也就是从整体上，认识北京城的伟大价值的。1948年，他写道：“北平市之整个建筑部署，无论由都市计划、历史，或艺术的观点上看，都是世界上罕见的瑰宝。”他了解世界，所以他干脆利索地说，“北平是现在世界上中古大都市之孤例”。[①]大概是因为当时北平没有什么建设，城市的格局没有受到威胁，所以梁先生只把注意力放在抢救濒危的文物建筑上，没有谈到保护整个城市。

到了1950年，大规模建设的前景初露，梁思成先生跟陈占祥先生一起，提出了《关于中央人民政府行政中心区位置的建议》。在这个建议

① 梁思成：《北平文物必须整理与保存》，《梁思成文集》（二），中国建筑工业出版社，1984年8月。

里，他们既立足于新建设，也要完整地保护旧北京城。选择行政中心，是北京市“全部都市计划关键所系的先决条件”，而“行政中心地区的决定，同时也决定了北京旧城改善的政策”。梁、陈二位先生就是这样把新城的建设跟旧城的保护作为相联系的问题统一考虑的。

他们认为决定这项政策，要考虑两方面的现状，其中之一就是“北京为故都及历史名城，许多旧日的建筑已为今日有纪念性的文物，不但它们的形体美丽，不允许伤毁，它们的位置部署上的秩序和整个文物环境，正是这名城壮美特点之一，也必须在保护之列”。他们认为，建设行政中心区最重要的客观条件之一，是“要保护旧文物建筑”，但这里指的不是个别的、孤零零的建筑物，而是要“兼顾北京城原来的布局及体形的作风”。

这一点在《建议》的最后一段说得十分明白：“它的整体的城市格式和散布在全城大量的文物建筑群就是北京的历史艺术价值的本身。”什么是北京的城市格式？就是“整个的分区与街道系统……北京的都市计划特征”。这就是说，必须完整地保护梁思成先生在1951年热烈歌颂过的“都市计划的无比杰作”北京城。在1951年的那篇文章里，梁先生说：“北京是在全盘的处理上才完整地表现出伟大的中华民族建筑的传统手法和在都市计划方面的智慧与气魄。这整个的体形环境增强了我们对于伟大的祖先的景仰，对于中华民族文化的骄傲，对于祖国的热爱。①

梁先生和陈先生建议把新的行政中心设在月坛和公主坟之间，让出旧城。他们说，“在旧城区内建造新行政区，不但困难甚大，而且缺点太多”；而在西郊另建中心“是全面解决问题”，所列举的理由，都是以不根本改动旧城为前提的。所以他们说这个方案“是新旧两全的安排”。②

在欧洲，把古城市当作整体来保护，是第二次世界大战之后才普及

① 梁思成：《北京——都市计划的无比杰作》，《新观察》，1951年7/8期。

② 梁思成，陈占祥：《关于中央人民政府行政中心区位置的建议》，《梁思成文集》（四），中国建筑工业出版社，1986年9月。

的事。但是新旧城区的关系问题，曾经长久使城市规划工作者为难。自从工业革命以来，欧洲的经济和政治中心城市，没有一个能够保持古老的格局和体形环境。只有一些远远离开工业革命浪潮冲击的小城市，才能够依然古色古香。因此，为了保护古城，新的规划思想大多是在旧城之外另建中心。梁思成先生和陈占祥先生在1950年就明确建议保护旧北京城整体，另找地方建新的中心，这思想在当时不但是很先进的，也是很有气魄的。

北京城在当时成为世界上中古都城保存下来的“孤例”，就是因为它几乎丝毫没有受到已经发生了三百年的工业革命的影响，或者干脆说，就因为它落后。这既是它的大幸，也是它的大不幸。它既是历史上的“光辉的成就”，也是现代化建设的沉重的负担。梁先生在1948年就说过，北京城“尚有一个活着的都市问题需要赓续不断的解决”。[①]在过去，它活得挺不错，解放之后，要活得好，要活得现代化，北京城必须经过比较大的改造，这是不可避免的。部分地是由于在1950年和1951年，现代化建设的速度和规模还没有显示出来，部分地由于当时都市计划工作还没有足够的深入和具体，当然也因为梁先生对旧北京的一草一木、一砖一瓦爱得很深，所以，他对旧北京的保护估计得太乐观了一些，太简单了一些。他在《北京——都市计划的无比杰作》里建议把旧北京城的街道系统说成“完全适合现代化使用的系统”，以及一些类似的判断，显然不很切合实际。但是，如果接受梁、陈二位先生的建议，把新中心建在西郊，那么，就有了保护旧城的最根本的前提条件。在一个相当长的时期里，新建设、新生活跟旧市区的矛盾可能缓和一点。把改造旧城的问题拖一拖，争取时间，以便从长计议，把问题解决得更妥当一些，那样当然会好得多。

但是，梁、陈二位先生的建议没有被接受。一个大有权力的人在知道了这个建议之后说道：现在有人要把我们赶出北京城呀！这是一句极

① 梁思成：《北平文物必须整理与保存》，《梁思成文集》（二），中国建筑工业出版社，1984年8月。

富有摧毁性的话，足以使任何人都不能再反对把新的国家行政中心放到15世纪规划的老北京城框架里去。那么，这以后的拆城墙、拆三座门、拆习礼亭、拆牌楼、改造北海桥，等等，终至于整个北京城格局和体形的彻底破坏，就是抵挡不住的了。可贵的是梁先生的那种知其不可为而为之的精神，他毕竟还是尽最大的可能，利用了可以利用的机会，抵挡了一阵子，简直是奋不顾身。为保卫历代帝王庙前的明代木牌楼，他争论过；为保卫大高玄殿前的牌楼、汉白玉石桥和玲珑的一对习礼亭，他争论过；为保卫团城和它跟前的金鳌玉蝀桥，他也争论过。但所有的争论都在无处可以说理的情况下以他的失败而告终。最后，彻底拆除北京明代城墙和城门楼，他也争论过，一直争论到失去发言权为止。当西直门一段城墙里拆出了元代老城墙的消息传来，已经奄奄一息卧床不起的梁先生希望看一看照片，可怜都没有办到。

三十几年之后来看梁先生当年的文章，有可能看出里面的一些不妥之处。比如，他主要从建筑艺术的角度来评价北京城和文物建筑，缺乏多角度、多方面的综合性；又比如，他对新建设的迅猛估计得很不足。当然，也有一些比较保守的感情。但是，谁要是用这些不妥之处苛求梁先生，那就太可笑了。三十多年里，国际上文物建筑保护科学长足发展，我们理应学到些新东西。怕的是，如果用1980年代后期世界的科学水平衡量我们自己，用1950年代初年世界的科学水平衡量梁先生那两篇文章，我们的先进性还远远赶不上梁先生。

提起梁思成先生对文物建筑保护的主张，有一些同志大约还记得“整旧如旧”，别的就不大清楚了。这是很可惜的。就拿这句“整旧如旧”来说吧，有些模糊，容易被误解，那还远不如他在审查西安小雁塔修缮方案时说的一句话更精辟。那次，他说：“保护古建筑是要使它延年益寿，不是返老还童。”以《威尼斯宪章》为最高概括的当代文物建筑保护理论，基本思想就是这个要“延年益寿”，不要“返老还童”。虽然不能说梁先生的这句话足够严密，足够具体，但显然已经克服了1935年时说要恢复古建筑初时面貌的想法。

梁先生的文物建筑保护思想是一笔不小的遗产，应当仔细研究。我在本文第一段里已经提到了他1930年代在《蓟县独乐寺观音阁山门考》和《曲阜孔庙之建筑及其修葺计划》两篇文章里的一些主张。这里还要再整理一些。

早在1950年，梁先生和陈先生就在《关于中央人民政府行政中心区位置的建议》中提出，北京城内的文物建筑，“是构成北京城市格式整体的一部分，不可分离的一部分”。如果套用一句现在常说的话，这就是说，文物建筑是北京城这个大系统中的一个子系统或者是更小的系统因子，它们不是分散孤立的存在，而是相互间以及跟上层系统之间有一定的有序结构关系，它们的功能完成着整个系统的功能。这个观点不但对北京市的文物建筑保护意义重大，而且对别的城市也有同样重大的意义。它启发我们，不要孤立地、东一个西一个地去审定保护单位，而要在一个有长期历史的古城中发现文物建筑之间的系统性有序结构关系，如此来审定保护单位，如此来采取保护措施。这样，就把文物建筑保护工作真正变成了城市规划的一个血肉相关的有机部分，而不是一些偶然的散点，彼此毫无联系。

这份《建议》还明确地要求，保护文物建筑就要保护它的环境。他们说：“为北京文物单方面着想，它的环境布局极为可贵，不应稍受伤毁。”又说：“如果大量建造新时代高楼在文物中心区域，它必会改变整个北京街型，破坏其外貌，这同我们保护文物的原则抵触。”从19世纪以来，文物建筑保护中法国派的做法往往是把文物建筑周围拆干净，布置广场、花坛之类，名为衬托，实际是把它从原有的城市环境中隔离了出来，失去了跟环境的有机联系。这种办法流行很广，在1930年代连意大利都没有能避免，而且一直流行到第二次世界大战之后。到1964年，《威尼斯宪章》才第一次明确规定：“保护一座文物建筑，意味着要适当地保护一个环境。任何地方，凡传统的环境还存在，就必须保护。凡是会改变体形关系和颜色关系的新建、拆除或变动，都是决不允许的。”这一条，被学术界认为是《威尼斯宪章》的一项重大成就，而梁先生和陈先生一起更早地主张了这一点。

在1935年写的《曲阜孔庙之建筑及其修葺计划》中，梁先生否定了传统的修葺方法。那种方法，“其唯一的目标，在将已破敝的庙庭，恢复为富丽堂皇、工坚料实的殿宇，若能拆去旧屋，另建新殿，在当时更是颂为无上的功业或美德”。梁先生痛恶这种方法，是有实际根据的。作为一个古建筑研究家，他曾经许多次从方志之类的书上看到什么地方有南北朝的或者隋唐时代的古庙，但是风尘仆仆地赶去一看，却早被善男信女们一次又一次地修葺得面目俱非了，它们只能算是如此这般地进行大修的那个时代的作品。早在1933年梁先生在《正定调查纪略》中写到开元寺砖塔，说它虽然形制最古，但是“砖石新整，为后世重修，实际上又是四塔中最新的一个”。19世纪的时候，法国人在废墟上重建过一些“古建筑物”，第二次世界大战之后，有些被战火荡平的古城重建过一些“老区”。最近联合国的《世界文化遗产公约》建立世界文物建筑名单，法国提名一座“中世纪古堡”皮埃尔丰，被拒绝了，理由是它有不小一部分是19世纪修复的。联邦德国提名的一座“古城”吕贝克，也被拒绝了，因为它是从第二次世界大战的废墟中重建的，只能说是现代的“仿古”城市。可惜，被梁先生和国际社会否定了的这种造假古董式的“修葺”方法，在咱们这里至今没有绝迹，有的甚至是把保存得还很好的真古董拆掉造一个假古董，如北京的琉璃厂，真是作孽。

在1948年写的《北平文物必须整理与保存》里，梁先生曾忧心忡忡地指出，“各行其是的修葺，假使主管人对于所修建筑缺乏认识，或计划不当，可能损害文物”。梁先生举了开封鼓楼为例。这种例子不但在我们中国有，欧洲也有。第二次世界大战之后，意大利学派渐渐占了上风，国际文物建筑保护界终于认识，文物建筑的大敌，除了战争之外，错误的修葺是第一条。许多珍贵的历史文物，没有毁于天灾战祸，却毁于一次修葺。所谓“焕然一新”，常常意味着把文物建筑的历史原真性和具体性一扫而光，大大降低了文物的价值。因此，欧洲许多文物建筑保护工作者才觉得“绝对有必要为完全保护和修复古建筑建立国际公认的原则”，这才有了《威尼斯宪章》。

梁先生的批评，首先针对着我国的传统观念和做法，那就是追求“焕然一新”。

作为一个严谨的学者，梁先生对木结构的油饰彩画更新只提出问题，指出难点，而不做武断的结论。1963年，他在《闲话文物建筑的重修与维护》里说：“我认为在重修具有历史、艺术价值的文物建筑中，一般应以‘整旧如旧’为我们的原则。这在重修木结构时可能有很多技术上的困难，但在重修砖石结构时，就比较少些。”可惜，在那时候，连砖石建筑的重修也追求“焕然一新”了。

梁先生以赵州大石桥的重修为例。他描述这座桥的原状是：“这些石块大小都不尽相同，砌缝有些参差，再加上千百年岁月留下的痕迹，赋予这桥一种与它的高龄相适应的‘面貌’，表现了它特有的‘品格’和‘个性’。作为一座古建筑，它的历史性和艺术性之表现，是和这种‘品格’‘个性’‘面貌’分不开的。”这一段话，生动地说明了当代世界上坚持的一条基本原则，即文物建筑必须保持历史所造成的、携带着千百年风雨痕迹的原生态。梁先生主张，重修赵州桥，就是“使整座桥恢复健康、坚固，但不在面貌上还童、年轻”。梁先生明确地克服了他三十年前的一些不很适当的主张。我们简直弄不清他是怎样迈过欧洲人花了一百年时间才迈过的这一大步的。然而，赵州桥的重修却没有遵循梁先生的主张，完全除去了它一千三百年来风风雨雨留下的不可再现的痕迹。它的“还童”之日，就是它开始“重写”历史之时。它过去的历史被一笔勾销了。

欧洲人是有过痛苦的教训的。他们在19世纪到第二次世界大战之间，由于方法不对，曾经勾销了大批古建筑的历史。现在他们痛定思痛，终于认识到，修缮文物建筑，要做得尽可能的少，少到为维持它所必需的最低限度。他们现在知道：文物建筑维修工作的最危险的错误就是企图多做一点。

梁先生写道：“这是一个对于文物建筑的概念和保护修缮的基本原

则的问题。古埃及、希腊、罗马的建筑遗物绝大多数是残破不全的，修缮工作只限于把倾倒坍塌的原石归安本位，而绝不应为它们添制新的部分。即使有时由于结构的必需而打少数补丁，亦仅是由于维持某些部分使不致拼不拢或搭不起来，不得已而为之。”我们又一次看到，广博的世界范围的知识，对于梁先生正确的判断，有多么大的作用。这一段话，在二十年后的今天看来，还应该有一点补充，这就是：打上去的少数补丁，必须是可以识别的。《威尼斯宪章》规定：“补足缺失的部分，必须保持整体的和谐一致，但在同时，又必须使补足的部分跟原有部分明显地区别，防止补足部分使原有的艺术和历史见证失去真实性。”这一段话的意思就是严防以假乱真，混淆历史。文物建筑的历史必须是清晰可读的，包括它的“缺失史”和“修葺史”。

世界文物保护界把《威尼斯宪章》的这一段话推广到历史古城的保护上。现在，当他们必须在古城区“打补丁”的时候，新房子虽然在体积、尺度、形式、色彩上跟旧区和谐，但它的风格却必须是当代的，不许作假。这样，才真正尊重了过去的历史，同时，也创造了当前的历史。所谓历史的延续性，指的是历史要向前发展。不发展，也就谈不上延续了。只有发展，才有历史，也才有古城区的历史的可读性。为了充分显示历史距离，使“补丁”可以识别，许多国家在古城区造的新房子都不避免采用当代的风格。

要保护文物，在目前的技术条件下，难免要增添一部分东西。例如，防止日晒雨淋对石窟、碑刻、墓葬、遗址等等的侵蚀，就得造些荫棚、廊檐之类。这是万不得已的事。梁先生对这类东西提出了一条原则：“在文物跟前应当表现得十分谦虚，只做小小的‘配角’，要努力做到‘无形中’把‘主角’更好地衬托出来……在古代文物的修缮中，我们所做的最好能做到‘有若无，实若虚，大智若愚’，那就是我们最恰当的表现了。”1933年，在《正定调查纪略》中，梁先生已经愤怒谴责过清代匠人重修宋式山门时添加的清式平身科斗栱，“可谓极端愚蠢的表现”。他批评了那种雕梁画栋的喧宾夺主的做法。国外现在流行的是采用轻型钢结构来做这类荫棚和廊檐，既现代化，又配角化，而且摆出一副临时性措施的样子，表示将来一旦有新技术能使文物本身不怕侵蚀，它便可以抽身引退。

历史是值得常常回忆的。每次回忆，角度总多少有点不同，就会得到新的启示。

我最后一次见到梁思成先生，是在黑色风暴席卷祖国大地的时候。那一天，他被他早已当上大学教师的学生们逼迫着穿上建筑系作为文物珍藏了多年的古式戏装，胸前挂着黑牌，戴上用废纸篓糊的高帽，敲打着铁皮簸箕游街。此后大约就一病不起了。一位先哲曾经说过：爱什么，就死在什么上。想不到梁先生最后竟以文物当作了十字架。这是求仁得仁吗？

风暴是过去了，文物建筑的保护事业，受到一定程度的重视。但是，准备为我们热爱的文物建筑而背起十字架的献身精神，却永远需要。游街是不会的了，被诬为封建余毒的“孝子贤孙”大约也不会了，但是，准备以职位、前途或者其他什么为代价，去冒犯一些人物，这样的勇气和决心还是要有的，更何况冷落、寂寞和白眼。

但是，文物保护工作却是当前迫切的需要。

要学习梁思成先生，他热爱祖国的文化遗产，既为它做出了贡献，也在必要时义无反顾地为它付出了一个人可能付出的最沉重的代价。

原载《建筑学报》1986年第9期

新旧关系

关于文物建筑保护的国际权威性文献《威尼斯宪章》规定，文物建筑如必须扩建，则扩建部分应采用与文物建筑不同的现代风格。在当今的实践中，这项原则也应用到古城区的保护中去，即在受保护的古城区中建新建筑物时，也采用当代的风格。

有些同志对这项原则很有怀疑，难于接受，生怕会造成建筑物或者城区的景观的不统一。

这种怀疑的产生，大致有两个原因。一是只重视建筑景观统一的审美价值，不重视建筑景观发展变化的审美价值。这是学院派建筑观念的片面性造成的。二是不相信建筑景观的协调并不要求建筑物风格的一致。中外古今大量的事实可以证明，风格对比的建筑物也能构成协调的景观，当然那要求很高很高的创作水平。

《威尼斯宪章》的基本原则现在越来越广泛地被接受。用新风格扩建文物建筑，和在旧城区造新风格的建筑，在欧洲已经是到处可见的普遍现象。有些地方，在我们一些同志看来可说是绝对“禁区”，他们也并不手软。尖端的例子之一，是世界级文物梵蒂冈的两项工程。其一是造于文艺复兴时期的旧梵蒂冈宫的扩建。1970年代，为收藏古代艺术品，在入口的西侧造了一溜新博物馆，不但建筑物本身是当代风格的，里面的陈列方式，陈列设施，照明等等也全是当代风格的。

其二是1971年在圣彼得大教堂的南侧造了个八千座的音乐厅，奈尔维设计的，用壳体结构，形式很新颖。另一个尖端例子是巴黎市中心的两项工程。其一是卢浮宫的扩建设计，由贝聿铭在院子正中搞了个玻璃的方锥体；其二是蓬皮杜文化中心大厦。

埃及大金字塔前的古船陈列馆、华盛顿的美术馆“东馆”，也都是在“禁区”里造风格崭新的建筑物的尖端例子。

这些例子，以风格的鲜明对比，真实地反映了时代的变迁，建筑的发展，从而使建筑景观更加富有生命力。

《威尼斯宪章》在强调风格的可识别性时，也强调新旧建筑间要在构图、材料、色彩等方面和谐。以上举的几个例子，都在强烈的风格对比中做到了形式的统一。这当然需要比较高的设计水平。

伊·沙里宁在《城市，它的发展、衰败与未来》中说：“……丰富多样化的风格，是不会违反相互协调的原则的，……当人们还保持着在形式上相互协调的意识时，这种多样化的风格就会给城镇带来绚丽多姿的面貌。”（顾启源译文）

相反，19世纪，欧洲各国折衷主义的建筑泛滥一时，各个城市在急速发展的过程中造了大量仿古董建筑，鱼目混珠，反倒淹没了真正的文物建筑，使它们失去光彩。最突出的例子之一是罗马城。那里，大量的假文艺复兴和假巴洛克式的建筑物形成了大半个城市。如果不是成心去寻访，马西莫府邸、法尔尼斯府邸、巴贝里尼府邸等文艺复兴的建筑杰作，就消失在假古董的海洋里了。在巴黎也有类似的情况，19世纪初年的蒂伏里大街和19世纪中叶的奥斯曼式建筑，甚至把卢浮宫都几乎降低成普普通通一座老式建筑物了。

也有人赞美奥斯曼的巴黎，说它的风格多么多么统一。其实，奥斯曼的巴黎是相当单调乏味的。建筑物都是苍白色，不但檐口大体拉齐，连分层线脚都是几乎连通的。阳台的做法也彼此差不多。那才叫“千篇一律”呐！

当然，欧洲的现代建筑要在形式方面跟古建筑协调是比较容易的，因为它们双方都有相当方整的体形，都有几何性很强的立面。中国的古建筑几何性很弱，基本上没有“立面”，现代建筑要跟它们取得形式的协调就困难得多。

原载《世界建筑》1987年第1期

国际文物建筑保护理念和方法论的形成

一

欧洲的文物建筑保护至少在古罗马和中世纪都已有过出色的事例，到文艺复兴时期，教皇利奥十世于1516年在罗马设立了文物建筑总监，第一任就是大艺术家拉斐尔。1630年，瑞典成立了欧洲第一个国家文物建筑保护总监办公室。1815年，普鲁士古典主义建筑师辛克尔给国王写的报告里说："我们的祖国不断失去它最美的装饰品，如果我们还不采取全面、普遍而又有力的措施来阻止这事件的发展，那么，在短期内我们就会变得彻底的光秃秃和冷冰冰。"但是，早期关于文物建筑保护的觉醒都是政治的、宗教的、情感的和审美的，文物建筑保护作为一门专业科学，却是从19世纪中叶才开始探索的。在探索过程中，19世纪下半叶，形成了法国派和英国派。20世纪前半叶形成了意大利派，这一派比较晚出，所以比较成熟。1964年ICOMOS大会上通过的《威尼斯宪章》是以意大利派为基础草拟的，是当今国际公认的关于文化建筑保护的权威性文献，它的各项原则被普遍接受。

法国，跟整个欧洲一样，直到18世纪，还没有真正的保护文物建筑的观念，还常常为了拆取雕刻或者挖掘什么东西而毁掉古建筑。即使修复古建筑，也没有一定的理论和方法，主持者自行其是，以致大多数的所谓修复，后来都被认为其实是大破坏。

1794年，大革命年代的法国国民公会发布文件，要求保护文物。关于古建筑的保护，它说："文物建筑是过去某个时代的活的见证。"已经正确认识到了它们的历史意义，但文件内容不具体，在兵荒马乱的时候，难起作用。以致按拿破仑在1806年的指示做的巴黎北郊圣德尼修道院和教堂的修复工作，也很不得法。克洛斯贝（Summer Crosby）说，这教堂"进入了一个修复时期，而这修复却比愚民的暴行更严重地破坏了它"。

要保护古代建筑中的珍品杰作，这种意识的觉醒，首先发生在思想界和文化界，以浪漫主义作家雨果为代表。1825年，他发表了《向破坏者开战》的激情四溢的文章，影响很大。随后，他在小说《巴黎圣母院》1832年勘定本的作者附告里说："我们在期待新的建筑物出现的同时，还是好好保护古文物吧！只要可能，我们就要激发全民族去爱护我们民族的建筑。"作者宣称，本书的主要目的之一正在于此，他一生的主要追求之一也在于此。雨果是最早把建筑看作"石头的史书"的人之一，这个思想包含着文物建筑保护科学最基本的核心价值观。

1835年，另一位浪漫主义作家梅里美当了法国文物建筑总监。

这时候，浪漫主义是法国文艺中的主流。浪漫主义者珍重中世纪的文物，因此罗曼式和哥特式教堂的修复成了热门。但浪漫主义者的古建筑保护工作量少，也没有一定的原则，所以影响不大。

但就在同时，受到考古学、历史学、文化人类学和社会学发展的影响，从政府到民间，建立了一些文物保护机构，研究保护和修复的原则和方法。

1840年，一位重要人物，巴黎美术学院建筑学教授维奥勒-勒-杜克登上了法国文物建筑保护的舞台，在梅里美的支持下挽救了一些眼看就要毁灭的中世纪建筑物。他是第一个努力建立文物建筑保护的科学理论的人，是法国派的奠基人，最重要的代表。

维奥勒-勒-杜克在1844年给巴黎圣母院做修复设计的时候，提出了“全面修复”古建筑的原则。1858年，又在他的《法国11—16世纪建筑词汇注释》的“修复”（restauration）条目里加以发挥，草拟了以维代（Vitet）为主席的文物建筑委员会的“纲领”。

“这个纲领首先在原则上认为，每一座建筑物，或者建筑物的每一个局部，都应当修复到它原有的风格（style），不仅在外表上要这样，而且在结构上也这样。”因此，这种全面修复后来也被称为“风格修复”（restauration stylistique）。

这个主张是针对时弊的。在他之前和当时，有些人修复文物建筑，只求外表形似而置结构于不顾。例如，不处理砌体开裂，只在表面上抹了一层灰就糊弄过去；有些人把从不同时期、不同地点因而风格不同的建筑废墟里捡来的构件安装到一座待修复的教堂上去，等等。所以，这个主张在当时是有积极意义的进步。

他提倡，“负责修复的建筑师，不但要确实地熟悉艺术史各时期特有的风格，而且要熟知各流派的风格。……要有丰富的结构知识和经验……熟知各个不同时代和不同流派的建筑的建造方法”。他自己身体力行，成了研究法国中世纪建筑的权威，第一个真正理解了哥特式结构和构造的人。

他要求把修复工作建立在科学的基础上。他说：“在修复工作开始之前，首要的是确切地查明每个部分的年代和特点，根据它们拟定一个有可靠文献为依据的逐项实施计划，或者是文字的，或者是图像的。”

维奥勒-勒-杜克的这些主张和建议对文物建筑的修复工作都是很有意义的，为这项工作走向科学化做出了贡献。

但是，维奥勒-勒-杜克的认识有很大的缺陷。最根本的在于，他没有认识文物建筑的综合的价值，即它们在历史上、科学上、文化上、情感上、功能上各方面的价值，而仅仅以一个建筑师的眼光看问题。由此而产生两个失误：第一，只把少量建筑史上的珍品杰作当作文物建筑，因而使大量具有其他各种重大价值的建筑物未能得到保护；第二，片面强调了风格统一的重要性，忽略了对文物建筑所携带的不同时期的历史、科学、文化等信息的保护。

这样的失误使他提出了几点有严重后果的主张。虽然他说过："经过了建筑师的手之后，建筑物不应该比修复之前更不便于使用。……保护文物建筑的一个好办法就是给它找一个合适的用途，好好地去满足这个用途的各种需要，条件是不改动它。"但他自己又否定了"不改动文物建筑"的重要原则性观点，他说："修复一座建筑物，不是维持它，不是修缮它，也不是翻新它，而是要把它复原到完完整整的状态，即使这种状态从来没有真正存在过。"他又进一步说：为了使文物建筑便于使用，"最好是把自己放在原先的建筑师的位置上，设想他复活回到这世界来，人们向他提出了现在提给我们的任务，他会怎么办"。这就是说，只要保持风格的统一，建筑师可以为当前的需要而在文物建筑上增添一些部分，改动一些部分。这种主张，常常使维奥勒-勒-杜克的维修工作做得过了头，以致后人评论他的修复工作的时候，不免讽刺地说他"创作了"某一座文物建筑。

他认为"修复建筑是为了把它传给将来"，所以，"只许用更好的材料，更牢靠的或更完善的方法来取代坏掉了的部分"。例如，他主张用更厚的石块来代替柱子上原来较薄而压裂了的石块。这个主张和做法带有早期理论的粗疏大意。维奥勒-勒-杜克从石材商人手里抢救了巴黎圣母院，但是他为追求风格的纯正统一，修理了它无数的创伤，补足了它所有的缺失，改造了它构造上的不合理之处，使它"焕然一新"，还加建了一个本来没有而他认为应该有的尖塔。结果，七百年的风风雨雨从它身上消失了，有人惋惜地说，巴黎圣母院失去了诗意，成了国际博览会上的假古董。他还"设计"修复了皮埃尔丰寨堡和卡尔卡松寨堡的墙和塔。虽然从建筑师的眼光来看，他的工作很成功，但从文物保护角度看，他过于不尊重原物了。作为一位重要的建筑师，他没有能意识到，文物建筑的属性，首先是文物，其次才是建筑。

维奥勒-勒-杜克的理论和做法，后来就叫作法国派，或者叫建筑师派，从19世纪下半叶到20世纪上半叶，克服了它前面的浪漫主义派，成了主流派，欧洲各国的文物保护工作基本上就按这一派的原则办事。它的片面性和错误也就扩散开来，有些时候更加恶化，常常发生随意改建文物建筑，或者为追求风格的统一和“恢复原状”而主观地造假古董的事。它对文物建筑承载的各种历史、科学、文化信息不懂得保护，以致在修复中几乎破坏殆尽。因此，到20世纪中叶，特别是1964年的《威尼斯宪章》被普遍接受之后，欧洲文物保护界一般认为法国派的做法实际上使欧洲大量文物建筑蒙受了重大的损失。

现在说到法国派，还要加上跟维奥勒-勒-杜克差不多同时的巴黎市长奥斯曼的所作所为。他在巴黎市中心区开辟了许多笔直的大马路，沿街造清一色的折衷主义大厦，根本改变了巴黎市中世纪的和文艺复兴的面貌。从历史古城保护的角度看，奥斯曼是搞了一次大破坏。所以，现在欧洲人特别珍惜侥幸存下来的少数的巴黎老地段，如玛黑区和塞纳河南岸。

奥斯曼拆除重要文物建筑周围的原有房屋，把它们孤立出来，作为大马路的对景，它们周围的广场切断了它们跟城市的联系，破坏了它们的历史环境。最突出的例子是清除了巴黎圣母院和雄师凯旋门四周的中世纪和文艺复兴建筑。奥斯曼的这种做法，在欧洲有大量的效法者，也造成了许多损失。19世纪下半叶，曾经就罗马市中心的规划举行过一次国际竞赛，一位法国建筑师照奥斯曼的办法，建议开辟广场和林荫道。有一条林荫道纵贯古罗马共和时代广场的遗址，拿提图斯凯旋门和塞维鲁凯旋门当两头的对景，居然真造了起来，后来才重新拆掉。

法国派虽然有片面性，造成过破坏和损失，但是它在许多情况下比较简便，容易被普通建筑师理解和接受。他们和维奥勒-勒-杜克一样，也不能意识到文物建筑首先是文物，其次才是建筑。奥斯曼的做法也投合城市改建眼前迫切的需要，所以在文化落后的地方至今仍有一些建筑师和管理机构会在一定条件下走这条路。

英国也是从19世纪起才认真对待文物建筑保护工作的。那里一开始就争论“整旧如新”还是“整旧如旧”的问题。19世纪中叶，斯各特爵士（Sir George Gilbert Scott）是英国文物建筑保护的权威人物，主持过许多教堂的大修工程。他虽然认为，教堂在它存在过程中陆续加上去的修改，都像原物一样可贵，值得精心保护，不应该为了风格的统一而除去，但是他又说，为了宗教和使用的目的，可以甚至应该更动文物建筑。他基本上是法国派的，在实际工作中干了许多“设计”文物建筑的错事。

散文家、文艺理论家兼建筑理论家拉斯金激烈地反对以斯各特爵士为代表的一派的做法。他在名著《建筑七灯》里针锋相对地写道：“修复（restoration，即维奥勒-勒-杜克用做条目的那个词）……意味着一幢建筑物所能遭到的最彻底的破坏；一种一扫而光什么都不留下的破坏；一种给被破坏掉的东西描绘下虚假形象的破坏。……根本不可能修复建筑中过去的伟大和美丽，就像不能使死者复活一样。建筑物的生命，它的由工人们的手和眼所赋予的灵魂，是不能再现的。”

他彻底否定了修复，他主张加强经常性的保护：及时盖住屋漏，疏通水沟，固定松动的石头，给歪了的建筑物支上木撑，等等。“其实，只要适当地照顾你们的文物建筑，你们就没有必要去修复它们了。”但不论多么小心保护，建筑物总是要死亡的，那就只好让它死亡了，“我们没有任何权力去触动它们”。既然灵魂不能再现，那么，徒然保住一个躯壳就毫无意义了，而一切修复都只能是造出一些没有意义的假东西来。

拉斯金崇拜自然和自由的神秘性。他说，建筑物成了废墟，是摆脱了人为的有限制之形，变成了自然的无限制之形。一切想象力都可以借无限制之形自由驰骋，无拘无束。所以，废墟，这个文物建筑形象变迁的最后阶段，乃是最激动人心的阶段。不必去修复废墟，而要把废墟用绿地包围起来，供人凭吊。他说，“一座教堂几百年的历史全在石头表面那薄薄的风化层里”，所以不能去触动那些石头。

在这种浪漫主义思绪的笼罩之下，英国的文物建筑保护工作里，有一种做废墟的办法。当一座古建筑物，特别是中世纪的堡垒、修道院或者教堂，年久失修，墙倒屋塌时，不去修复它，而是把木料、铅皮、玻璃等会朽烂腐蚀破碎的东西去掉，剩下砖石砌体，然后种上常春藤等等，造成一种抒情情调很浓重的残迹，诱发人们的思古幽情。这种做法一直到现在还有，英国著名的文物建筑保护专家费尔顿爵士说，一些人认为：尸体是可憎的，而剔去了腐肉的骷髅却可以鉴赏。在拉斯金的建议下，英国“文物家协会”从1855年开始编制文物建筑档案，并且声明要“保护它们免受时间和疏忽所导致的破坏，而不企图做任何的增添、改动或修复”。协会谴责“借口修复而破坏文物建筑的特点”。拉斯金在1874年明确地指出，“以修复的名义所造成的破坏应归罪于建筑师”，因此他拒绝了英国皇家建筑学会给他的金质奖章。

以拉斯金为代表的文物建筑保护的学派叫作英国派，或者也叫浪漫主义派，不过它的观念和做法与法国曾经有过的浪漫主义派不一样。这一派稍晚一点的活动家是诗人、作家兼美术家的莫里斯。1877年，他写信给《雅典娜》报，说：“现在我的双眼正紧盯住‘修复’这个词。建筑师、牧师和乡绅的‘修复’是野蛮的。除了少数例外，建筑师们都是不可救药的，因为兴趣、习惯和无知限制了他们；牧师们也是不可救药的，因为教规、习惯以及无知加粗俗限制了他们。”他最后说：“我希望建立一个协会，监管文物建筑，保护它们不被‘修复’，就是说，除了保证它们不受风雨气候的侵蚀之外，还要用文字的和其他的办法唤醒人们，使他们认识到我们的建筑物并不仅仅是教会的掌中物，它们是国家民族成长的历史纪念碑和希望。”

在这封信里，莫里斯明确指出了建筑师和牧师对文物建筑保护的认识的局限性，他们的职业所造成的片面性使他们过于热心“修复”，以致破坏了文物建筑的价值。莫里斯指出，文物建筑的价值超出了建筑的范围，它们是历史纪念碑。在这些方面，莫里斯比维奥勒-勒-杜克是进了一步。

1877年，莫里斯创立了英国第一个全国性的文物建筑保护组织，就叫“文物建筑保护协会”。他亲自撰写创建宣言，这份宣言可以看作英国派的纲领。它的主要论点是：

第一，修复古建筑是根本不可能的。所谓修复，就是把古建筑历经风雨的面层破坏掉。破坏了历经风雨的面层之后，古建筑不过是一个毫无生命的假古董而已。

第二，用“保护”（protection）代替修复。保护古建筑身上的全部历史痕迹，用经常的照料来防止它们败坏。

第三，凡为了加固或遮盖而用的措施，都要一眼就能看得出来，而决不伪装成什么，也决不窜改古建筑的本体和装饰。

莫里斯的纲领包含着很有价值的思想。不过，它过于极端地反对一切修缮和修复，反对一切为延长文物建筑寿命所必需的变动，认为新的技艺一介入，文物建筑就必定会受到破坏。这些都很不实际，这种片面性之所以产生，仍然是因为他们对文物建筑的价值认识不够全面。英国派的倡导人主要是学者、文人、美术家，在当时浪漫主义的大激流中，他们对文物建筑的爱好过多地沾染了浪漫的抒情色彩，浓重的对中世纪宗法社会的哀哀戚戚的眷恋。不综合地理解文物建筑的历史和科学价值，就不能正确地以科学的态度并采取恰当的措施力争把它们传之永久。

这种片面性也表现在文物建筑的概念上。英国政府在1882年的法令中规定，文物建筑不仅包括上古的石栏、中世纪的堡垒，还包括府邸、庄园、住宅，甚至“具有历史意义或与历史事件有关的小建筑物、桥梁、商场、农舍和谷仓、畜棚”。这比起以前只着眼于中世纪的宗教建筑来，是一个大进步，但是，还局限在“具有历史意义或与历史事件有关的”建筑，仍然是很不够的。

意大利派崛起比较晚，它汲取了19世纪以来英国和法国有关文物建筑保护的理论和方法的合理因素。它的形成过程也比较长，因此，理论上更周到严密。

从18世纪末叶起，意大利人开始追寻古罗马的伟大光荣，陆续在帝国广场做了些发掘工作。因为兴趣专注在古罗马的遗迹上，以致把广场上一些中世纪建筑物破坏了。1798年，拿破仑帝国占领了意大利，欧洲历来的帝王，都喜欢自比为伟大的古罗马皇帝的继位人，拿破仑于1810年把罗马定为陪都，从而加强了对古罗马遗迹的发掘。

1807年和1808年给古罗马大角斗场加固，采用的是意大利人自己的方法。大角斗场本来是用灰白色石灰石造的，为加固而砌筑的部分一律用红砖，因而跟原物显著不同，新旧绝不混淆。这是一种新观念。但法国政府派来了主持巴黎古建筑修复的专家吉索尔（Guy de Gisors）指导意大利的古建筑修缮工作。吉索尔主张的是原样整体复建，但是因为必须把剩下的旧石材都照原位用上，所以新补的部分仍然可以分清。同时，他也接受了意大利的一些观念和手法。拿破仑倒台后，在罗马教皇领地内，吉索尔的影响还维持了下去，19世纪20年代，罗马大斗兽场的又一次维修，就追求恢复原状，不过这是一次局部维修，规模有限。1823年修复失火的城外圣保罗教堂时，竟是一模一样地重新造了一座假古董。19世纪下半叶，意大利基本上仍旧按法国派办事。

1880年，两位意大利文物建筑保护家提出了新的思想。第一位是贝尔特拉密（Luc Beltrami），他反对流行的法国式的以原作者自居的主观“修复”，要求把保护工作建立在牢实的科学基础上。文物保护工作者要尽可能多地收集有关资料，事先做历史的、考古的研究，根据确凿的证据进行工作，决不允许自己去分析、去推论。维修工作者必须同时是个历史学家、文献学家，能够阅读并且真正懂得有关的一切文件、著作、图像等，而不仅仅是个建筑师。

另一位叫波依多（Camillo Boito，1836—1914），是意大利派的奠基人。他既反对维奥勒-勒-杜克，也反对拉斯金。他首先完善了文物建筑的概念，明确地提出，文物建筑不仅仅是艺术品，它是文明史和民俗史的重要部分，珍贵的资料，它的价值是多方面的。从这个新概念出发，他主张，必须尊重文物建筑的现状，修缮的目的只是保护，要保护历史上对它的一切改变和添加，即使它们模糊了它的原初面貌。修缮，首要是加固，而且力争一劳永逸地做最后的一次干预，此后不必再做。在为加固而非添加什么不可的时候，切不可改变文物建筑从它的时代和它的原作者所得到的面貌。一切发生过的改变都要有详尽的记录。

1883年，在罗马举行了工程师和建筑师大会，通过了一个关于保护和修缮文物建筑的指导思想。它比波依多的思想更深入，主要有两点：第一，它说："除非绝对必要，文物建筑宁可只加固而不修缮，宁可只修缮而不修复。"第二，为了加固或者其他绝对必要的原因而非添加什么不可的时候，添加的部分必须用跟原有部分"显著不同的材料"，有跟原有部分"显著不同的特点"，以避免可能有的哪怕一点点的伪造。在这次大会之后，意大利摆脱了法国派的影响，不再修复或翻新文物建筑，而只是加固与保护。

1931年，乔瓦诺尼（G. Giovannoni，1873—1947）改写并补充了波依多的理论。1933年，由国际联盟倡议成立的"智力合作所"在雅典召开了国际会议，通过了关于文物建筑修缮与保护的《雅典宪章》，这宪章以乔瓦诺尼的文章为基础。但是它有一些简单化的片面的观点，显示出对文物建筑价值的理解还不很深入。同年，意大利文物和美术品最高顾问委员会制定了《文物建筑修缮规则》。

1939年，意大利政府在罗马设立了"文物修理中心研究所"。它的第一任主任布朗迪（Cesare Brandi）进一步修订了1933年的《文物建筑修缮规则》，意大利学派从此真正创立。

意大利学派最主要的理论是：

第一，文物建筑具有多方面的价值，它不仅仅是艺术品，它是文化史和社会史的"活见证"，因此，保护工作不能着眼于它的构图的完整或风格的纯正，而应该着眼于保护它所携带的全部历史信息。

第二，不仅要绝对尊重原生态的建筑物，而且要尊重它身上以后陆续增添上去的部分（patina）、改动的部分，它们都是文物生命的积极因素，都是它的原真性的重要部分，是文化史的重要资料。要保护文物建筑在它存在过程中获得的全部历史信息，并且使这部历史清晰可读。

第三，同理，文物建筑在它存在过程中产生的缺失（lacunae），也是一种历史痕迹，也不应该轻易补足。如果为加固、保存或者展示而必须补足某些部分，那就应该使补足的部分跟原来部分所用材料不同，特点不同，很容易识别也很容易去掉。

第四，因此，反对片面追求恢复文物建筑的原始风格，当它实际已损坏、已丧失时，更不能去“创造”根本不存在的纯正风格。修缮工作者不应该像维奥勒-勒-杜克说的那样，让原作者在自己身上复活，而要客观地、无个性地去研究文物建筑本身。

第五，要保护文物建筑原有的环境。

这些理论观点，不但比起维奥勒-勒-杜克、拉斯金和莫里斯的有很大进步，而且比1933年“智力合作所”的《雅典宪章》也成熟得多了。

意大利学派虽然在19世纪30年代形成，但是它的实际作用受到很大的压制。因为，20—30年代，正是法西斯政权统治意大利时期，它按照它的政治利益和意识形态，另搞了一套文物建筑“保护”办法，这些办法，现在就被人揶揄地叫作“法西斯学派”。

作为一个法西斯头子，墨索里尼要把自己比作古罗马皇帝的继承人，为了煽起人民的民族主义感情，他在1925年12月对罗马市第一行政长官说：要把罗马城搞得“宏大、整齐、雄壮，就像奥古斯都大帝时那样”。他因此特别重视显耀古罗马帝国的伟大建筑物。他接着说：“必须把我们历史的永恒纪念物周围清理干净，使它们显得高大。”为了把它们“亮出来”，不惜清理掉它们身边和身上的中世纪和文艺复兴时期的大量“平常”建筑物。并且还要拆出“视线走廊”，使人们在城市的某些重要位置上可以见到它们。在法西斯政权时期，清理了帕拉蒂尼山、卡比托利欧山前缘、中心广场、帝国广场群、阿庇亚古道两侧、银塔广场古庙群等能够炫扬古罗马辉煌历史的建筑遗址。“成绩”是使这些遗址比较完整地显现了出来，代价是抹煞了中世纪和文艺复兴时期的一段历史。帝国广场群上从13世纪以来，尤其是16世纪下半叶之后，本来早已建成了稠密的市区，都被拆光，马切罗剧场自中世纪以来几乎每个券洞都吊出来的一户住宅，也全部被清除掉了。

墨索里尼为了在他府邸前的威尼斯广场举行阅兵式，从军队集结的大角斗场到威尼斯广场建了一条八百米长的可以通过重型坦克的路，叫帝国大道（现在叫帝国广场大道），它恰好穿过古罗马帝国广场群，占掉广场群面积的84%。本来是，一共八万平方米的广场群已经发掘了七万六千平方米，这一下又毁了绝大部分。为集结军队，斗兽场和君士坦丁凯旋门近旁的一些遗址，包括一个喷泉，都被埋掉了。原本用石块铺装的地面也都铺上了沥青。为了让机械化部队便于从威尼斯广场散开，毁掉了卡比多山前缘的一些古代遗址，包括发生过“白鹅救罗马”故事的那一部分。现在，痛定思痛，斗兽场周围已重新发掘，帝国大道也已下决心拆除。因为帝国大道每天有两千辆汽车的交通量，要拆除它当然是很困难的。

在那个时期，还发掘了奥古斯都大帝的一座“和平祭坛”，但没有在原址保护，却把它搬到奥古斯都大帝陵墓旁边的台伯河大堤上，为它造了一所陈列馆。

在墨索里尼亲自过问之下，1931年制定了罗马城市规划，贯彻了他1925年对罗马市第一行政长官讲话的精神。规划里要清除古罗马大型建筑物周围的房屋，设立文物建筑区，要在历史中心区开辟大马路，等等，办法很像奥斯曼在巴黎干的那一套。因为经费不足，规划没有完全实施，除了帝国大道外，只有一条从威尼斯广场到维多利奥·艾玛努勒（Vittorio Emmanuele）桥头的大路开通了，这是为了疏散从大角斗场来到威尼斯广场接受墨索里尼检阅的军队的，正是它破坏了卡比多山的前沿部分。

直到现在，采取法西斯派做法的在世界上也未尝绝迹，所以要写上一笔。

德国纳粹的首领希特勒，也对古代建筑遗产抱着相似的“突出政治”的观点。

第二次世界大战结束后，在大规模的重建工作中，文物建筑和古城区的保护问题空前紧迫和复杂。各国，甚至各城市都有自己的做法。有的把它们跟战争废墟一起清理掉了，有的匆匆忙忙在没有科学研究的前提下“重建”起来。联合国教科文组织和梵蒂冈，都曾经反复提醒各国在新的历史情况下注意保护历史文物。它们呼吁：文化资产处于危急状态。

为了促进各国对文物建筑和古城区的保护，为了使这项保护工作建立在真正科学的基础上，1947年，在联合国教科文组织领导下成立了ICOM，即国际文物建筑工作者议会。1964年，在ICOM的第二次大会上把名称改成了ICOMOS，即国际文物建筑和历史地段工作者议会。这次大会通过了《威尼斯宪章》。《威尼斯宪章》基本上重申了1939年修订过的1933年意大利的《文物建筑修缮规则》，并吸收了1933年意大利学派的《雅典宪章》的合理部分，克服了它的一些简单化的片面观点，体现了意大利学派的理论。它有几点新的重要发展：

第一，它扩大了历史纪念物，即文物建筑的概念。它说：“历史文物建筑的概念，不仅包含个别的建筑作品，而且包含能够见证某种文明、某种有意义的发展或某种历史事件的城市或乡村环境，不仅适用于伟大的艺术品，也适用于由时光流逝而获得文化意义的在过去比较不重要的作品。”比起19世纪法国派和英国派的认识来，比起早先的意大利派来，这个概念是更加全面了，叙述也比较科学了。而且它已经注意到了“环境”，不再只把个别孤立的东西看作文物建筑了。它也注意到了“过去比较不重要的作品”。跟这点近似的，是下面这一条。

第二，它规定“保护一座文物建筑，意味着要适当地保护一个环境。任何地方，凡传统的环境还存在，就必须保护。……一座文物建筑不可以从它所见证的历史和它所从产生的环境中分离出来”。

此外还有：

第三，它认为“必须利用……一切科学技术来保护和修复文物建筑”。

第四，它说“保护文物建筑，务必要使它传之永久”。

这第三、第四两点，显然是为克服英国派的片面性的。

第五，针对法国派，它明确规定，对于遗址，“预先就要禁止任何的重建”。

第六，它允许“为社会公益而使用文物建筑”。

八年之后，1972年，联合国教科文组织通过了《世界文化和自然遗产公约》（1975年生效），力求把文化和自然遗产的保护国际化，以帮助落后和贫困的国家保护它们的文化和自然遗产。参加这公约的各国可以把它们的处于危险之中的文物申请列入《世界遗产名录》，从而取得国际性技术和经济的援助。1987年，又通过了关于这个公约的《实施守则》，很详尽，很全面，它的第二章《保护的原则》包含十五个子目，论述了文物建筑保护的基本观念和具体措施，其中第五个子目叫《威尼斯宪章》，郑重地申明《威尼斯宪章》的权威性。它说道：“当代的理论包含在威尼斯宪章中……它提出了有价值的、有普遍意义的准则，应该把它当作一个整体看待，不要引用个别部分来为某些行为辩护。”

《威尼斯宪章》制定之后，国际上的一个新趋势是更加扩大文物建筑的范围，进而从保护个别建筑物发展为保护建筑群，一个人类建造的真正的环境。于是，1976年11月，联合国教科文组织在肯尼亚首都内罗毕召开的第19次全体大会上制定了《关于保护历史的或传统的建筑群及它们在现代生活中的地位的建议》，简称为《内罗毕建议》。ICOMOS于1987年在华盛顿通过了一个《保护历史性城市和城市化地段的宪章》。当然，城市的保护远比文物建筑的保护要复杂得多，所以，这个《宪章》的内容也就具有比较大的灵活性。

1999年，ICOMOS又在墨西哥通过了《关于乡土建筑遗产的宪章》。它在“前言”里说：“乡土建筑遗产在人类的情感和自尊中占有重要的地位。它已经被公认为社会有特点的和有魅力的产品；它看起来是不拘一格的，但却是有一定规矩的；它是实用性的，同时又是美丽和引人入胜的；它是一个时代生活的聚焦点，同时又是社会史的记录。它是人类的作品，也是时代的创造物。如果不重视保存这些形成人类自身生活中心的传统和谐，将无法体现人类遗产的价值。”

在《威尼斯宪章》中，“文物建筑”的主要内容是有重大历史意义和艺术成就的建筑（monument），这个《关于乡土建筑遗产的宪章》则把乡土建筑遗产（built vernacular heritage）的价值说得很充分，大大突破了传统的文物观点。这是一个很重要的新发展。但这个新宪章仍然承认，它是《威尼斯宪章》的补充，所以，《威尼斯宪章》的基本理念和方法论原则在乡土建筑保护中还是完全适用的。

二

文物建筑和历史地段保护，它的基本理念和方法论原则逐渐科学化的过程，是迟到19世纪中叶才开始，到20世纪中叶《威尼斯宪章》的诞生才告成熟的。这情况说明，文物建筑和历史地段保护是一项很高等级的文化活动，它的意识化和科学化需要整个社会的文明达到很高的水平。《威尼斯宪章》诞生以来，半个世纪中，国际上不同的组织、会议陆续又发表了不少文件，逐步补充、拓展或丰富了它的基本内容，也有一些文件把它的观念、理论和方法论原则更具体化，以便操作。这些发展，都是以《威尼斯宪章》为指归而加以充实的，并没有实质性的反对或修正。《威尼斯宪章》是一个科学的纲领性文献，它的原理是普遍性的，无关于一个国家的文化传统，也无关于文物建筑的技术性特点，如不同的材料和结构方法等等。而且，它又是很原则性的，给了每个从事文物建筑保护工作者在具体工作中发挥创造性和想象力的可能。同时，文物建筑（和历史地段）的保护也从此成为一门独立的学科，它要求由经过全面培训的专业人员来主持，于是，欧美各国的大学里纷纷设立了文物建筑保护专业。

为了充分理解这门专业，有必要先认识它的基本理念和方法论原则。

首先是：文物建筑（和历史地段）的基本价值何在？

文物建筑，主要就是那些携带着比较重要、比较丰富或者比较特殊的历史、文化、科学和情感的信息的建筑物（和历史地段）。《威尼斯宪章》开宗明义第一句话就是“世世代代人民的历史文物建筑，包含着从过去的年月传下来的信息，是人民千百年传统的活的见证”。因此，“历史文化建筑的概念，不仅包含个别的建筑作品，而且包含能够见证某种文明、某种有意义的发展或某种历史事件的城市乡村环境”。

有不少文物建筑有很高的审美价值，或者在它们身上寄托着人们的感情，它们也可能是某个时代某些人的杰出创造力的见证，当然，大多数文物建筑还都可以继续使用并且可能启迪智慧，但是，尽管有多种价值，文物建筑最基本的价值是可以作为历史的见证，后人可以从它们身上解读出一段生动的历史。审美、情感和功能的价值都会因时因人而变化，而历史价值却有普遍意义，永恒意义，才值得“使它传之永久”。

于是，从文物建筑是历史的见证这个基本价值观便可以自然地引发出文物建筑保护的根本原则，那就是，必须尽可能保护它们的原真性。《威尼斯宪章》第一段里写道：“为子孙后代而妥善地保护它们（文物建筑）是我们共同的责任，我们必须保持它们的原生状态所包含的全部丰富内容。”

只有保持着原生态的文物建筑才能真实地见证历史，失去了原生态的建筑是不可能作为历史的见证的，它们只能歪曲历史，而历史是不允许歪曲的。

所谓原生态，指的是一件文物建筑保持着从它的建造起到登录为受保护的文物止（或此前某个有重大意义的历史剧变时刻止）所获得的全部有意义的历史信息以及文化、科学和情感价值。而从登录为受保护的文物起，它就不允许再有实质性的改变。《威尼斯宪章》因此要求“不可以改动文物建筑的平面布局和装饰”，“各时代加在一座文物建筑上的正当的东西都要尊重”，“任何一点不可避免的增添部分都必须跟原来的建筑外观明显地区别开来，并且要看得出来是当代的东西”。而且，它还要求保护文物建筑的“传统的环境”，也不得搬迁文物建筑，等等。它说：“修缮的目的不是追求风格的统一。”

因此，不可以为了文物建筑的风格统一和构图完整而损害它们所携带的有意义的信息和它们的历史原真性。不允许造假古董，不允许作伪证。以假乱真是最大的错误。不要使文物建筑“焕然一新”，“焕然一新”意味着历史信息的损失，意味着文物价值的损失。

建筑师出身的文物建筑保护工作者最需要警惕的是，仅仅从建筑风格的统一、功能的合理、形式的完美和环境的景观等自己职业习惯的角度，去评价文物的价值并且采取相应的措施。从19世纪中叶到第二次世界大战前夕，欧洲文物建筑的重要破坏者之一就是这样的建筑师。他们往往热衷于在修缮文物建筑时“做设计”，把它恢复成“理想的”或“应该的”样子，或者在废墟上重建他们自以为是的古建筑。其结果是把真古董弄成了假古董，给人以完全错误的虚假的历史信息，失去了原有的文物价值。英国的文艺和建筑理论家拉斯金愤怒地谴责说：“翻新是最野蛮、最彻底的破坏。”美国作家霍桑甚至骂道：“翻新古迹的人，总是比毁灭古迹的人更加伤天害理。”这就是说：弄个假的，还不如没有。

从文物建筑保护首要的是保护它的原生态、原真性这个根本原则出发，又合乎逻辑地衍生出几个文物建筑保护的方法论原则：

（一）预防为主的原则　为了保护文物建筑的价值，保护它们的原生态和原真性，首先要预防破坏，其次才是维修。

预防破坏，就是杜绝文物建筑本身和环境中的一切隐患。

保护文物建筑的环境不能只着眼于景观效果，其实，保护环境首先是为了保护文物建筑本身。例如，空气和水质的污染，地下水位的高低和成分的变化，汽车、火车的震动，湿度和温度的升降，还有洪涝、滑坡、火山、地震等等这些环境因素，都直接影响到建筑物。例如，意大利威尼斯城的存亡危机，全都是由环境因素造成的，包括海平面上升、空气污染、潮水冲刷、海风腐蚀等等。

另一种需要预防的破坏是旅游公害。为商业性“开发”文物建筑的大量旅游设施，如果规划不当，管理不严，设计不佳，就会破坏文物建筑的环境。过多的游客拥进文物建筑，除了机械的磨损之外，人们身上和呼吸中散发出来的蒸汽和二氧化碳对陈设品、壁画和装饰都有很大的危害。所以欧洲有些国家已经开始限制一些文物建筑对普通游客的开放。任何文物建筑都有一个最大游览容量的问题，不能来者不拒，无限制地开放。超负荷运行是有很大破坏性的。

（二）最低程度干预原则　这就是说，为了保护文物建筑，只做为停止或延缓文物建筑的破坏、恢复或保持它的强度、延长它的寿命所必需的工作就够了。只有在十分必要，并有十分确切可靠的资料时，才可以重建失去了的部分，或拆除后来添加的部分。并且，修缮时要尽量使用文物建筑原来的材料以原来的工艺“复位”。总之，一定要尽可能减少和降低修缮工程对文物建筑的原生态的干扰。最常见的错误是在文物建筑身上把工作做得太多，淆乱了本来的历史信息，以致降低了它的价值。

（三）可识别性原则　凡加固或者局部修复，在文物建筑身上用非原有材料填补的部分或增加的部分应该可以识别，或者是材料、工艺略与原来的不同，或者标上记号。用非原有材料重建的部分也是如此。在我国常见的错误之一是把添补的非原有部分做得与原来的完全一样而又不予标示，有意追求“可以乱真”或“天衣无缝”。但科学的主张却是：不许乱真，天衣必须有缝！

当文物建筑因特殊需要有所扩建时，新建的部分必须采用当代的风格。欧洲各国，把这项规定引用到古城区的保护中去。当在古城区内建造新房屋时，也必须采用当代的风格，同时要在规模、色彩、尺度、体形等方面跟古城区取得和谐。一句话，现代的东西就是现代的风格，不可作假，不可伪造历史，不可失去历史的具体性和准确性。假的做得跟真的一样了，真的也就跟假的一样了。

（四）历史可读性原则　要使文物建筑本身的历史，它所经历的有意义的添加、缺失、改变、修缮都清晰地显示出来。这也包括一些有意义的历史痕迹，如题刻、炮火、天然灾害、重要事件、空气、水文、地质、生态等环境变迁。这些都是文物建筑作为历史信息携带者的价值的组成因素。也要保留风雨剥蚀的痕迹，苍古的面貌也是历史久远的见证。总之，不可以消除文物建筑身上有意义的历史痕迹。不论是人为的还是天然的。一座建筑物，一个城市，在它们的面貌上看不到历史，那么，它们的活力也就衰弱了。

（五）可逆性原则　一切为了利用、加固或者修缮而添加于文物建筑上的东西，都应该可以撤销、拆除而并不致损害文物建筑的原件。这项原则的目的是，能及时改正错误，使可能发生的修缮中的错误所导致的破坏降到最低，并为以后必要的或者更好的修缮留下可能性。例如，它不提倡用水泥浆或者树脂灌缝以固结开裂的砌体。因为这方法不可逆，一旦树脂老化，就毫无挽救的可能。所以，当必须使用新技术、新材料时，要充分研究它们可能的长远变化和影响。（有些国家，例如美国，把这项可逆性原则推广到文物建筑附近新建的相关或附属的建筑上去，以便必要时可以恢复原来的环境。）

（六）与环境统一的原则　保护文物建筑，要同时保护它一定范围的历史环境，不要使它脱离历史形成的环境孤立出来。失去了原来的环境，文物建筑的原真性必定会受到伤害，它的历史信息就要失去或歪曲一部分。常见的不恰当作法是，拆掉文物建筑周围的古老房屋，改成广场或绿地，把文物建筑当作陈列品孤立地“亮出来”。一般说，这做法是错误的，只允许在万不得已时采用。这个原则也包含着，只有在原生环境已经遭到破坏、而且非搬迁便不能保护的时候，才允许搬迁文物建筑。

（七）研究和总结　在文物建筑修缮之前，应该对它进行深入的、全面的研究。包括它的历史文化意义，审美价值，材料和工艺特点，与周围环境的关系等等。在研究的基础上做出详尽的修缮计划。在修缮过程中要写工作日志，尤其当工作中要修正原有的计划时应记录修正的原因、各种意见讨论经过等等。修缮工作结束后，要对工作做详尽而真实的总结。新用的材料要留下样品，包括对它所做的物理和化学测试的结果和它的产地。新用的构造工艺要留下图纸。

以上这些原则，在理论上十分严谨，从文物建筑的本质和它的基本价值导出，形成完整的体系。它们的科学性使它们不应受到怀疑。但完全实现它们很难，因为许多维修都是为时已晚的抢救，有些则是当前技术不可能做到，因此在实践中不得不有所通融。通融虽然难免，但这些原则仍然必须坚持。坚持才有努力的方向，才有创造性，才不致随心所欲，不致为贪方便、图省钱或者为了某种偏见而轻率地对待文物建筑。

探索最恰当的保护方法是一项大有创造性的工作。《威尼斯宪章》之所以写得十分简洁，目的之一就是给具体工作者以发挥创造性的机会，从而激发他们的热情和智慧。严肃认真的、锲而不舍的探索，能带动一批学科和产业的发展或勃兴，例如文明史、建筑史、艺术史、工程地质、材料风化腐蚀、生物侵害、大气污染、建筑结构和构造，以及各种材料的研制和生产，这些基本理念和原则也适用于城市、村落、建筑群等的保护。1987年联合国教科文组织的《世界文化和自然遗产公约》的《实施守则》、1999年ICOMOS的《关于乡土建筑遗产的宪章》和《威尼斯宪章》本身也都申明了这一点，实践中也都有了成功的例子。这是因为，这些理念和原则是非常概括的，非常基本的，有很大的普适性。在中国，造成困难的往往是体制性的原因以及缺乏认真的科学态度和坚韧的努力。

有些文物建筑已经很古老了，最古老的有了五六千年的历史，但是人们认真地保护文物建筑却动手很晚，文物建筑保护科学的诞生和成熟则晚到20世纪中期和晚期。这时候，人类已经有能力去探望月亮了。这说明，正确认识文物建筑的意义和价值需要有高度发达的文明和智慧。保护文物建筑不是“向后看”，不是宣泄没落的怀旧情绪，它是人类精神世界向前方发展和向广度扩展的结果，它朝气蓬勃，不断创新，直到现在还在大步前进。

文物建筑保护科学的成熟是以建立了关于文物建筑的基本价值观为标志的，这就是，文物建筑尽管有许多方面的综合价值，但它的核心价值是作为人类历史的见证。文物建筑的价值不再主要是审美的、抒情的，也不是功利的，从此它摆脱了建筑学的纠缠，也摆脱了诗情画意的纠缠。从这个核心价值观出发，已经形成了完整的、逻辑严密的方法论系统，文物建筑的保护从此成了一门独立的学术。它并且带动一系列科学技术甚至产业的发展。

这门文物建筑保护科学是一个多世纪来许多国家共同探讨的成果，尤其从20世纪中叶开始，联合国教科文组织和ICOMOS把文物建筑保护发展成了国际性的共同事业，国际交流非常活跃。这个事业、这门科学，不是哪个国家或地区的，它真正是世界的，是国际性的，是普世的。在实施中，它并不抹煞国家和地方的特色，相反，因为它的基本原则是保护文物建筑的原真性，从而保护了文物建筑所具有的地方的和国家的特色，它因此受到了世界各国的认同。

原载《保护文物建筑和历史地段的国际文献》，
台湾博远出版有限公司，1992年
修订版载《文物建筑保护文集》，
江西教育出版社，2008年

必须坚持“可识别性原则”

文物建筑修缮或修复时的“可识别性原则”是一项基本原则，必须严格遵守。2002年7月26日，《中国文物报》上发表了高念华先生的文章，对这项原则提出了质疑，我想写一点看法维护这项原则，请专家们指教。

（一）关于文化建筑保护的各项基本原则，是从对文物建筑及其价值的基本认识出发，合乎逻辑地得到的。它们是文物建筑保护理论体系的一个有机部分，不能零敲碎打地予以否定。否定了其中一项原则，就会消解整个理论体系。

《威尼斯宪章》第一句话是：“世世代代人民的历史文物建筑，包含着从过去的年月传下来的信息，是人民千百年传统的活的见证”。这句话是认识文物建筑和保护文物建筑的出发点，是整个文物建筑保护理论体系的纲。简单地说，文物建筑的意义和价值就在于它是历史的见证物，在于它携带着可贵的历史信息。

保护文物建筑，就是保护历史信息，保护历史见证。既然如此，保护文物建筑，毫无疑问就要保护它的历史真实性，只有真实，它才能携带历史信息，才能见证历史。

为了保护文物建筑的历史真实性，就必然要在修缮或修复时坚持“可识别性原则”，这是逻辑的结论。所谓“可识别性原则”，就是使替换的、填补的或者复制的部分与原生的部分可以识别开来，也就是使文物建筑本身的历史成为“可读的”，这样才能使它所携带的历史信息保持真实可信，才能保持它作为历史见证的价值。

如果不坚持“可识别性原则”，那么，经过修缮或修复，尤其经过多次修缮或修复的文物建筑，就真假莫辨，它会因此失去历史的真实性，历史信息与历史见证便无从谈起，文物建筑也就不再成其为文物建筑，充其量不过是一座可供旅游观赏的东西而已。因此，我们尊重“可识别性原则”，不是像高先生所说的那样是“盲从”这条原则，也不是像高先生所说的“可识别”的处理在特殊情况下可以使用；而是，只有在极特殊情况下才可以不“使用”。

（二）关于文物建筑保护的基本原则，是有严格的概念和缜密的逻辑为基础的，是科学的。绝不可能用几条、或者几百条哪怕上千条随意拿来的不符合这些原则的实例来否定它。这就好比我们每天都见到很多人随地吐痰，却不可以因此认为禁止随地吐痰是不合理的。相反，我们只能通过宣传、教育甚至罚款，来推广禁止随地吐痰这条原则规定。我们确实在国内国外见到一些文物建筑的修缮或修复没有遵守“可识别性原则”，甚至也不遵守别的原则，我们不能因此怀疑或否定这些原则，相反，应该指出那些做法的不当或错误。

原则的坚定性，这对于做任何工作都是很重要的。不能因为有困难、有批评就动摇原则性。理论一旦失去原则，就等于失去了它应有的价值，而文物建筑保护，像其他任何工作一样，不能没有完备的首尾一贯的理论。

用随意搜集起来的例子来怀疑或者否定有坚实的理论基础的原则，是思维方法的混乱。在实际生活中，我们随时可以找到各种各样的实例来证明各种各样莫名其妙的观点。比如说，我们随手可以举许多实例，证明文物建筑是发展的障碍，根本不必保护，拆掉拉倒，“一张白纸，可以绘最新最美的图画”理论是不能建立在这种不科学的思维方法上的。我们要学会严谨的合乎逻辑的思维方法。

（三）在西方看到一些修缮或者修复的文物建筑，如果发觉有些做法不合原则，那就要问一问，是什么时代修的，什么样的人负责修的，现在大家对这修缮有什么看法，认为对还是不对，是坚持下去还是以后不再这样做了。否则，“考察”了多少趟，仍然不能超出旅游者的水平。《威尼斯宪章》是1964年由ICOMOS大会通过的，它的某些原则，1964年以前早已被许多文物工作者共认，有些原则，在1964年以后也没有立竿见影地被人普遍接受。这并不奇怪。何况1964年全世界参加ICOMOS的国家还不多。从19世纪以来，欧洲文物建筑保护有好几个流派，即使后来大家都参加了ICOMOS，要在实践中完全遵守《威尼斯宪章》也还得一个过程，这是很容易理解的事。我们中国，到现在不是还马马虎虎，不大在意这条“可识别性原则”吗?

第二次世界大战之后，由于失去的太多，欧洲保护文物建筑的意识普遍高涨，因此，有些19世纪和20世纪初年的仿古建筑，虽然政府并没有规定它们为文物建筑，但房主人却自认为它是文物，也在大门上钉块铜牌，刻上房子的建筑年代。

这些自封的文物，虽然修缮得也大体中规中矩，但毕竟没有专门的文物保护师负责修缮的那么地道。我们如果不细细究问，只看它模样也挺古老，就会上当，误以为人家文物建筑保护就是这么搞的。

有些国家，包括在文物建筑保护上很严格的国家，教堂归教会所有，政府管不了。这本是一个大漏洞，文物保护机关和公众团体对这种情况十分无奈。有的教会人士水平高，乐于接受文物建筑保护的原则，那就搞得比较好，有的就只图方便，自行其是，那就会有各种各样的纰漏。如果我们看见了而不明底细，也会上当。

文物建筑保护中还有一些无可奈何的事。例如，一些非永久性材料：外粉刷、草顶、夯土墙之类，目前还没有合适的办法保护。有些质地不很坚固的石材，风化起来也是毫无办法制止。遇到这些问题，只好采取些变通的措施，所谓变通，就是不很遵守原则了。这不是原则的不合理，而是目前人类的本领还有限。这种情况下只有承认原则的正确，人们才会不断研究新办法去保护那些很难保护的东西，否则，既可变通，何必去想新办法，随它去好了。如果在西方看到了这种措施，就怀疑原则本身的正确性，那就又上当了。

还有，我们的考察者，是不是没有注意到“可识别”方法的多样性呢？

（四）《威尼斯宪章》短短16条，不到三千字，写得非常原则化，我曾问它的第一起草者勒迈赫先生，为什么不写得细一点。他回答，要给具体工作者发挥创造性的余地。这是典型的西方人思想。

“可识别性原则”目的是为了保持历史信息的真实性，只要能达到这个目的，可用的方法是很多的。如果我们只知道一两种固定的方法，去西方考察，就会对另外一些可识别性的措施视而不见。

第二次世界大战，西欧破坏得一塌糊涂，战后重建，修复了许多废墟。我在今马其顿共和国境内见到过几个已修复的拜占庭小教堂，在下半截的原墙残迹和上半截的修复新墙之间随着高高低低的断茬夹一层紫铜片，而并不使新墙做法和残墙不同。这一层紫铜片，经人指出，便“很明显”，不指出便很容易忽略过去，以为没有遵守“可识别性原则”。还有一种做法，是在新旧墙体之间砌一些颜色“显著不同”的砖或石，但它们并不连续，而是随破茬断断续续隔一个距离砌一块，和夹紫铜片一样，它们也是既“明显”又“不明显”，只看考察者认真不认真了。

在法国鲁昂，那些在废墟中重建的哥特教堂，乍一看没有丝毫“可识别”性，但是，在每个开间的角落里，都挂着一版照片和线图，标明从哪儿往下是原物，从哪儿往上是修复的。修复部分里哪几块石头是复位上去的旧石，哪几块是后配的，一清二楚，“可识别”得很。

在德国的德累斯顿歌剧院和俄罗斯圣彼得堡的彼得·保罗教堂，都辟了一间陈列室，陈列着废墟修复的全部过程。仔仔细细，一丝不漏。新的、旧的“可识别”得很。“历史清楚，没有疑点”。

高先生在他的文章里一开始就提到中国木构建筑与西方的石质建

筑不同，但读完他的文章，没有发现他就这个不同发表什么意见。看来看去，终于明白，他其实只不过是对“留白”不满意。然而，从不满意“留白”进而不赞成文物建筑修缮或修复的“可识别性原则”，这一大步实在是迈得太远了。

就说木结构更换朽烂的构件，新替补上去的，不一定都留下刺眼的白茬，只要在身上钉一块4—5平方厘米的小金属片，铸上替补的年月，这不就是“可识别”了吗？颜色不妨和旧的靠近一些。这块小金属片，也不必钉在人眼前，能找到就可以了。

高先生说，琉璃瓦顶，如果每修一次都要变一下新瓦的颜色，那岂不糟了。这么做真是糟了，可是，不必这么做。只在烧新琉璃瓦的时候在坯子阴面上盖个生产年月戳子就行了。陶砖陶瓦也都可以这么办。北京、南京的古城砖上就有这样的戳子。这种做法不是像《威尼斯宪章》所要求的那样“很明显”了吗。

（五）高先生对《威尼斯宪章》的“民间性”有点儿看法。这是很典型的“中国特色”。民间的便可以不很放在眼里。其实，数学、物理、化学的定理都是“民间”的，没有什么长官讲话和红头文件给它们撑腰，但它们是真理，不承认不行。在这个问题上，我们也该与国际接轨了。

原载《中国文物报》2002年8月30日

文物建筑保护中的价值观问题

我们的文物建筑保护工作需要专业化，我们需要有完整的、独立的文物建筑保护专业，需要有经过系统培养的专门人才，他们要全面熟悉文物建筑保护的基本理论，它的价值观、原则和方法。这些在当今一些发达国家早已实现，许多大学都设有文物建筑保护系。人口不多的比利时，它的鲁汶大学文物建筑保护系在世界上居于前列，大大有名。在西方，没有专门的资质证书的人是不可以从事文物建筑保护工作的，多出色的建筑师也不行。

1988年，联合国教科文组织派专家组来中国考察申报世界遗产的项目，他们在写的报告里说，中国“没有真正的专门训练过的保护专家”，因此，“培训的问题是第一位的”。而且说“培训和教育的问题应该在国家总的体制中提出”。它还建议，要在普通教育的各个层次上都介绍关于文物建筑保护的观念和基础知识，尤其要对政府官员进行这方面的教育。这些意见和建议都非常中肯，但整整15年过去了，我们还没有在高层次上正规地做这件工作，以致连数量并不多的国保文物单位中，有不少并不是由受过相当训练的专家从事管理和维修的，甚至任凭旅游部门“开发”“打造”，而当地说一不二的政府官员们，连文物建筑保护的基本概念都没有听说过。

认识文物建筑保护是一门专业，需要培训相应的专门人才，这是我们当前面临的迫切问题。

先从历史上看，现代文物建筑保护这门专业最初诞生在欧洲。大致可以推定，人类从会造房子起便会修缮房子，但现代真正的文物建筑保护这个专业却被认为从19世纪中叶才起步，到20世纪中叶才成熟，经历了整整一百年。这说明，第一，文物建筑保护专业的成熟，需要整个社会达到相当高的文明程度。20世纪中叶，人类已经经历了第二次世界大战，见识过原子弹，连宇宙飞行都已经尝试过了，而文物建筑保护这门科学到这时候才刚刚形成。第二，文物建筑不同于古老建筑，古老建筑不都是文物。文物建筑保护不同于修古老房子，修古老房子不同于文物建筑保护。（同样，作为文保单位的城市与一般古城也是大不一样的。在一般古城里造新房子，可以追求文脉绵延，也可以不追求；可以一层层叠加"文化层"，也可以不叠加；可以"有机更新"，也可以不更新；可以"微循环改造"，也可以不改造。但作为文保单位的城市，那就专有一套严格的办法了。）文物建筑保护不但成了一个内容丰富的专门学科，而且带动了一系列附属学科的建立和发展，也带动了不少产业，如石材和木材保护剂的研制和生产。20世纪中叶，西方文物建筑保护科学的成立和成熟，以形成自己独立的价值观、基本原则和方法为标志，这时候，文物建筑保护专家已经不是工匠也不是建筑师，他们需要有综合的、专业的知识结构。文物建筑保护工作也不仅是修缮文物建筑，而是从普查、研究、鉴定、评价、分类、建档开始，以及再往下一整套的系统性的工作。

工匠和建筑师可能把一座文物建筑修缮得美轮美奂，比原来的更实用、更坚固、更漂亮，但是，很可能，从现代文物建筑保护的眼光来看，他们却破坏了文物建筑最重要的价值，原真性，从而使它不能再作为文物。所以，根本的问题，是弄清楚文物建筑的价值观问题。

一般说来，建筑师评价古老建筑，着眼点主要是审美的，是形式上的，然后是功利的，即是不是还能"有用"，是不是"完好"。他们最讨厌"破破烂烂"，而文物建筑有很大一部分是有点儿破烂或者不很完好的，因为它们都很“年老”了。文物建筑保护专家当然不排斥审美，但他们审定文物建筑是根据它们的历史文化价值，而不仅仅是美，不仅仅是“有用”，也不管破烂不破烂。他们把文物建筑主要看作历史信息（社会的、经济的、文化的、政治的、科技的等等）的载体，它们的价值决定于所携带的历史信息的量和质，是否丰富、是否重要、是否独特。当他们审视文物建筑优美的形式和典雅的风格的时候，也必须考虑到它这形式或风格的历史意义。

因此，建筑师修缮文物建筑的时候，容易偏向追求建筑体形的完整、构图的和谐、风格的统一，给它们造“视线通廊”，开广场把它们“亮出来”等等，主观的色彩比较浓。在我国，有些建筑师还提出了类似“保护历史文化名城的风貌”这样难以捉摸的说法，甚至更概括为一种“风貌保护”的理论。而一个现代真正的文物建筑保护专家，却首先致力于千方百计保护文物建筑真实的本身，和它一定范围内的环境的历史信息的原真性。他们的工作力求客观，力求科学性。作为历史的实物见证，历史信息的原真性是文物建筑的生命。历史信息不能淆乱，更不许可伪造。

从19世纪中叶到20世纪中叶，欧洲文物建筑保护专业从萌芽到成熟的长达一百年的发展过程，主要就是这两种价值观和方法论的消长过程。在消长过程中，一般建筑师以审美和实用效益为主的价值观渐渐被克服，而以各方面的真实历史信息为主的价值观越来越被更多的人承认、接受，终于成了主流。世界上成员国最多的国际性文物保护组织ICOMOS的一系列决议、宣言和“宪章”代表着这个主流，1964年通过的《威尼斯宪章》是它的纲领，后来陆续通过的许多文件基本上围绕着这个纲领，丰富了它，拓展了它。联合国教科文组织为评审“世界遗产”而几次派到中国来考察的文物保护专家，就我所知，都是这个主流的代表人物。教科文组织向各国推荐的文物建筑保护教科书，则阐释了这个主流。

总之，当今世界上关于文物建筑保护工作占主导思想是尽可能地保护文物建筑所承载的历史信息的原真性，也就是保护它作为历史的实物见证的价值，而不是把它们的完整、统一、和谐等审美价值以及实用效益放在第一位。不允许为了完整、统一、和谐等等以及其他功利性考虑损害历史信息的真实性。

这个价值取向是文物建筑保护理论的核心，从这一点出发，完全合乎逻辑地建构了保护文物建筑的一系列理论原则，例如：修缮之前要做深入的研究，不仅仅研究文物建筑的技术和艺术特点，更重要的是研究它们的历史文化意义，以防修缮中失误；要详尽地记录维修过程，做出的决定、采取的措施、更换的构件和材料，等等，事后要写出报告，并且正式出版，让全社会都可以知道；要把修缮工作量压缩到最少，只做为支持它的存在而最必要的工作；要千方百计尽量保留原有的材料、构件和工艺方法；修缮工作要有可识别性，不允许“可以乱真”，不可以把原有的和修补的混淆起来；要努力使文物建筑的历史可以读出，也就是把它从建造之时起整个存在过程中所获得的历史信息都呈现出来；一切修缮措施都应该是可逆的，即这些措施都可以撤除而不损害文物建筑本身；保护文物建筑，要同时保护它适当范围的原来环境，等等。在联合国教科文组织向各国推荐的文物建筑保护教科书里，把这些原则叫作文物建筑保护的“道德守则”，立意很高。因为导致历史信息丧失，淆乱甚至假造“历史信息”，使文物建筑不但不再能成为历史的实物见证，反而传递虚假的信息，那当然都是不道德的。如果为了经济利益而有意造假，那就不仅是“缺德”，而且是有罪了。

因此，真正的现代文物建筑保护，着眼于保护它们的本体，它们的原生态，保护它们本来的一木一石，一砖一瓦，而不是以说不清道不明的“风貌”当作保护的主要对象。历史信息和它们的真实性只能附丽于文物建筑的实体上，“风貌”也只能附丽于实体，没有实体，哪里有什么风貌？实体变了，哪里还有“原汁原味”的风貌？反之，只要文物建筑的本体真实地保护住了，当然也就有了“原汁原味”的风貌。

因为文物建筑所拥有的历史信息，一般指的是文物建筑从建造之日起到确认为应保护的文物单位之时止这个生存过程中所获得的全部历史信息，所以，真正现代的文物建筑保护，对“清理”拆除后加的，对复建补全残缺的，都抱着非常慎重的态度。1988年联合国教科文组织派到中国来的专家考察组，就曾经建议不复建故宫西北部失火烧毁的景福宫，而把遗址当作遗址保护的教学示范场所。至于在文物保护范围内搞什么臆造的“仿古”工程，那更是干不得的了。

由于遵从这样的“道德守则”，很有可能经过维修的文物建筑的形象不很完整，风格不很统一，观赏性受到损失。《威尼斯宪章》的起草人之一负责修缮过一座拿破仑的兵营，它破损严重，楼板有不少烂坑，在补足楼板的时候，为了做到“可识别性”，他设想了许多方案，最后实施的方案是：补上去的楼板走向和原有楼板的走向相垂直，使二者有明显的差异。这做法就像打了一块块不高明的补丁，不大好看，但文物建筑保护学界很赞赏这个方案，因为它分清了新的和旧的，既有可识别性也有可读性。这种情况会诱发一个问题：这样的历史真实性有什么意义？我们的后代子孙也会需要它吗？欧洲主流上的文物保护专家用典型的西方人气质回答说：“我们没有权力也没有能力包办后代子孙们的选择，我们的责任只是把历史的实物见证真实地传递给他们。”罗马大学一些文物保护专业学生的论文，就有研究历代墙砌体所用砂浆的成分和配合比的，也有从木材上的痕迹探讨某时某地斧、锛等工具的形状、大小、重量和操作方法的。我们确实不能知道后人会做什么样的研究，我们至少不应该断了后人研究任何一个课题的路子。

要尽可能多地保护文物建筑的历史信息和它们的真实性，实践中会遇到不少很大的困难，往往要做大量的多学科的综合研究，花费许多时间，许多人力物力。意大利人维修不大的一座古罗马时代的凯旋门或者一棵纪功柱，往往需要几年、十几年直至几十年的功夫。关于古罗马图拉真纪功柱的修缮，负责人很谨慎地说：“我们对石柱是一平方厘米一平方厘米地做过物理、化学分析的。”为了制止比萨斜塔的继续倾斜，世界各国许多专家们投入了研究，方案提出了一个又一个，时间一拖再拖，显得困难重重，而情况又十分紧急。负责当局说，工程之所以这么难，就是因为要最大限度地保存塔的原生态，不肯落架重建。如果落架，那难度就不会这么大了。“较真”“认死理”，这是西方专业人士的一种品质，粗看好像笨头笨脑，但是其实很值得我们学习。一位年轻朋友，从来没有接触过文物建筑保护的，到欧洲游学了两年城市规划，回来之后，就旁观所得说：“我看他们修古建筑，津津有味，乐在其中。”西方人通常以挑战困难为乐事，而我们的传统小聪明，则大多以回避困难、绕过困难、“四两拨千斤”为能。结果是西方人在一次次挑战并战胜困难中进步，一个比萨斜塔的治理，推动了许多方面的技术。而我们呢？面对文物建筑保护的世界主流原则，一遇到困难，就想修改或者否认这些原则，我们虽然总是振振有词，但我们似乎还没有在什么领域领先于西方。看来我们还是老老实实练出“千钧之力”为好。

为摆脱那些国际公认的原则，我们一些人通常使用的口实是：西方的建筑是用石头造的，我们中国的建筑是木构的，所以，西方的理论不适用于中国。中国应该有自己的文物建筑保护理论。

其实，在西方主流的文物建筑保护的价值观、原则和方法中，看不出它们是仅仅从石质建筑的维修中引发出来的。它们讲的是一般的、基本的理论，与建筑的材料、构造等等没有关系。文物建筑的根本价值是作为历史的实物见证，在这一个核心问题上，木构建筑和石质建筑有什么不同吗？作为历史的实物见证，它们所携带的历史信息的真实性是它们价值的命根子，这不是逻辑的必然推论吗？为了保证历史信息的真实，必须遵守那些文物建筑保护的“道德守则”，不是理所当然的吗？这一个逻辑严谨的理论体系，和文物建筑是什么材料的、用什么结构，有什么关系呢？

一些倡议“中国特色”的人士有一点误解：以为西方世界里所有的建筑都是石质的，事实正好相反，木构建筑在西方到处都有，而且是大大地有。不但中小型建筑多用木构，即使神气活现的宫殿、府邸和寨堡，它们的屋盖和楼板也大都是木质的。哥特式主教堂是典型的石质建筑，但它们的拱顶之上都还得覆盖一个木构屋顶，连几乎每个城市上都高高耸起的尖顶，也往往是一个木结构。在北欧，甚至还有大量民间建筑用鱼鳞板作外墙和屋面，也都保护着。即使是石材建筑，也并不都是坚固的花岗石，有些石材甚至很松软，巴黎圣母院所用的石材，就可以用手工刮刀一层层地刮，所以它的风化问题很严重，那么高大的建筑物，石材的风化所带来的保护困难，远远超过木构建筑。在美国和非洲，还保护着大量夯土和土坯墙的地方建筑。他们并不因此而要求修改《威尼斯宪章》，而是积极努力在发展新的保护科学和技术。

中国的文物建筑当然有自己的特点，什么建筑都会有自己具体的特点。做维修工作，决不能不看对象具体的特点。但是，文物建筑保护的基本原理应该是相同的，历史的真实性和“历史清楚”总归是不应该抹杀的。如果这套“道德守则”的底线没有了，文物建筑保护也就没有了一定的标准，无章可循，什么人都可以自说其话，文物建筑保护的科学也就没有了。

基本原则是理论性的，理论不能让步，理论一让步就没有了原则，就没有了是非标准，一钱不值了。但任何理论在实践的时候都不免要根据具体情况而做些让步，不让步也会什么事都办不成。有时候是遇到当时不能克服的困难，而且，不论西方还是中国，都有不少“死马当活马医”的个案。例如，地震之后，砖砌的墙体严重酥裂，留着岌岌可危，但只要一拆就没有几块整砖，不能复原了。一些西方人采用的办法是在墙体上钻许多孔道，插入钢筋，或者灌入树脂，或者灌水泥。这办法不“可逆”，树脂又会老化失效，可是目前再也没有更好的办法，它至少保持了原砖、原灰浆、原砌筑。但西方人从来没有因此要求修改或取消维修文物建筑很重要的“可逆性”这条原则。因为他们懂得理论体系的重要性，有了它，才有方向，有目标，才会有所追求，带动相关的科学技术的进步。理论原则所持的标准是100分，虽然在万不得已的情况下没有别的选择而考了60分也能及格，但岂能因此要求取消100分的标准，高喊“60分万岁”？

一切严谨的理论体系，都有一个基本点，一个核心命题，抽去了它，整个理论体系就会被解构。这是理论体系的本性、有机性，并不是论理的脆弱性。“作为历史的实物见证”，这便是文物建筑理论的基本点，核心命题，它具有普世的意义。

理论出自实践，但要明白，这实践是千百年中历史性的实践，是千百万人有普遍意义的实践。即使如此，人们也只能向真理接近一点而已。凭一个人或一帮人自己半辈子的实践，要说这就得到了或者检验了什么真理，那是很不可能的。国际上目前占主流地位的、正在推行的关于文物建筑保护的观念和理论以及相应的方法，是一百多年许许多多专业人士实践的总结，它比任何个人的经验有更牢靠的基础。但恐怕也不能说它就是真理，不过是当今有比较多的人认为它比较合理而已。

因此，在西方批评这套理论的人，批评《威尼斯宪章》的人，多的是，并不稀奇。如果我们听到一点点议论，就以为这套理论不行了，那是因为我们几十年来，或许是两千年来，太习惯于“舆论一律”了，太习惯于“统一思想”了。在西方，一个国家的宪法，只要议会里有三分之二的人投赞成票就通过了，那么，可能有多达三分之一的人会持反对意见，但宪法仍然是这个国家的根本大法。《威尼斯宪章》只不过是一个国际上绝大多数文物建筑保护工作者和管理者共同认可的建议而已，并不是法律，并没有强制性，推行它，靠的是讲道理。要反对它也可以，不过要有逻辑严谨的道理，只凭个把人实践中一点两点的困难或疑惑是反对不了的，因为它并不针对各种实践细节。

由于中国没有形成文物建筑保护专业，没有像1988年联合国教科文组织派来的专家组的建议那样，在高层次上培养真正现代的文物建筑保护专家，所以，我们当今在这个领域里未经培训的普通建筑师的观念还起着重大的作用，也就是主要甚至单纯从审美和功利的角度去看待文物建筑，而没有意识到它们的历史真实性才是它们的价值的根本，虽然并不排斥审美。所以，我们不少人常常和国际主流观念格格不入，造成我们工作的损失。老实说，我们占主导地位的观念大概还是19世纪中叶法国建筑师维奥勒-勒-杜克的观念，所以我们一些人的看法和做法，在不少地方，也和一百多年前的他相仿佛。而维奥勒-勒-杜克的观念，在欧洲，包括他的祖国法兰西，早已经淘汰掉了。

要翻一百多年的案也不是不允许，但要慎重，深思熟虑，不要草率，不要气呼呼，还是冷静一点好。

原载《世界建筑》2003年第7期

文物建筑保护要建立系统化目录

文物建筑保护（包括个体建筑、街区、村镇、城市等等），从宏观和总体上说，最重要的是建立受保护的文物建筑的目录。

这个目录必须是全面的、多样化的、科学的，就是说，这个目录应该力求使受保护的文物建筑形成一个完整的系统。一个什么系统？一个历史的实物见证的系统。

这要从文物建筑的基本价值说起。

什么是文物建筑的基本价值？文物建筑的基本价值就是，它们是历史信息的载体，是历史的实物见证。这里所说的历史，是人类过去为生存、发展而进行的一切活动。

文物建筑的价值并不首先决定于它是不是壮观、精美、工巧，也并不首先决定于它是不是古老，是不是还能实用，而首先决定于它所携带的历史信息是否重要、独特、丰富。美观、古老、实用，都是次要的。

人类有别于其他生灵的，是有智慧。智慧从何处来？智慧的生理基础是记忆，有了记忆才有智慧，集体的记忆的工具是什么？是文字、形象和大量的实物。实物中又以文物建筑蕴含的历史信息最丰富。历史信息就是记忆，个人智慧的高低和他记忆的贫乏或丰富大体成正比关系，一个民族也一样。但是，更重要的是这些记忆是否全面、多样、科学，尤其是它们是否形成系统。零星的记忆碎片形成了系统，它们的价值才会更有效地体现。

因此，人类，或者说一个民族，要取得更大的集体的智慧，就要力争文字、形象和实物所携带的历史信息不但丰富，更要系统化。一个历史记忆贫乏或者零碎的民族，很难达到文明的高峰。

所以，珍惜作为历史信息重要载体的文物建筑，并且使它们系统化，是关系到一个民族的智慧和文明程度的大事。

什么是文物建筑的系统化？就是使它们的总体所携带的历史信息系统化。历史信息系统是有层次的，第一个层次是文化史、政治史、经济史、军事史、教育史、科技史、工艺史等许多独立门类的历史的信息。下一个层次，以经济史为例，可以分农业史、蚕桑史、金融史、工业史、垦荒史和工业史等。再下一次层次还可再分，例如工业史就包含着许多方面。

要使文物建筑系统化，显而易见，最重要的就是要有一个系统化的受保护的文物建筑的目录。这是文物保护工作的总纲。这份目录当然不是最终完成的，而是要不断补充，不断修正的。

要编制成这样一份目录，并且经常补充修正，首先当然要做到全面的、持久的、经常的普查工作。然后是鉴定、评估，最后才是整合并编制目录。

要正确进行普查、鉴定和评估，必须深入理解并坚持正确的文物建筑价值观。否则，最后编出的目录就会是优秀建筑目录，古老建筑目录，或者传统观念上的某些文物建筑如宗教建筑、宫廷建筑等为主的目录。这种片面化现象在近几十年的工作中不是没有。

正确的文物建筑价值观不是想理解就能理解，想坚持就能坚持的，这需要有足够的相关知识。就像不识字的人不能从任何一本古籍里看出历史信息一样，也不是无论哪位没有经过专门训练的人都能认识文物建筑中蕴含的历史信息。所以，普查、鉴定和评估工作以及最后的整合、编目工作都要由专业人员来做，至少是由经过足够的培训的人来做。也就是说，不能由地方上隔三年五年上报几个建筑，再在上面审批一下就可以的。那样编出来的目录必定是零碎、片面、不成系统的，而且又因缓慢而误失时机。因此，必须建立全国性的统一机构来做从普查到编目的工作。这是一件经常性的工作，不能是脉冲式的。由于大量珍贵的古建筑正在极其迅速地遭到破坏，所以，这项工作是极为急迫的。

各地经常可以见到，有不少极有价值的古建筑的重要而独特的历史文化价值没有被认识，以致被荒废，走向毁灭甚至已经毁灭。原因之一便是地方上未经专门培训的人的文物建筑价值观不很正确，而且识别能力太差，没有上报。相反，上报的名单里，竟有弄虚作假，以致历史信息被严重歪曲或丧失了的。

于是，为了做好文物建筑保护工作，从战略上说，又急需培养一大批正规的专业人员，急需广泛宣传正确的关于文物建筑的价值观和相配套的文物建筑保护的理论。这些都是具有根本意义的真正最重要的基础工作。

就几十年来直至当前的情况来说，普查编目、培养专业人员、宣传基本观点和理论，这些迫切而又重要的工作恐怕都不是文物部门自己所能做到的，那当然又是另一种更根本的问题了。

原载《中华遗产》2004年第1期

文物建筑名录编制怪现状

建立文物建筑名录是文物建筑保护工作最重要的基础。进入这名录的文物应该全面、系统地反映可能由文物建筑反映的国家历史和文化。只有通过全球性的标准一致的普查才能建立这样的名录，这普查必须由一个统一的机构率领一批经过正规训练的专门人员进行，而且要有计划地经常性地进行。这些已经成了国际上的共同认识。

我国的文物建筑名录，基本上是由各地方层层上报形成的，这种做法难以达到理想的水平。一是由于工作人员受地域的局限，不能准确判断某些建筑在全国文物建筑大系统中的地位和价值，有时不免轻重失据；二是由于工作人员没有受过专业训练，又并不是经常从事古建筑的研究、评价，以致很难掌握统一的标准，也会遗漏一些很有价值的文物建筑；三是在某些地方他们的工作可能受到不良干扰，以致对古建筑的评价失当，造成损失。

不利于全国文物建筑认定和编目的现象，主要有下列几种：

一种是还没有完全克服只凭年代定价值的偏见。例如在江西某县有一个村子，明清两代的房屋保存得很好，有些房子的形制很有特点，质量上乘。但县博物馆只定了村里一幢三开间的旧书院为文物，因为它有三棵前檐柱是梭柱，可能是元代书院初建时的原物。江西某县有一个很大的村子，省里给定了几座文物建筑，都是从年代着眼，有一座小小的四柱门头，只剩三棵柱子，梁、枋、顶子全部朽烂，因为估计它可能是明代的，被定成了文物，而一组包括住宅、花园、花厅、宗祠、书楼、戏台的精致的建筑群，却因为建于清代，而没有定为文物。

另一种是单纯凭建筑艺术和技术水平以及品相或者使用质量定文物。雄伟、精巧、美观或斗栱硕大是主要标准，而不首先着眼于古建筑或古城区所蕴涵的历史文化信息。这在北京就有所表现，例如说到保护皇城，就有人说只有6.3%的房子“有一定历史文化价值”，其余的都“质量不高”，可拆除另建。照此办理，把6.3%的房子围在93.7%的新房子里，它们的“历史文化价值”也就所剩无几了，更何况北京皇城的三等小院，经过修缮，居住质量也是许多人家乐于接受的。

第三种是只认庙堂的和士大夫文化的，不认乡土的和市井的；只考虑保护个别的，不认识建立文物建筑大系统的意义。不少地方，文物建筑负责人往往一开口就是庙宇、祠堂、豪门大宅，某些“名人”的故居或者坟墓，普通而平常的住宅就不在眼中，至于码头、纸槽、瓷窑、油坊、染池、药厂、店铺、典当、栈行、妓院、大烟馆、警察局、监狱、骡马店、水龙站，进而整条商业街直至聚落，就极少有注意到的了。甚至不少以某某村、某某镇为名的文物保护单位，工作中仍然只着眼于个别的“文物建筑”，而不懂得应该保护的乃是村子或镇子的整体。只有整体，才能传达真实的历史和系统的文化。

还有一种就是以假乱真，以次充好。有一个省，再三往上送报申请国家级文物保护单位和历史文化名村的，竟有充斥了近年假造的“古”建筑物而真正的古建筑却被大量破坏掉了的村子。申报的动机无非是为了“开发”旅游收益。但如果这样的村子被批准为国家级文物建筑或者历史文化名村，那么文物保护工作的严肃性便遭到了严重破坏，以后对它周围一些很好的村子的严格保护便不可能了。还有一个省，把一个已经零落不堪、没有什么东西也没有什么历史文化意义的村子上报，原因是这个村子有几个人在北京当了不小的干部。为了保证这个村子申报成功，甚至有意把别的很有价值的村子压下不报。

由地方层层上报文物建筑，还会产生另一种不利现象，这就是瞒报。瞒报的原因大致有两种，一种是因为地方政府怕某些古建筑定为文物后，会妨碍房地产的“开发”，影响长官在经济上的“政绩”，他们把文物建筑叫作“包袱”；还有一种是因为地方长官担心管理文物建筑责任重大，万一出事，会误了仕途，不如不申报文物为好。例如东南沿海某县有一大批精美绝伦的祠庙戏台，但在无人照料的情况下，年年失火烧掉一两座，本来应该赶快把它们定为文物，加强管理，但地方长官却采取了相反的做法，压下不报，以免惹事。

以上所说的各种情况，绝不是绝无仅有，而是有相当的普遍性。所以，为了编制并不断充实全国性的文物建筑名录，使它全面化、系统化，必须由全国统一的机构和专业的人员来从事文物建筑的普查、评价和编目。一个不大的意大利，这样的机构竟有三千个专业人员，我们不妨参考一下。

原载《中华遗产》2005年第1期

文物建筑保护科学的诞生

一幢古老建筑可以有多方面的价值。它可以有实用价值，能住人；可以有经济价值，卖得出一笔钱；可以有情感寄托价值，引起一些人的怀念之心。这些价值都不稳定。随着时代的变迁，文化的发展，它们都会渐渐降低甚至消失。但它有一种价值是不会降低和消失的，那就是历史认识价值。它们的艺术价值和科学价值，也主要是在艺术史和科学史的框架里体现。就是说，古老建筑都携带着历史信息，而这信息的价值只会随时代的变迁而越来越强。一幢古老建筑，当它携带的历史信息比较丰富、独特，在所有历史信息的系统中占有重要的甚至不可或缺的地位时，它就可以被审定为文物建筑。

这就是说，决定一幢古建筑能不能成为文物建筑并确定它在文物建筑大系中地位的不是它的使用价值、经济价值，而主要是它的历史认识价值，也就是它作为历史的实物见证的价值。

作为史书，一座北京故宫，让你读懂封建大帝国的君主专制制度，一座江南村落，让你读懂宗法制度下的农耕文明。它们的生动、具体、形象、细致，超过任何一本别的史书。这就是文物建筑的基本价值。可以说，文物建筑的性质，首先是文物，其次才是建筑。当代关于文物建筑保护的占主导地位的观念、原则和方法，都从这个认识演化引申出来。

这种对文物建筑保护来说根本性的认识首先成熟于欧洲。要这样来认识文物建筑的价值并不容易，它要求整个社会达到一定的文明程度，要求文物工作者有很高的眼光和丰富的知识，还要求有足够的时间来克服种种片面的或者文不对题的认识。可以肯定，早在石器时代，人类一学会造房子，同时就学会了修缮房子，而且不断地又造又修。由于宗教或政治原因，人们也很早就保护过若干有神圣意义或象征意义的建筑。在意大利文艺复兴时期，罗马教皇曾委任拉斐尔管理古罗马的建筑遗产，这当然不是因为他是大画家，而是因为他同时是一位杰出的建筑师。拉斐尔忠于职守，给教皇写过长长的报告，激烈地大骂那些破坏古罗马建筑的行为，骂那些人是野蛮人。早在1630年，瑞典国王就敕令成立专门机构来管理国有古物，1666年，又敕令保护所有的文物建筑。但欧洲的文物建筑界，并不认为那些事件和任务开启了文物建筑保护的历史，因为那些保护并没有致力于建立保护的学理，也没有探讨保护的科学方法。欧洲的文物建筑保护学界，可以说一致认为，文物建筑保护的学理从19世纪上半叶开始探讨，经过一百多年，到20世纪下半叶才告成熟。这以前，不过是文物建筑保护的史前史。这个成熟的标志，就是提出关于文物建筑保护的系统性学理并终于得到欧洲多数从业者和学术界的赞同。关于文物建筑保护的系统性学理，是由《威尼斯宪章》总结了一百几十年的探讨而比较完整地表达出来的，时间在1964年。通过这个宪章的是一个国际组织ICOM，是ICOMOS（国际古迹遗址理事会）的前身。宪章的第一小节开宗明义地写道："世世代代人民的有重大历史价值的建筑物，饱含着过去年月的信息而遗存至今，是人民千百年传统的活的见证。人们正越来越意识到人类各种价值的一致性，并且把古代的重要建筑物当作共同的遗产。人们承认，为了子孙后代而保护它们是我们大家的任务。我们的责任是完完全全地把它们的原真性传递给后代。"宪章的其余部分就是把这段话具体化。它的这个第一小节可认为是国际文物建筑保护界的共同纲领。1975年，联合国教科文组织策划了一个"欧洲文物建筑年"，进一步把这个纲领传布到全球。从此，《威尼斯宪章》基本上奠定了它的主导地位。

欧洲学者在19世纪上半叶开始探讨保护文物建筑的学理，是因为19世纪欧洲的文化全面发展。社会学和文化人类学着手建立，小亚细亚、两河流域和中亚的考古取得了很大成绩，对拉丁美洲、太平洋岛屿和非洲的居民社会的考察蓬勃展开，文学、艺术、哲学达到了灿烂的高峰，自然科学这时候也飞快进步。因此，欧洲学术界的眼光扩大了，对事物的认识深刻多了。在这样的历史文化背景下，英国、法国和意大利等国家开始了正经的文物建筑保护工作，建立了机构，制定了法规，着手探讨文物建筑保护的学理。从此渐渐脱离“修缮古老房屋”的旧式工匠道路。

在这一探索中，欧洲曾产生过三个主要流派：英国派、法国派和意大利派。英国派裹在浪漫主义的文化潮流中，过于偏爱中世纪的宗教建筑，而且迷恋“富有诗意的死亡”，陶醉在废墟前的伤感情怀中，甚至不赞成修缮古建筑。英国派有它的贡献，它大大激发了人们对建筑遗产的关注，但它过于片面，影响不大。

法国派的实质就是建筑师派，代表人物是巴黎美术学院建筑教授维奥勒-勒-杜克。他关注的是建筑学眼光中雄伟壮观的“杰出”的珍品，如主教堂、宫殿、贵族寨堡等等，它的保护方法也是建筑师式的，把古建筑维修得完完整整，“像它应该的那样”，甚至“比原来的更好”，风格更统一，功能更合理。当时巴黎的行政长官跟他心心相印，对巴黎城大拆大改，把他们认为“没有价值”的大量普通建筑拆光，让“有价值”的大型建筑物“亮出来”，形成城市的艺术焦点，或者给它们拆出“视线走廊”来。建筑师也好，行政长官也好，只在城市的“风貌”上下功夫，并不懂得从古老城区和古老建筑的历史意义着眼。这种建筑师的方法在欧洲流行了足足有一百年左右，抢救了大量濒临毁灭的古建筑物，可是由于思路和方法不对，也造成了严重破坏。后来专业学界带点偏激地说，他们对古城和文物建筑的破坏甚至超过了两次世界大战。

意大利派则重视古城和古建筑的历史文化意义。他们既不赞成英国派那种任凭古建筑走向“有永恒之美的自然死亡”的态度，主张要千方百计制止它们的“死亡”，同时也不赞成法国派那种主观地“改造”“提高”古城区和古建筑，导致它们携带的历史信息混乱甚至消失的思路，他们主张尽可能多地保护住古城区和古建筑的原真性。意大利学派的奠基人是波依多，他提出，文物建筑是文明史和民俗史的重要因素，是珍贵的历史资料。既不能任它败坏，也不能随意修改，而要保护住它的“现状”，包括它存在过程中所有的改变，不可以“恢复原状”。1883年，在罗马举行的国际性工程师和建筑师大会通过了一项《关于保护和修缮文物的指导思想》的决议，它在波依多思想的基础上增加了两条原则：第一，除非绝对必要，对文物建筑宁可只加固而不修缮，宁可只修缮而不修复；第二，为了加固或其他必要的原因，添加于文物建筑的东西必须使用与原用材料不同的材料，并使它明显区别于原有的。

意大利派和法国派的争斗十分激烈尖锐，起初法国派占绝对统治的地位，意大利派通过自己的实践，渐渐完善了自己的理论并提出了完整的工作原则和方法，终于以《威尼斯宪章》对法国派赢得了胜利。文物建筑保护从此成为一门独立科学，不再等于“古建筑修缮”，它把保护文物建筑所携带的历史信息放到第一位。不过，这当然并不意味着从此世界上便没有了法国派的影响，尤其在没有建立文物建筑保护专业而由一般建筑师来从事这项工作的国家里。建筑师的知识结构和职业素质自然地使他们倾向于法国派，他们和他们的行政长官还在坚持着早被欧洲人克服了的法国派老路。

《威尼斯宪章》在1964年通过，那时人类已经到月球上逛了一趟回来了，所以说，它属于很“现代”很“先进”的文化。一百几十年的探索过程说明，文物建筑保护科学的建立和推广，需要社会有很高的文明程度，需要国际的交流和合作。

《威尼斯宪章》还有很重要的缺点，主要是它关注的“文物建筑”的面还很狭窄，使用了“monument”这个词，也就是有重大历史价值的纪念性建筑；其次是它只提到对文物建筑环境的保护，还没有足够重视对历史地段的保护。1976年，联合国教科文组织在肯尼亚内罗毕召开的第十九次全体大会制定了《内罗毕建议》，建议保护“历史的或传统的建筑群”，当然包括城市街区。街区里有“普通的”房屋，但当它们形成群体后，就成了一个有更大意义的系统的因素，也就不“普通”了。1987年，ICOMOS在华盛顿开会，通过了《华盛顿宪章》，建议保护有历史价值的城市，不过，在这宪章诞生前，世界上一些国家已有了整个受保护的城市。1999年，ICOMOS又通过了关于保护乡土建筑的《佛罗伦萨宪章》，不但主张保护乡土建筑，而且指出乡土建筑的保护要以聚落的整体为单位。

于是，国际上关于文物建筑保护的科学思路就越来越完善了。

原载《中华遗产》2005年第2期

文物建筑保护的方法论原则

文物建筑保护的基础理论和方法论原则，从19世纪初萌芽，经过一百多年的发展，终于在20世纪下半叶逐渐成熟并形成体系。成熟的标志是1964年由ICOMOS通过了《威尼斯宪章》，它提出的基本理念是："有重大历史价值的建筑物，饱含着过去年月的信息而遗存至今，是人民千百年传统的活的见证。"这就是说：文物建筑的价值，根本在于它能见证历史。这以后一步步构成理论体系的标志是：第一，1976年，UNESCO第十九次大会通过了《内罗毕建议》，建议保护"历史的或传统的建筑群"。建筑群包括城镇和街区，其中当然会有就个体上看并非具有"重大历史价值"的"普通的"房屋，但普通的房屋在城镇和街区中形成了反映过去年代中"普通"人生活状态的历史信息系统，系统的价值远远大过其单个因素的价值的简单总和，因此，建筑群中那些"普通的"房屋也就不普通了，它们的价值在于它们在建筑群信息系统中的地位和作用，不应该再孤立地去评定它们是不是"普通的"建筑了。第二，1987年，ICOMOS通过了《华盛顿宪章》，提出整体地保护有历史价值的城市。第三，1999年，ICOMOS又通过了关于保护乡土建筑的《墨西哥宪章》，而且主张乡土建筑的保护要以整个农村聚落为单位。在这个关于文物建筑保护的科学思路逐步完善的过程中，1972年通过的UNESCO的《世界遗产公约》和1987年通过的它的《实施守则》起了巨大的推动作用，它的最简洁的要求是：作为世界遗产的文物建筑或建筑群必须是真实的、完整的。把“真实”放在第一位，意味着把它们作为历史信息的携带者的价值放在第一位。也就是说，文物建筑的定位，首先是文物，其次才是建筑。文物建筑的价值主要在于它所携带的历史信息的意义，而不是它的使用价值和经济价值，他的审美价值和科学价值也要放到艺术史和科学史的框架中去认识。

文物建筑保护的理念发展到了既成熟而又完整的体系的程度，便逐渐孕育出了一整套保护并修缮文物建筑的方法论原则。这原则的着重点在保护文物建筑所携带的有意义的历史信息。

第一条原则是必须首先通过经常性的反复的普查，建立而且不断地完善文物建筑的名录。这名录必须贯彻系统观的认识论，以保证所保护的文物建筑能形成系统化的历史见证。既保证每一类建筑的系统完整性，也保证城乡建筑群的系统完整性。

第二条是要对文物建筑进行彻底的研究并且将研究结果正式出版。这研究不但是技术方面的，更重要的是学术性的，要尽可能弄清它自产生之日起的整个存在过程中所获得的历史信息的意义和价值。在这个研究的基础上建立保护和修缮的方案。

第三条，要把对文物建筑进行经常性的观察和监视放在第一位，及早发现和排除一切可能导致文物建筑受损或破坏的隐患。避免大规模的维修。对文物建筑的任何一种比较重大的修缮，都不可避免地会导致一部分有意义的历史信息的损失或歪曲。

第四条，修缮文物建筑的时候，要把对它的干预降到最低程度，力争无创或微创。只要能维持它正常的安全的存在便可以了，不要“锦上添花”“返老还童”。要尽可能多地保留原来的构件和材料，非万不得已决不舍弃它们。有伤残的，可以挖补便挖补，可以拼接便拼接。原来构件和材料上残存的工具加工痕迹，也不可以丢失。使用新材料新工艺的时候，必须了解它们的长远效果。

第五条，每一代人的责任是把文物建筑不失原状地传给下一代。保护工作中有些难以克服的困难或难以决断的问题，尽可能采取临时性措施维持，把困难和问题留待后人去解决，万不可草率行事，以致改变了文物建筑而不能复原，妨碍后代完整地了解文物建筑本真的面貌。

第六条，凡在修缮文物建筑时候替换和补缺上去的构件和材料，甚至比较大的局部，都要在材质上、工艺上或形式上与原来保存下来的有所区别。不允许“可以乱真”，不允许“天衣无缝”。这一原则叫“可识别性原则”，对于保持文物建筑的历史真实性有重要意义。

第七条，凡在修缮过程中加之于文物建筑的加固、连接构件和更替构件，都应该易于拆除并且不因拆除它们而损伤文物建筑的原有部分。这一条原则叫“可逆性原则”，它是为后代的人利用更新的技术和材料来做更合理、更可靠的保护工作留下一个可能性。

第八条，实现“可读性原则”，就是在修缮工作中和日后的使用中，采取一些方法使文物建筑在存在过程中所获得的各种历史事件的信息和它本身的历史可以清晰地显示出来。主要是显示文物建筑身上的地震、洪水、战争、社会、变化等等所留下的痕迹以及它经历过的历次改动、修缮、破坏以及贴身环境的变化。目的是使文物建筑最大地发挥它作为“石头的史书”的作用。

第九条，文物建筑在它存在的历史过程中的缺失、增添或改变，只要不严重损害它的真实性，而且这些缺失、增添或改变又有一定的历史意义，就不允许复建或拆除。文物建筑的保护工作并不以求“风格统一”“形式完整”为目标。

第十条，修缮的思路、决策、设计，一切技术措施和使用的材料，修缮的过程，参加的人，负责的人，都要留下详细的记录，并且正式出版。后人要根据这部分档案完全、细致、真实地了解这座文物建筑，从而决定他们如何对待它、使用它、保护它和进一步修缮它。

这十条原则，有时候少说几条，有时候多说几条，被欧洲文物建筑保护学界称作“文物建筑保护工作者的道德守则”。他们十分严肃，把这些原则看得非常重要。这些原则的理论基点就是认为文物建筑的主要价值在于“饱含着过去年月的信息”，是历史的“活的见证”。因此，力求文物建筑的原真性就是一个道德性的问题了。

这十条原则，是从文物建筑的基本价值推衍出来的，与建筑物的结构和材料没有关系，石头的、木头的、土坯的，都一样适用。不过，理所当然，从具体的技术方面来说，会有不同的处理。先进国家在文物建筑保护上通行一种做法，便是把文物建筑上所用的材料分为三类：永久性的（如石、砖、钢铁）、半永久性的（如木、夯土）和非永久性的（如土坯、草以及粉刷、油漆、彩绘）。对永久性材料造成的建筑的要求最严格，对半永久性的和非永久性逐步放宽，这是因为有当前人力所达不到的难处，万不得已，但并不因此而动摇基本原则。相类似的，如各国都有一些建筑物因不可抗拒的原因而严重损伤，情况紧急，又没有有效的临时性措施可以勉强支撑几年以待后人，那也只好“死马当作活马医”，采取不合原则的办法了，而主要的是不合那条“可逆性原则”，例如在酥裂的砖墙上钻孔，塞入钢筋，再灌注水泥或树脂。

这些原则基本上都已经吸收到我国的《中国文物古迹保护准则》中了。

理论原则讲的是100分的标准，而实践中在万不得已的情况下60分便可以及格。但决不能因为60分可以及格，就否定100分的标准。有了100分标准的理想，各方面的追求、创新和进步才有正确的方向。先进国家的文物建筑保护工作者并不因为实际工作中有许许多多困难而要求修改、降低基本原则，因为大家知道，理论原则不能让步，一让步就什么都没有了。而实践中又不得不做出让步，不让步也就什么都做不成功了。这就是当前常见的现实情况。

文物建筑保护工作的域限清晰，它的价值观和基础理论独特而深刻，与价值观相应的方法论体系完整而有不可替代性，因此，文物建筑保护从20世纪中叶起就成了一门独立的科学，欧美各国的大学里纷纷设立了文物建筑保护系，有些大学的建筑系设立了文物建筑保护专业。还有一些建筑系，在本科之后设立文物保护硕士学位。一些先进国家明律规定，只有持有文物保护专业的资质证书的人才能从事文物建筑保护工作。没有这种专门资质的建筑师，哪怕是大有名气的，也不被允许从事文物建筑保护工作。而这一项重要的措施在我们国家还没有，以致当今是长官意志和开发商利益支配下的普通建筑师的观念和职业习惯在文物建筑保护工作中起主导作用，再加上社会名流的强力介入。我们什么时候才能准确把握住内行和外行的关系呢？

原载《中华遗产》2005年第3期

作为历史的见证是文物建筑的基本价值

20世纪中叶，文物建筑保护科学的成立以及此后三十多年中逐步形成更加完全的学科体系，关键就在于树立了关于文物建筑的基本理念和价值观，这就是，文物建筑的主要价值在于它携带着从它诞生时起整个存在过程中所获得的历史信息，也就是说，在于它是历史的实物见证。确认了这一点，必然的推论是，文物建筑的命根子是它的历史原真性。正是从历史的原真性出发，完全合乎逻辑地构建了保护文物建筑的方法论原则，这些原则的基本点就是，保护文物建筑首要的是保护它的历史信息的原真性。因此这些原则理所当然地成为文物建筑保护工作者的"道德守则"。为了实现这些原则，带动了一些相应科学和产业（例如木材防腐朽和石材防风化之类）向着一个明确的目标前进。

为了尽可能突破个别文物建筑所携带的历史信息的局限和片面性，争取那些信息发挥更大的作用，也就是使信息更真实，就要尽可能地使它们形成一个系统。信息只有成为一个相对完整的系统的时候，它们的价值才能达到最大，远远大于它们简单的总和。这就是说，保护文物建筑，要从它们所携带的历史信息的系统完整性着眼。所以第一，要在确认文物建筑、编制文物建筑总目的时候，力求使文物建筑的总体形成一个相对完整的、多层次的系统，以对应历史上社会、文化、政治、经济、军事和科学技术等等各方面复杂而多层次的系统性，当然包括各类建筑本身的系统性在内。这就是说，文物建筑的总体不应该是零散的、偶然的、无序的集合体，而应该有计划地全面反映社会历史的复杂性和多样性。第二，要保护的文物建筑，不是一个两个孤立的单体建筑物，首先，要把它们和它们存在的环境一起保护。文物建筑的环境是它们的历史环境，在它们存在的过程中，它们和环境之间发生着千丝万缕的有机联系，这种联系就包含着信息的交换和系统化。其次，要在条件允许之下，尽可能保护一些相对完整的建筑群体，包括街区、城市和乡村聚落甚至聚落的群体。街区、城市和乡村聚落都在历史中形成了系统性的整体，那里包容的历史信息是最系统的，最生动的，最生活化的，因而也是最真实的。举一个小例子，浙闽之间的仙霞关的保护，除了四道关门，还必须保护总兵衙门、练兵场和戍兵营房，它们和关门组成一个完整的防御系统，这才是历史的真实。不能只保护几片残墙。

正是由于把文物建筑的历史价值作为基本出发点，才发展成了这样的文物建筑保护的简洁、明确、首尾一致、逻辑完美的科学理论。

这当然并不否认文物建筑的科学价值和艺术价值，这两方面的价值都是十分重要的，不过，要把它们融入到文物建筑的历史价值里去，在建筑史、科学史和艺术史的大河里去确认它们。历史学本来是一种方法，是深化和组织各方面认识的一种方法。把文物建筑的科学价值和艺术价值融入到历史价值中去，是对它们的认识的深化和组织化，而不是削弱它们的意义。可以举一种反面的例子，有一些建筑，模样并不出众，甚至不很招人喜爱，个别地说，在科学价值和艺术价值上得分不高，但是，一旦把它们放到建筑史里，就能发现它们在建筑的发展长河中有很重要的地位，承先启后，不同凡响。这种情况多发生在所谓风格的“过渡时期”或“形成时期”，例如中国建筑中有一朵奇葩是粤东的围龙屋，它的演进过程在闽西留下了系列的物证，每一步都历历可见，而且每一步发展的社会、自然、巫术（风水）原因都十分清晰可靠。这些阶段性的作品并不完美可爱，但却是建筑史的极有价值的见证。

因此，可以得知，所谓文物建筑所携带的历史信息，不仅仅是，甚至主要不是，它本身由生到死经历的过程，而且还是它获得的一切有价值的信息，历史的、社会的、政治的、经济的、文化的、科学技术的信息。正因为如此，人们才能把建筑看作是“石头的史书”。从坛庙，能读出君主专制时代的政治、哲学和宗教；从宗祠，能读出农耕时代的家族组织和它的社会功能；从庙宇，能读出善良而无知的平民们的苦难、追求和愿望；从文昌阁，能读出科举制度对文化普及的巨大推动作用；从造纸作坊和瓷窑，能读出手工业生产在农村的萌芽和发展；从递铺和驿站，能读出封建朝廷对巩固天下一统的局面的努力，如此等等。甚至建筑物身上的地震裂缝和洪水渍痕也是研究当地自然史的可贵资料。而一个街区、一个村落、一个城市，只要细心地去解读他们，甚至可以是一部百科全书。例如在皖南的村落里可以读出徽商的家庭生活、教养和心态；可以读出宗族组织对徽商在商业经营各方面的一些支持和束缚，以及宗族在维持徽商老家社会秩序中的作用；可以读出徽商家庭和佃仆之间的互相依靠和摩擦；可以读出程朱理学对徽商精神生活和文化生活的影响。当然也可以从建筑上看出徽商和匠师的创造水平和审美能力，以及他们的迷信和追求。

于是，一个重要的合乎逻辑的结论是，所谓文物建筑的历史价值，并不仅仅指它的古老。古老固然可能包含着重要的或者比较多的历史价值，但它不能决定文物建筑的全部价值，甚至并不总是文物建筑的主要价值。文物建筑的历史价值，主要是它所携带的历史信息的意义、多寡、系统性以及它在人们知识结构中的地位，不论多么古老的建筑物的历史价值也要通过这样的评估。一般说来，由于古老建筑的稀少而且存在的时间长，它们可能携带着比较多又比较难得的历史信息，从而可能有比较高的价值，但也并不一定。例如，荒僻山乡里孤零零的一座宋代三开间小殿，未必比清末民初广东梅县的围龙屋更有价值，甚至可能更低一些。围龙屋是一种极独特的民居类型，发展得很成熟。它不但携带着客家文化的信息，而且携带着华侨文化的信息，当然还有中华民族整体在那个时代的历史信息。

中华民族是许多兄弟民族总合的大家庭，居住在很辽阔的领土上，因此，中华民族的历史是十分丰富复杂的，文化也是既有民族的特色，又有地域的特色。因此，作为历史见证的文物建筑的总体，就应该尽量全面系统地反映各民族和各地域的历史和它们的文化。有一些文物建筑，它们的重大价值就在于它们的民族性和地域性。如果用惯常的以古为尚的眼光来衡量，用发达地区和文化比较高的民族的建筑标准规范和成就来衡量，它们的得分可能是不高的，但它们的存在，却使中华民族的发展史更加完整而且多彩。

同样，应该承认，阶级分化是历史的真实情况，在阶级社会里，文化是分裂为统治阶级文化和平民百姓文化的，这种分化很鲜明地表现在建筑上：有豪门华宅也有寒门蜗居，有雕梁画栋也有土垣蓬壁，有巍峨的进士牌楼也有小小的土地庙。文物建筑，它记录的应该是全民族的历史而不是上层统治阶级的历史，它应该记录一个阶级对立的社会的完整的历史，这才是真实的历史。所以，那些平民百姓的粗糙的、简陋的、卑狭的建筑也应该有典型代表进入文物建筑之列。

总而言之，“建筑是石头的史书”，文物建筑的系统性总体要写的是一部通史，而不是断代史：不是古代史，不是中古史；也不是专题史：不是宗教史、不是帝王将相上层社会史；更不是杰出建筑的历史、合乎“官式”规范的建筑的历史。

确认文物建筑的价值，要有宽阔的视野和系统性的眼光，这样，文物建筑的目录才能有巨大的包容性，虽然也不过是保存了历史见证的万分之一，万万分之一。

原载《中华遗产》2005年第4期

向前看的文物保护工作

曾经有一些反对文物建筑保护的人把古建筑当作负担，看作包袱，妨碍他们在一张白纸上画最新最美的图画。他们批评坚定地从事保护的人，说他们是时代的落伍者，文化的怀旧者，给没落的社会唱赞歌，对日新月异、前无古人的新建设没有兴趣。这样尖锐的批判但愿已经完全过去了。但是，在文物建筑保护事业的热烈鼓吹者里，是不是就没有文化的怀旧者了呢？恐怕是真的可能有。

有人说，保护文物建筑，为的是弘扬我们的传统，是因为我们应该敬畏文化传统和传统文化，是为了反对“科学主义”。这是对文物保护工作意义的严重曲解。文物建筑是“物”，是文化遗产，它携带着丰富的历史信息，有助于我们认识过去，瞻望未来，这是它们具有宝贵价值的主要原因。文化传统是“道”，是意识形态，它形成于农耕文明的君主专制制度时代，会束缚我们的新发展，所以必须突破。应该清楚地区别传统和遗产（西方在文物建筑保护中也只提heritage而不是tradition），否则就会犯思想和工作上的错误。

国际上关于文物建筑保护的基本理论在20世纪中叶形成为一门科学，是克服了19世纪英国派和法国派影响的结果。法国派是建筑师派，英国派是浪漫主义派。浪漫主义反映了大动荡的工业革命时期一部分感到失落的人的怀旧情绪，他们把一腔乡愁寄托在中世纪的遗物上。为了这种心结而保护古建筑，他们的保护完全是感性的，形不成系统完整的理论和科学的方法，只是一味“敬畏”中世纪的传统，所以影响不大，比较容易地被克服了。

于20世纪中叶成熟，在以后的三十几年中不断发展，到20世纪90年代趋于完备的国际主流文物建筑保护理论，不是怀旧的，它不“敬畏传统”，不美化历史，它是为了发展而去反顾历史，把文物建筑主要当作认识历史的教材。古建筑有许多价值，最基本的是作为历史的实物见证，不论历史是辉煌的还是悲怆的。文物建筑是历史信息最丰富、最典型、最有意义的古建筑。从这个价值观出发，终于建构成逻辑严谨、完备的科学。文物建筑保护科学的诞生，是对文化传统和传统文化的超越，而不是敬畏。

这样一门科学，在刚刚演出了一场反科学的“文化大革命”之后传入中国，不可能不和中国的文化传统发生冲突。在文物保护工作方面，中国的文化传统是什么样的呢？

就社会金字塔的顶尖来说，每一个朝代的建立者，都认为自己是意识形态和都邑宫阙的首创者，秦始皇焚书坑儒，楚霸王一把火又烧掉了秦始皇的宫殿，“大火三月不息”。开封、洛阳、杭州、大都，一代又一代地建，一代又一代地毁。只有清兵入关，留下了明代的紫禁城。就社会金字塔的底层来说，善男信女们凑几个钱修古庙，总要求“焕然一新”，历史痕迹一点不留。工匠师傅，自己会怎么做就怎么做，不管前人怎么做，也不以为应该去了解前人怎么做。中国几千年的文明史，留下来的有结构空间的古建筑最早的不过唐代，而且只有两座正殿，原因之一是木结构易火易朽，另一个也许更重要的原因便是修一次就更新一次，所以据碑文记载“始建”于南北朝的庙宇并不少，其实，却已经是地道的清代作品。

科学不是无情物，它尊重前人创造的文化，也尊重创造文化的前人。然而中国古人在历史创造者面前无情得很。宝贝得不得了的文物，不是天子的重器，便是士大夫的字画，平民百姓创作而为平民百姓所用所爱的美术品和工艺品，包括建筑在内，不被上层社会重视，从来没有被当作文物。

中国古人大多是很功利的实用主义者，读书为了做官，烧香为了治病。只有极少数人才有非功利的知识追求和精神信仰。因此逻辑的思维能力普遍很差，科学发展不起来。在这样的文化传统影响之下，要整体地理解科学的文物建筑保护观念、理论和方法，是要有一个不短的时期的。

20世纪80年代初，国际上主流的文物建筑保护科学刚刚传入中国，就有一位文物建筑保护工作者著文反对，说它不符合中国的传统，中国的传统是“修旧如新”，如果中国人修缮古建筑而不焕然一新，老百姓不答应，所以不能接受国际上通行的尽量保留文物建筑在它存在过程中所获得的有价值的历史信息的主张。岂但“老百姓”不答应，事实上是不少领导人也不答应，直到三十年后的现在，他们还在提倡把一些文物不做分析，一律恢复到“康乾盛世”的面貌。一些文物建筑按照国际标准修缮了，“上级”来一看，很生气，说：“给了这么多钱，怎么还是一副老旧相。”于是下令全面油饰一新。一位“上级”到一个作为国宝单位的村子视察，责问乡长，为什么这村子还没有改变面貌？乡长回答，我们在尽力保护它的原来面貌。没过几天，这乡长被撤换了！

大约两年前，几位文物建筑保护工作者写了不少文章，激烈地反对维修文物建筑时要遵守“可识别性”和“可读性”等原则。他们把这些原则以及它们背后的追求文物建筑的历史真实性的价值观叫作：“西方话语霸权”，甚至说是对中国的“文化侵略”。有人说，关于这样的价值观和方法论原则的文件，是在没有中国人参加的情况下通过的，如果有中国人参加，理论原则就不会这样。其实，如今的学术都是国际性的，各国的人对它都会有贡献。1999年ICOMOS在墨西哥通过的《关于乡土建筑遗产的宪章》就有我们中国人的重要贡献，到现在六年过去了，还没有听到欧洲人批评“东方的话语霸权”。

一些中国的文物工作者对当今国际上主流文物保护理论和方法论原

则的不满主要在于，他们认为西方的古建筑物是石头的，中国的古建筑物是木头的，而那些理论是立足于石质建筑之上的，对木质建筑来说，实行起来十分困难。这里有三点误会：第一，西方其实也有大量的木构建筑，北欧的鱼鳞板房屋和东欧的剁木房屋，使用木材的程度甚至远远超过我们中国。最典型的石材建筑哥特式主教堂，有不少也是用木材建造尖塔和外层屋顶。其次，那些理论和原则都是很基本的，一般性的，并没有关系到不同材料的建筑。《威尼斯宪章》的第一起草人勒迈赫说，《宪章》的写法留下许多余地，给文物建筑保护工作者面对各种特殊问题去发挥创造力。遇到困难，西方人在挑战面前很兴奋，认为正是激发创造性的最好机会，他们兴致勃勃、津津有味地去深入探讨，并不因为困难而怀疑原则。有些中国人却相反，有了困难就想放弃原则，顺顺利利走轻便的近路。这是东西方文化传统的重要差别。第三，其实，西方的石头建筑出了毛病，要按理论原则修缮，远比我们的木构架建筑难办。它们的高度、跨度和重量都远远大于我们的建筑。英国有一座哥特式的主教堂，六七十米高的钟塔因为地基下沉，底层的大裂缝可以容两个人并肩走过，居然在不落架的情况下修复了。和抢救比萨斜塔一样，他们认为落架会损伤文物建筑的真实性，应该尽量避免。

有一些中国文物建筑保护工作者，曾经寄希望于1994年ICOMOS原定讨论文物“真实性”问题的奈良会议，希望能放松一点。但奈良会议的决议并没有重新阐释真实性，而是重申了它的重要性。真实性问题是文物建筑的基本价值观问题，在这个问题上是不可能让步的，让了步，整个文物建筑保护的观念、原则和方法论就会垮掉。我们也不希望看到这样的后果。

有人说，按照国际主流理论和它的十条左右的方法论办事，文物建筑会“死掉”。

文物建筑的死活，有个怎样诊断的问题。文物建筑的生命是什么，是它所携带的历史信息，只要这信息还在，没有丢失也没有歪曲，那么它就没有死，如果它携带的历史信息失去了，或者被歪曲了，它就死了。不过那些人所说的文物建筑之死，指的是它不能使用了，或者是没有人来买门票参观了。发生这样的事当然不好，但是，照近年来各地的实际情况看，因为严格保护而导致发生这种情况的几率不大。问题倒往往是“活力”太大，游客之多远远超出了它们的容纳能力，严重破坏了它们的历史信息，把它们“热闹”死了。而且，我们对文物建筑的“使用”应该有全面而合理的理解，不能太功利了。发挥文物固有的认识价值，也是使用。我们以维持文物建筑的不变来应对社会生活的千变万化，不能要求太多、太苛刻了。国土如此之大，历史如此之长，我们有多少文物建筑保存下来了呢?

在一次文物保护工作者的座谈会上，说起西方的同行为了保护一个历史信息而绞尽脑汁费尽心机的事来，在座的一位不屑地一挥手：“那是吃饱了撑的！”立即语惊四座。但愿这不过是一句即兴笑话，否则我们的事业就崩溃了。

原载《中华遗产》2005年第5期

抢救文物建筑的丰富性、全面性和系统性

中国的文物建筑保护工作，总体上说，正处在紧急抢救时期。

中国古建筑主要是木构的，易火易朽，所剩本来不多，加上几十年来，又打仗、又折腾、又大规模拆毁，能完好地保存下来的还能有多少，再不紧急抢救，更待何时？

文物建筑保护工作形势的紧张，还有一个主观上的原因，这就是长期以来，对文物建筑的认识过于褊狭。这主要表现在四个方面，一是只看重年代古老的建筑，宋代以后的建筑就看不上眼；二是只看重帝王将相的宫殿府邸和大量各种神道的寺、庙、塔，不屑顾及市井的和乡土平民的建筑；三是只留意或壮丽或精美的建筑，而忽视平实朴素甚至可能简陋的建筑；四是只着眼个体建筑，而对完整的城乡聚落的价值认识不足。照这种狭隘的价值观念，中国文物建筑的资源差不多已经近于枯竭，根据这种价值观念来选拔保护对象的结果，便是不少不被看好而其实很有重要价值的古建筑和古聚落被弃置不顾，以致迅速败坏消失。

如果不赶紧扭转关于文物建筑的这种片面认识，那损失可就太大了。文物建筑保护工作中有些根本性的、有严重后果的问题，不是文物工作者所能克服的，但关于文物建筑的价值观过于褊狭的问题，文物工作者自己要负不小的责任。

“建筑是石头的史书”。文物建筑是精选出来的携带历史信息最丰富、最典型、最重要的建筑，或者所携带的历史信息在历史信息系统中起特殊关键作用的建筑。文物建筑的价值是多方面的，有科学的、艺术的、文化的和情感的价值，但最根本、最有本质意义的是见证历史。它们是历史的实物见证，一个国家、一个地区，它的文物建筑的总体，应该全面地、系统地记载这个国家或地区的历史。由文物建筑构成的史书，不仅是建筑本身的艺术史和技术史，而应该是百科全书式的史书；不仅是古代史，而应该是从古到今的通史；不仅是上层社会的历史，而应该是整个社会从皇帝到平民百姓的历史。整个社会的通史，包含的内容就极其丰富、复杂，它应该综合历史学、考古学、文化人类学、民俗学和建筑学等多方面的知识在内。社会是个系统性的整体，在这个大系统里，又有许多层次的子系统，系统里还有系统元素。这样，和社会的复杂性、丰富性相应，文物建筑就应该有很大的数量、很多的品种，并且形成完整的系统。

例如，中国农耕时代的建筑，按功能区分，有经济的、文教的、军事的、礼制的、崇神的、行政的、政治的等等。经济类，大分有农业的、商业的、手工业的、矿冶业的、服务业的、金融业的、典当业的，还不妨算上交通运输业和仓储业等等。它的下一层还可以再分，例如，服务业有轿行、镖行、旅店、货栈、骡马店、药店、茶馆、酒店、小吃店、餐馆、浴池、理发店、银匠炉、殡葬行等等；手工业有瓷窑、纸坊、糟房、油榨、织坊、丝厂、染坊、盐井、水碓、磨坊、酱园、篾竹店、圆木店、铁匠炉、棺材铺、香烛店等等。这样粗粗一算，农业文明社会里的建筑品种就有许许多多，每个品种都有自己的作用，都是社会生活链条中的一节。它们不一定古老，不一定辉煌，甚至可能简陋、不洁，但它们共同构成了一定历史时期社会生活的完整的、系统化的物质环境。它们都应该是文物建筑系统中必不可少的一环，缺了它们，系统就不真实了，散架了，后人对历史的认识也就不真实了。所以说，作为历史见证的文物建筑，范围应该远比现今所有的要宽阔得多。

这种功能类型文物建筑的系统可能在空间分布上很疏散，相互关系松懈，不容易认识它们的系统性关系。因此更要重视另一种系统。

除了某种功能性的类别系统，还有一种结构性的系统。一些功能不同的建筑在一个聚落里或者在一个建筑群里形成一个结构完整的系统。一位美国历史学家，进了北京故宫，走到太和门，向前看是雍容华贵、大气磅礴、灿烂阳光下的太和殿，向后看是威严沉重而阴森的午门，他兴奋地说，我读了一辈子书，现在才知道什么是君主专制制度。这当然只是一种兴奋的文学性语言。他要真正从建筑上全面地了解中国的君主专政制度，当然还要看一整套与君主专政制度这个大结构有关的建筑，至少要看看六部五府，看太庙，看天坛、地坛、日坛、月坛和社稷坛，看八旗兵营，看孔庙、国子监、贡院和翰林院，看皇史宬，看禄米仓、内务府，看琉璃厂、会馆，当然还得看王府和颐和园、圆明园等许许多多的建筑，最好再看东陵、西陵、老公坟。这些还只不过是跟宫廷的统治活动和日常生活直接发生关系的一部分建筑而已。作为一个完整的、更高一级的系统，还必须去看各类平民百姓的住宅、店铺、市场和庙宇等等。看了这些，对皇帝专制政权的了解就会全面得多了，没有一本书可以写得这么形象化而有说服力。只看一个故宫是远远不够的。

前不久，一位文物专家评论侥幸还残存些古建筑的北京皇城，说其中只有6.3%的古建筑有保护价值，其余的93.7%的古建筑没有保护价值，可以拆除。这位专家的主张和真正的文物建筑保护理念根本搭不上边。他所谓的“价值”，无非是建筑的社会政治地位高，“品相”壮观精致和完好，他所谓的“没有价值”，就是普普通通貌不惊人。他的价值观是陈旧的唯古、唯贵、唯美的建筑师的价值观，与当代文物建筑保护向科学化和民主化进一步发展的大方向恰恰相反。其实，皇城里那93.7%的古建筑，同样蕴涵着大量关于君主专制制度和京都居民生活的历史信息。正是它们，加上那些壮观、精致、品相好的建筑和故宫一起构成了一个社会性的整体，完整性和原真性在这里是完全统一的，没有完整性就没有原真性。在北京城的整体遭到破坏之后，这个社会结构性整体应该是一个统一的文物建筑保护单位，皇城不能仅仅作为故宫的“缓冲区”而存在。

但是这样的专家并不孤立，而是颇有同道。有些历史文化名城的“保护规划”，竟明明白白地写着：“保护区内的破旧房屋一概拆除。”但是决定古建筑有没有价值的，不是破旧与否，而是它在保护区功能结构中的意义：它携带着多少历史信息，多少文化信息，这些信息的特点，以及它们和保护区中其他文物建筑的结构性关系。

这种结构关系存在于某种历史条件下功能完整的聚落之中，所以，为了保证文物建筑的丰富性、全面性和系统性，最理想的方法是保护各种类型的城乡聚落，那才是真正的历史教科书，它们不但具有完整性和有机性，而且便于阅读。

国际上，这个理想已经被接受，而且有些国家已经着手实施了。看一看半个世纪以来文物建筑保护理念的发展历史便可以十分明白。20世纪60年代，提出文物建筑的科学价值观和保护原则（《威尼斯宪章》），那时还把注意力主要放在个别有特殊价值和纪念意义的建筑上，到70年代，提出保护建筑群（《内罗毕建议》），80年代，提出保护城市（《华盛顿宪章》），90年代，提出保护乡土建筑（《墨西哥宪章》），刚进入21世纪，又提出保护工业建筑。关于文物建筑保护观念的这个发展轨迹是十分清晰又十分肯定有力的，这就是“大势所趋”。虽然，在我们中国，这个发展是不可能完全实现的，但我们不能不了解这个世界性潮流的发展，只要有一丝机会，我们就要尽力争取去实现它或者接近它，哪怕是只有一处两处。

进一步，作为结构性系统的城乡聚落，又有多种多样的类型，也就是还有它们的类型性系统。例如，有农业聚落，有农业兼手工业聚落、商业兼运输业聚落；有作为行政中心的聚落，作为祟祀中心的聚落，作为军事据点的聚集；还有血缘聚落、业缘聚落、戍兵解甲还田定居的聚落，等等。所以，聚落的类型又是非常丰富的，各有各的特色。

为了争取文物建筑的总体能成为全面涵盖国家整个历史的物质见证，一个国家的文物建筑就要包含各种类型的城乡聚落，于是，进一步，合乎逻辑的结论是，几乎是所有有一定年限的古建筑都应该作为文物保护下来。在欧洲和美洲，这正是实实在在追求的目标。有些国家，例如意大利和美国，已经规定，凡五十年以上的老房子，就自动成为受保护的文物建筑。而在我们看来，这简直是不可思议的虚幻的梦想，也确实根本不可能实现。

但我们总不能徒然望洋兴叹，无所作为，或者虽临渊而有羡鱼之心，却无退而结网的志气。不过，多多少少，我们也应该有点儿理想，也来追求文物建筑总体的丰富性、全面性和系统性，哪怕进一小步也好。

要抢救我国文物建筑的多样性、系统性和全面性，使受保护的文物建筑整体成为我们国家完整的“史书”，便必须抢救乡土建筑遗产。

乡土建筑是我国文化遗产的一个极为丰富又极为重要的宝库。因为中国经历了漫长的农耕文明时代，一直到上个世纪之初，农村在长时期里是中国经济和文化重心。有历史学家概括说：西方文明是城市文明，中国文明是农业文明。这个说法大体是准确的。我们有一大批发育得很全面、很成熟的村落，蕴含着丰富的历史信息，农村，是中华民族文化的摇篮，是宝库。除了农业之外，手工业生产，如陶瓷、纺织、印染、制纸、造墨、活字印刷、打铁、竹木器具、农副产品加工等的中心都在农村。徽商、晋商、江右商等大都出自农村，他们在村落中留下了极为重要的历史资料，反映着一种新的社会机制的诞生。如今称为“非物质文化遗产”的，在中国，大多数出自农民之手，如年画、剪纸、皮影、山歌、民谣、腰鼓、高跷、抬阁、龙灯、龙船、武术、杂技、地方戏曲等等。包括城市在内，建筑匠师都是当年的“农民工”，农闲时节，他们背上家什，四出谋生。在南方富庶地区，不少农村的建筑环境不亚于城市，北方的贫寒地区，不少城市的建筑环境并不高于农村。

中国农村有几个非常重要的特色而为其他国家所没有。第一是，大部分正常发育的村落都是血缘的，它们在宗法制度的笼盖之下，由宗族实行自治式的管理。第二是，整个中国的农民们的形而上的信仰都是万物有灵论的泛神崇拜。第三是，从隋唐以来，1300年的科举制度给了平民子弟以读书进仕的机会，这制度促进了文化的普及，直到农村。第四是，中国有50多个少数民族，他们长期生活在农村，几乎每个民族都有自己独特鲜明的文化。

所有这四个特点，都强烈而鲜明地表现在乡土建筑上。宗法制度有宗祠、香火堂、义仓、义学、养老院、贞节牌坊等等。泛神崇拜有根本说不清多少的神，他们大多有庙宇和戏台等等。科举制度则有书塾、文昌阁、奎星楼、文会、文峰塔、进士牌楼之类。在宗族管理之下，这些公共建筑和住宅形成有一定规划的村落整体。

少数民族的建筑更是五花八门，居住建筑各有各的形制、构造和样式，还有各民族特有的公用建筑和场所，如庙宇、碉楼、鼓楼、花桥、芦笙坝之类。

这些都是中国特有而为世界其他各国所无的乡土建筑，而且都是最有特色的建筑，它们是中国人民杰出的创造，对世界文化极有价值的贡献。

所以，要了解中国的历史，要了解中国的古代文明，就必须了解中国的农村，不了解中国的农村，是不能充分了解中国的历史和文明的。然而，中国的农村，除了极少量家谱和碑文上的零星记载，并没有系统的文字资料。而且，由于中国文人的习气，那些极零星片断的记载也多说不明白，更说不准确。因此，村落本身就成了了解中国历史和文化的最重要信息源之一。

村落的建筑环境是农村生活的舞台和布景，因此农村生活、农村文化、农村历史的方方面面，都在农村建筑环境中留下了或明或暗的印记。千村千面，各有特色。正是这种历史信息的丰富性，使农村聚落成为可供我们从各个角度、各个方面去选择、去保护的文物建筑的富矿。

可惜，我们到现在还没有普遍而充分地认识到村落的价值，尤其是它们作为系统性有机整体的价值，因而还没有以足够的力度抢救它们。

然而，紧急抢救它们是必要的，它们正极其迅速地毁灭着。

有两个实例可以有力地说明抢救乡土建筑遗产的急迫性。

浙江省西南角有一座仙霞岭，岭上有个仙霞关，是浙江通往福建的咽喉，有四道关门，自古以来就是兵防要地。关外（南）有个村子，叫廿八都，不大不小，八百来人，却有143个姓氏，13种方言，更特别的是在这些方言之外又有一种本村通行的“普通话”。姓氏与方言之多，是因为居民中有一部分历朝历代守卫仙霞关的“退伍军人”的后裔。廿八都村里有一座三等游击将军衙门（浙闽枫岭营），郑芝龙或民族英雄郑成功可能在这衙门里驻守过。衙门墙外有一片空地，是当年的练兵场，场侧有一座纪念阵亡将士的忠义祠。关隘、村落、衙门、练兵场和忠义祠是一个完整的防御系统工程（营盘和骑射场已毁）。这一组古建筑，历史信息丰富而有特点，很难得。上世纪80年代，只有衙门比较残破，门道和前院两厢虽然还在，但后院被占，中厅拆掉了。仙霞关的内（北）侧则有峡口镇，曾经是同知衙门的驻地。可惜，后来作为文物建筑保护并且维修的，只有光秃秃的关墙，墙体是石头垒的，不长也不高。关门内侧本还有些民房，是给挑脚过路的苦力们打尖或者宿夜的，虽然“不高级”，却很可能提供当年戍兵营房和军官府邸的一点信息，但竟在近年维修关门时被拆得光光。现在，廿八都古村里里外外都建起了新屋或者改造了店面，游击将军衙门前院两厢各自只剩下一间，其余的被三层楼的白瓷砖新屋占掉了。练兵场上造起了新屋，倒还剩下一点空地，长满野草。没有任何保护措施，眼见得日趋零落。山沟里、驿道上，作为文物保护下来的那几道关墙孤苦伶仃，算是什么呢？

江西省广昌县驿前村，位于自北而南的官驿道边，驿道在这里分岔，一路向东去福建，一路继续南下去广东。岔口上有个官驿站。驿前村离驿站不过一箭之遥，紧靠在抚江上游，水面大致三十米左右宽。这村子由于位居交通要冲，曾经十分兴旺发达，经济繁荣，带动了科甲连登。过去，它有二十多座庙宇，三十多座祠堂，一条穿村而过的街上连绵排着店面七八十家。大型的住宅，当地叫作官府，也是门墙相接。村尾有一座文昌阁，村左江边有一座“文馆”。驿路废掉之后，由于地位偏僻，村子没落了，几十年的荒废，到现在，只剩下一座关帝庙，十来座祠堂，文昌阁和文馆倒还在，只是振兴不了村了的文运了。在零星断残的老屋间，还可以看出当年曾经有过的辉煌，都是乡土建筑第一流的精品。文馆依河缓缓弯曲，这里从前是村子的文化中心，村里有身份的读书人，天天趁闲来坐坐，喝茶、吃小点心、弹琴、吟诗、交流学问。村里年轻读书人，秀才们，每月两次到这里呈交文卷，请前辈们评点。这座建筑，还有可能和以反清复明为宗旨并以河运为业的“洪门帮”有关系。四乡八村的人都叫它“船屋”，前院里一个三开间的小轩，内部顶棚是船篷形的，确是仅见。不过它和洪门帮的确凿关系还有待证明。村子里街屋墙上有墨刷的洪门帮的口号和神谶。现在，这座村子还有没有可能挽救？怎样挽救？挽救的前景如何？都十分难以设想。但，凡去看过的人都要大声喊叫几声“可惜”。

怎么办呢？

当今之时，文物建筑工作面临着多少抢救任务，这是历史性的任务。所以说，我国的文物建筑工作正处在紧急抢救时期。抢救的不但是有深厚历史文化内涵的建筑、建筑群和聚落，而且是我国文物建筑整体的丰富性、系统性和全面性。它们都是转眼之间便会彻底失去的。抢救的第一步是突破传统的障碍，扩张文物工作者的视野，从“古老”“高档”“宏伟壮丽”和“精雕细刻”等士大夫的狭隘偏见中跳脱出来，放眼去看蕴藏在城市和乡村中的貌似平常普通却蕴含着我们各民族重大历史信息的“下层社会”的建筑、平民百姓的建筑、各种功能的建筑。没有这些建筑来形成一个丰富的、全面的文物建筑的完整系统，我们的文物建筑群体就是不完整的，它们形不成完全的中华民族的历史实证，只能是些断简残篇。近代最杰出的学者之一梁启超说，一部二十四史不过是帝王家谱和断烂朝报而已，我们总不能继续把文物建筑当成帝王家谱和断烂朝报的插图。

要拓展文物工作者的视野，根本在于真正建立科学的文物建筑的价值观。从这个价值观出发，去着手文物建筑的保护。

原载《中国文物科学研究》2006年第1期

文物建筑保护是一门专业

文物建筑保护是一门专业，它有自己独立完整的学科体系。在西方各国，只有获得专门资质执照的人才能从事文物建筑保护工作，其他的人，包括执业建筑师，都不被允许去维修文物建筑。正因为如此，一些大学成立了文物建筑保护专业，大一些的国家，如意大利、英国、美国、德国等等不用说了，就是一些小国家，如荷兰、比利时，也各自有好几个大学设立了文物建筑保护专业，在国际上还很有名气。不过，建筑学的专业功课有不少是和文物建筑保护专业的功课相同或相近的，所以，建筑师只要再进修若干门专业课程，相当于硕士的学历，便可以通过考试取得文物建筑保护师的资格。西方人把这个“补课”叫作给建筑师“洗脑筋”，因为它的作用主要是改变建筑师的专业性习惯观念和思维方式，他要树立的基本观念是：文物建筑的本质特性首先是文物，其次才是建筑，因此，一个专业建筑师并不当然就懂得文物建筑保护，他必须从头学习关于文物保护的基本原理和方法论。

文物建筑保护专业的课程包括很多方面的系统的知识，当然，必有一系列关于文物建筑保护基本理论的课程，这是整个专业的根本和出发点。

我们中国人这些年来很乐于引进西方东西，从麦当劳快餐到解构主义哲学，偏偏对这个文物建筑保护专业没有正常的兴趣，而我们却又常常以几千年文明史来炫耀。这说明，我们对文物建筑保护这件事多么地缺乏基本的认识，不少人到现在还不认识它是一门独立的科学，不重视基本学术的建设，甚至没有建立专业文物建筑保护的系统化的政府机构。不重视专业人才的培养，这是中国文化根本性的痼疾之一。1988年，联合国教科文组织来中国审查申报世界遗产的项目，他们在报告里说：中国“没有真正的经过专门训练的专家”，因此，“培训的问题是第一位的”，“培训和教育的问题应该在国家总的体制中提出”。他们建议，要在各级普通教育中都介绍关于文物建筑保护的观念，尤其要教育政府官员。但是我们到现在还没有正规地实现这些非常重要的建议。

西方人最后建成这门科学倒也不很早，直到20世纪中叶才渐成体系。但一旦这门科学成熟之后，就发挥了很大的作用，改变了文物建筑保护的整个面貌，而我们不少人却还在念叨“修旧如旧”这样模模糊糊的简单化口号。连北京的大房地产商也看到了中国文物建筑保护理论的薄弱，于是用肤浅的“人道主义”来抓文物建筑保护工作在理论上的软肋，甚至主张除故宫之外，整个北京城都可以拆光，好给他们的“开发”让出地盘。

西方文物建筑保护学科成熟的标志，是先后克服了英国浪漫主义文人的观念和法国建筑师的观念。这两种人曾是19世纪欧洲文物建筑保护的主要力量。浪漫主义诗人其实并不真正重视古建筑的保护，他们只是欣赏和歌颂古代废墟的凄美。他们认为生死是天道之常，而残毁的废墟最能引起人们对这个天道之常的深情感慨。他们甚至伪造一些废墟，在断壁残垣中徘徊、凭吊，吟颂哀伤的诗歌。克服这种所谓的文物建筑保护流派是比较容易的，而克服以法国建筑师们为代表的文物建筑保护观念就足足用了一百多年的时间。

建筑师保护文物建筑的基本观念，主要是从感性的审美出发。为什么要保护文物建筑，他们的回答是：因为它们好看。体形好、轮廓好、比例好、层次好、品相好、细节也好，好就是好看，美。这个观念影响到他们“保护”文物建筑的方法：在修缮文物建筑的时候，可以采取措施给它增添一些，减去一些，改变一些，使它“更完美”，或者使它的美更便于欣赏。这是“打造”文物建筑。在城市改建的时候，把文物建筑当作“对景”“艺术焦点”“节点”，给它们布置“视线通廊”，把妨碍它们“亮出来”的“没有价值”的普通房子统统拆掉。为了把城市搞得比历史上的真实状态“更美”，他们会在里面增加“艺术亮点”，或者减掉些什么“平庸”的东西。这种对文物建筑保护最有害的认识，对文物建筑保护最片面的理解，却非常难以克服，只要人类还爱美，这种错误倾向便会存在，一再呈现出来。因此，到了20世纪中叶，西方人才痛切地认识到，百年来，建筑师们给文物建筑造成了多大的伤害。

19世纪晚期，西方开始酝酿一种全新的文物建筑保护理论，向建筑师保护文物建筑的观念挑战，动摇了一些建筑师自以为当然懂得文物建筑保护的虚假认识。

稍早一些，欧洲考古学勃兴，成果轰动一时。埃及、小亚细亚、西亚和克里特岛的建筑废墟证明了欧洲早期的历史。“建筑是历史信息可靠的携带者”“建筑是历史的物证”，这种信念深入了人心。法国的浪漫主义作家雨果也说出了“建筑是石头的史书”这样的话。

稍晚一些，欧洲又兴起了社会学，学术界的兴趣向普通人平常的社会现象转移，不再集中在古今帝王将相们的身上。在历史学界，20世纪初年，产生了年鉴学派，把社会学引进了史学，于是，向历史深处探索的面也拓宽了。就建筑遗产保护来说，就不再把眼光局限于教堂、宫殿、府邸等艺术质量最高的纪念性建筑，对建筑遗产的评价也超越了艺术这个过去几乎唯一的指标，而渐渐趋向更多地注重“普通”而“平常”的百姓们的建筑和它们的社会历史意义。

在这种情况下，人们把各个层次、各个方面的建筑遗产主要看成了认识整个社会历史的实物见证。于是，评价文物建筑的第一位指标是它的历史的真实性，它所携带的历史信息的数量和质量。所以，保护文物建筑和城市，第一重要的是保护它们真实的原生态，不许为了“美化”它们而使它们失真。

认识上有了这样的飞跃，文物建筑保护就逐步走向独立的学科。但建筑学的传统在这个领域内根深蒂固，因此，新生的文物建筑保护学一直到20世纪后半叶才在欧洲彻底战胜在这个领域里错位包办了100多年的建筑学，从浅层次的感性唯美的认识提高到深层次的理性的认识。这时候，它已经充分完备了自己的理论体系、知识体系和方法论体系，也就是一个完整的学科体系。这之前，以感性审美为基础的文物建筑保护并没有形成过完整的理论体系和知识体系，它不可能做到这一点，因为它缺乏科学性。也就是从这个时候起，一般建筑师不再是“当然的”文物建筑保护师，他必须“洗脑筋”并且学习一套新的专业知识才能胜任文物建筑保护的工作。同样有意义的是，新的文物建筑保护理念大大扩大了文物建筑的内涵，从高艺术、高身价的“贵族”建筑扩大到了平常人的平常建筑，文物保护界最重要的国际组织ICOMOS于1964年通过的《威尼斯宪章》基本建立了文物建筑保护的科学理念和方法论原则，1999年它通过了关于保护乡土建筑的《墨西哥宪章》，2003年，又正式倡议保护工业遗产。这样向着文物建筑保护的全面化和系统化的发展对人类文化遗产的保护有很重要的意义。

于20世纪中叶成熟，在以后的三十几年中不断发展，到20世纪90年代才趋于完备的国际主流文物建筑保护理论是一门新兴的科学，是当代先进的文化，它不是怀旧的，它不“敬畏传统”，不美化历史，它是为了发展而去反顾整个历史，把文物建筑主要当作全面认识历史的教材。古建筑有许多价值，最基本的是作为历史的实物见证，不论历史是辉煌的还是悲怆的。文物建筑是历史信息最丰富、最典型、最有意义的古建筑。从这个价值观出发，终于建构成逻辑严谨、完备的文物建筑保护的科学。这科学的诞生，是对文化传统和传统文化的超越，而不是敬畏。

这样一门科学，在刚刚演出了一场反科学的、由中国的传统文化滋养出来的“文化大革命”之后传入中国，不可能不和中国的文化传统发生冲突。在文物保护工作方面，中国的文化传统是什么样的呢？

可惜，我们中国，许多人至今还没有全面理解20世纪下半叶国际上文物保护理念和方法的重大变化。我们刚刚不久前才有一个大学建立本科水平的文物建筑保护专业，研究生的数量也很少，这就是说，我们国家还没有建立文物建筑保护的专职队伍，甚至没有认识到建立这支队伍的必要性和紧迫性。联合国教科文组织的专家们提出了意见之后已经过去了整整20年，政府里甚至没有从上到下完整的专业化的文物建筑保护的行政管理体系。虽然我们已经有了不少在创业中磨练出来的经验和学识都十分丰富并熟悉国际潮流的专家，但我们文物建筑保护工作者的总体还是以未经“洗脑”的建筑师为主，加上些同样没有经过文物建筑保护专业学习的风景园林专业人员和文人画家，甚至还有一些搞旅游业的人。我们的文物建筑管理职能到了县一级大都归旅游、文教、体育、卫生或广电等部门来执行。有些地方的“一把手”弄不清也不想弄清文物建筑的价值在哪里，出于“政绩”的需要，声言凡不能供旅游开发的一切都没有保护的价值，而对旅游的认识又很低，局限于“拉动内需”，提供经济利益，不懂得“行万里路”和“读万卷书”一样，也是提高国民素质的重要教育事业。然而他们却决定着文物建筑的命运。

可以说，我们的一部分文物建筑保护工作者的观念和方法都还停留在欧洲19世纪的水平上。因为我们被认为“当然”是文物建筑保护专家的中国建筑师中的一些人所受的教育往往是重视建筑物的形式，既很片面又缺乏人文的深度，而且他们的职业主要的是做设计，因此他们中不少人不能理解文物建筑首先是历史文化的实物见证，原真性才是文物建筑价值的命根子，使用和审美价值虽然也很重要，但不是根本性的。我们的建筑师在文物保护工作中提出了“风貌保护”“肌理保护”“仿古保护”“夺回古都风貌”这样的仅仅着眼于感性审美的理论主张，甚至把西方在万不得已情况下采用的只保文物建筑的外立面，而改掉内部的做法当作一种正规的“保护”方法，写进正式的文件。我们有些建筑师的认识比典型的19世纪欧洲建筑学大师对文物建筑和文物建筑保护的理解还更落后。也是因为对文物建筑价值的片面理解，在讨论历史文化古城保护的时候，一些建筑师提出了“微循环发展”“有机更新”这类单纯着眼于发展和更新的主张来代替保护。有些“专家”非常轻率地判定某些有重要而丰富的历史文化信息而貌似普通平常的建筑“没有价值”“可以拆除”，甚至连北京的皇城里都只有不足7%的古建筑值得保护。请设想一下，如果皇城93%以上的建筑都“有机更新”或“微循环改造”了，只剩下6%多一点的老房子，东一座，西一幢，找都难找到，那将是个什么局面呢？

这种错误的文物建筑价值观，还导致把所谓“布局完整”“风格统一”的充斥了假古董的村子作为历史文化名村保护起来，混淆了是非，产生了很坏的导向效果。同样又是这种错误，导致了把北京琉璃厂和南池子的面目俱非的改造当作古都保护的样板，和当权者一起夸奖它们为古都改造的“新思路”。甚至北京的平安大道，用一些粗制滥造的仿清式建筑的零件碎片装饰一下，也叫作“保护古都风貌”。建筑师观念的另一种更有害的表现则是片面的功利思想，尤其当涉及民间居住建筑和公用建筑的时候，只关心使用价值，缺乏历史感，会把保护文物建筑和发展新城市人为地对立起来，而不是去化解它，连起码的保护意识都没有了。这时候他们便会成为急功近利的长官甚至唯利是图的开发商的帮手。有些建筑师由于职业习惯的限制，不能理解和接受关于文物建筑保护的基本原则，如可识别性、可逆性、最低程度干预等，他们喜欢“再现历史盛况”和“打造典型古代村落”等等，甚至主张“仿古建筑也是文物”，这时候，他们又会成为一些只图赚钱的旅游业者和GDP挂帅的长官的同盟军。一些在建筑界很有影响的人物甚至提出了“开发性保护”的荒谬主张，成为破坏文物建筑保护的“指导思想”，为害无穷。

我们有些活跃在文物建筑保护工作中的建筑学专家，至今还把19世纪法国巴黎圣母院的维修和埃菲尔铁塔的建造当作成功的样板，拿来支持他们陈旧的把文物建筑“亮出来”的做法。他们忘记了这两件工作都完成在现代文物建筑保护科学成熟之前，正是建筑师在欧洲还主导着甚至统治着文物建筑保护领域的时期，而思考这类问题，是不可以脱离它们当时的历史条件的。

以现在成熟了的文物建筑保护学的眼光来看，这两件工作都是失败的。

巴黎圣母院的维修者是巴黎美术学院建筑学教授维奥勒-勒-杜克，他是当时文物建筑保护领域的舵把式。他把“美观”“完整”放在真实性之上，对圣母院的外表做了过多的“见新”修饰，以致使它失去了许多岁月沧桑之感。在圣母院拉丁十字形的交点上方，他增建了一座本来没有的尖塔，认为“应该如此”。这些做法的错误在西方文物建筑保护学界已经是普通的认识。

更糟糕的是，为了“亮出”巴黎圣母院，“清除”了它周边古老的市民住宅，认为它们没有艺术价值，而且妨碍了充分展示巴黎圣母院的美。现在，圣母院矗立在广场上、塞纳河边，人们可以从四面八方去欣赏它，这是我们某些做城市和建筑保护的建筑学家认为最“成功”的。然而，从现代的文物建筑保护理念来说，这却是很大的错误。在欧洲的中世纪，教堂不但是神圣的，而且是亲切的，它屹立在教区住宅群中间，像母鸡护卫着雏鸡。教区的孩子出生了，到教堂去接受洗礼，获得名字；长大一点，参加教堂的唱诗班，在教堂主办的学校里读书；结婚了，到教堂去办喜事，事先还要把结婚申请贴在教堂门前张榜；他们每天随着教堂的钟声作息，礼拜天，准时到教堂去望弥撒，顺便和教区的老邻居叙谈一会儿，交流感情；有了烦心或者亏心的事，到教堂里去找神父倾诉，寻求解脱；生病了，到教堂去求医问药；临终前，向神父忏悔，领受涂油礼；死后，埋在教堂旁边的墓地里，永远听着教堂的钟声安息在教堂的影子之下。教堂和教区居民的关系如此亲密，教民终其一生，从灵魂到肉体，都受到教堂的庇护。这样的教堂，怎么可以把它周围教民的房舍拆除，剥夺它的生命力，孤零零地，仅仅作为一个建筑艺术品给人们欣赏？人们本来还可以从它获得关于中世纪丰富的社会、文化、生活各方面的知识。

在教民们普通平常或许有点儿简陋的住宅簇拥中的巴黎圣母院才能够感动人心。在环境中，和原生态的环境发生密切不可分离的关系，是文物建筑真实的存在，一种全面的社会历史文化性的存在，不仅仅是一幢杰出的建筑物孤独的存在。在这样的存在之中，文物建筑才有生命，才能最大限度地保有它的意义和价值。

是保留巴黎圣母院表面的风霜痕迹还是去掉它们，是让巴黎圣母院依旧没有中央尖塔还是给它添上，尤其重要的，是把巴黎圣母院孤立出来，还是保持它和教区建筑、教民生活的亲密关系，这是19世纪直到20世纪中叶建筑师式的对文物建筑保护的理解和当今专业化的对文物建筑保护的理解的原则区别。2005年ICOMOS在西安开会并且通过了《西安宣言》，重申了文物建筑和它原生态的环境不可分割的关系，这关系是保存文物建筑真实性的最重要条件之一。可是，我们不久前刚刚落成的布达拉宫广场，走的还是巴黎圣母院走过的老路。有些地方保护政治历史伟人的故居，也是把左邻右舍甚至整个村子全都拆得精光。其实，伟人幼小的时候，哪个没有吃过东家的糖，喝过西家的汤，受过乡邻们的关爱。那种落后的故居保护做法会在我们的文物建筑保护工作中造成永远不能挽救的损失。

我们应该尽早尽快地发展文物建筑保护的专业体系了，从学术到管理机构到人才培养的专业化。晚一天就会有一天的损失，我们已经损失不起了。

原载《世界建筑》2006年第8期

乡土建筑的价值和保护

一个物种的灭绝是重大的损失。全世界都已经警觉起来，尽全力保护濒危物种。成立了组织、设置了基金、开展了宣传，也立下法律严厉惩办胆敢伤害这些物种的人。不但熊猫和金丝猴成了全人类的宠物，连一些品种的苍蝇都成了宠物。人们花了很大的力气节制自己的生育，却花了很大的力气促进它们的生育，表现了高贵的绅士风度。

但是，一种文化的灭绝是更重大的损失，似乎世界还缺乏足够的警觉。我们的乡土文化是最大多数人的文化，由整个民族在上千年的时间里塑造、锤炼、丰富、积累而成，有的已经消失，有的正处于濒危状态。

乡土文化最大的一宗，并且作为乡土文化存在与发展的物质环境的乡土建筑，正在迅速地走向灭绝。如果不赶紧下大决心抢救，我们将永远失去它们，那损失难道会比死光了大熊猫或者金丝猴小吗？但是，我们的保护组织呢？我们的保护基金呢？宣传呢？有多少乡土建筑被置于法律的保护之下了？

乡土建筑直接服务于最大多数的人。几千年的农业国家，乡土建设是根本，乡土建筑是祖祖辈辈建设乡土值得骄傲的成果。乡土建筑是中国古代建筑中最活泼、最富有生活气息的部分，最富有人文精神。

时代变了，乡村正走向现代化，乡土建筑还有什么价值？

乡土建筑系统的整体，包含着至少十几个子系统。礼制建筑、崇祀建筑、居住建筑、文教建筑、交通建筑、生产建筑、商业建筑、公益建筑，等等。每个子系统里又有许多种建筑。乡土建筑的文化内涵几乎包容着乡土文化的一切方面。

人们早就懂得，要了解中国，不能不先了解中国的农村，而要了解中国的农村，就不能不了解中国的乡土建筑。看到从总祠、分祠、支祠到香火堂秩序井然的礼制建筑系列，看到居民住宅按房派聚集在各级祠堂周边形成的村落的团块结构，看到宗族对村落建设包括村落的布局、水系、街巷、个体建筑的形制和高矮大小的管理，看到它对房屋买卖的严格控制，看到祠堂里庄严肃穆的仪式和炫耀宗族光荣、教育子弟崇德尚礼的楹联、匾额，你才能真正了解封建宗法制度和组织的力量。看到小小山村里的义塾和书院，看到那里巍然高耸于低矮的住宅之上的文昌阁和文峰塔，看到宗祠前为举人进士竖立的旗杆和村口的牌楼，看到住宅槅扇窗上精细的“琴棋书画”或者“渔樵耕读”的雕刻，看到作为村子重要风水的文笔峰和“文笔蘸墨”，你才能真正了解农村的“耕读文化”，了解“朝为田舍郎，暮登天子堂”的科举之梦的重大意义。看到挂满了皇帝诰命的节孝祠和一座座奉旨旌表的贞节石坊，看到围着高墙挖空心思层层设防严分内外的“大家”住宅，看到布满了精致的雕饰以致看不透的门扇和窗扇，看到造屋过程中的礼俗和禁忌，看到寡妇再醮时走出宅门的种种规矩，你就能知道妇女们在封建时代所受的歧视和压迫有多么可怕。长期以来，人们一提到旧民居就津津乐道它们的严分长幼尊卑，但深入了解了民居的建造、使用和居住习惯之后，就能知道，比严分长幼尊卑更受到关注的是多子多孙，传宗接代。妇女是生孩子的工具，住宅主要是繁殖子孙的场所。所以，在徽州，有“大儿娶亲，父亲让房；二儿娶亲，父母上楼”之说。作为尊长的父母并不总是住好房间，而要把好房间让给准备生儿育女的下一代，直至让到冬季严寒、夏季酷热的楼上去。禁锢妇女，也是为了保证子女血统的纯正。当然，你还可以在乡土建筑中看到许许多多，知道许许多多。走进一个村落，你就像走进了历史，走进了文化的深厚的沉积层。在这里你能得到任何图书馆、任何博物馆都没有的知识。

通过乡土建筑了解乡土中国进而了解整个中国，这就是乡土建筑不可替代的认识价值。认识历史、认识社会、认识文化、认识生活，进而认识中国农民直至整个中华民族，这就是乡土建筑不可替代的认识价值。

乡土建筑还有它的审美欣赏价值、使用价值、情感价值，还有为当今的建筑创作提供智慧的价值。

乡土建筑的情感价值埋藏在我们生在这片土地上、长在这片土地上、为这片土地流血流汗的人的心底里。村口有一座小的骑路凉亭，上山砍柴的、下田插秧的，都要在这里歇一歇，哥儿们问问起居、谈谈家常，亲切的乡情解去一身的疲乏。缸子里有草药浸泡的茶水，柱子上挂着一串串的草鞋，灶边堆满了柴禾给你煮竹筒饭，这些你都可以随意免费享用，不知是哪一位大爷大妈送的。年轻的媳妇在这里送别了出门谋生的丈夫，从此每逢初一、十一，都到凉亭里烧一把香，祈祷良人平安，盼望他早早回来。你自己进城读书，母亲也曾送你到凉亭，千叮咛、万嘱咐，包袱里有一条裤子，兜里装着几个钱，饥了买点吃的。如今你回来了，两鬓斑白，转过“狮象把门”的水口，凉亭还在，虽然母亲墓前的松树已经长大，你却分明看见她站在亭里迎你，依然是当年的慈颜，你的泪水哗哗地流了下来。村边有一座五通神庙，庙后荒草下的瓦砾堆里的蛐蛐特别能咬仗，牙钳子是紫黑色的。小院里有一棵乌枣树，你从来不敢去摘，因为庙里的神像太凶恶可怕。但是你小学三年级时出麻疹，父亲杀了一只鸡到庙里许了愿，你就很快退了烧，五通神原来很和善。所以你能记得庙门上旧时的对联是：“念百姓疾苦，保一方平安”。说起那五间四厢的老宅，你的话就更多了。你在西厢的廊下读蒙书，母亲在正屋的廊下纺线，你的书声弱了，母亲便停下纺车，过来摸摸你的前额。天天晚上都要在廊下磨豆子，颤颤抖抖的菜油灯照着父亲推转石磨，母亲坐在磨盘边上一勺勺添豆添水。不等天亮，父亲就挑起豆腐上集叫卖去了。一过冬至，廊下推出了石臼，母亲把热气腾腾的晚米饭倒进臼里，父亲光着膀子高举起木杵一下一下把米饭捣烂，你和姐姐们架起一块门板，把捣烂了的米饭按在模子里做成年糕。端午节前，蚕茧落了草，亲戚邻居的姑娘们把丝车搬到你家廊下，凑到一起热热闹闹嘻嘻哈哈地煮茧抽丝，手指烫得通红。你游手好闲，在丝车之间窜来窜去，拣又白又肥的蚕蛹来吃。忽然间，你看见了她明亮的眼睛，于是，她现在跟你已经共同度过了大半生。

乡土建筑里埋藏着爱的记忆。这不是一个人自己的记忆，这是千千万万人共有的记忆；这不是记忆一个人自己的琐事，这是记忆我们整个民族的生活、生活中蕴涵的哲理和人文精神。这记忆汹涌如大海的浪涛，化成我们对祖国无限爱恋的感情。“将军白发征夫泪”，为这个祖国的独立和繁荣，历代的志士仁人曾为它牺牲自己的一切。

认识价值、情感价值、使用价值、审美欣赏价值，就因为乡土建筑具有这些价值，所以，乡土建筑对一方乡土，对整个国家，都是意义重大、不可替代的。根本不能说，这个国家或地方的乡土建筑，比之于那个国家或地方的价值是大了还是小了。这些价值的综合意义远远大过于给当今的建筑设计做参考的价值。因此，爱惜乡土建筑，不仅仅是建筑学界的事，更应该是全社会的事。

乡土建筑是人民的财富。既是物质财富，又是精神财富。我们难道不能像保护熊猫、保护金丝猴那样，要求全社会来关心乡土建筑的保护？一个物种的灭绝诚然可惜，应该不惜代价去抢救，那么，一个文化的灭绝呢？我们怎么能坐视乡土文化最重要的一部分、乡土文化最重要的载体，在我们面前灭绝呢？没有了乡土文化，我们的文化便是贫乏的、灰暗的、不健全的。

我们不能奢望保护多少乡土建筑，那既不必要也不可能。但我们总能要求平均每一个县保护一两处、三四处农村聚落，选那些典型的、完整的。是聚落而不是个体的民居、个体的祠庙。一个聚落的综合价值比个体的建筑大得不可比拟。我们的研究和保护都应该从个体或单种类型，如民居，转移到整个乡土建筑的系统上来。

保护乡土建筑，当然是要保护它的基本价值。这种保护既应该是科学的、又应该是充满了健康的感情的。科学的，是要对历史的真实性负责，不要歪曲了乡土建筑的认识价值；充满了健康的感情的，是要对人们心理的真实性负责，不要歪曲了乡土建筑的情感价值，使人们在一片虚假之前失去了精神的寄托。真实性是乡土建筑保护的根本要求。

近几年，有些地方，有些长官，也看到了乡土建筑的价值。但他们看到的是它们的旅游价值而不是文化价值，把它当作旅游资源而不是文化资源。他们感兴趣的是“开发”而不是保护。为了开发，也就是为了立竿见影的经济效益，他们忙于“推销”甚至“促销”，于是乎给乡土建筑“包装”。这“包装”，便是“无中生有”“虚中生实”地改变乡土建筑，聚落或者民居、祠庙，改变它的本身，它的环境和它的文化内涵。改变了来迎合当前旅游市场的口味，低俗而粗鄙。比如个把“富有大胆想象力”的人，把个好端端的村子毫无根据地附会成太极八卦之类。这样的“开发”“促销”，恰恰是破坏了乡土建筑最珍贵的、最有恒久意义的那些根本的价值。急功近利的做法能够在短期里赚些钱，但是杀鸡取卵，稍稍往长远里看，那损失可是再也挽回不了的。“砍树的长官有政绩，种树的长官没有政绩”，这种荒唐的现象在乡土建筑的“开发”和“保护”上再现着。不及早防止，不及时纠正，那些“政绩”的追逐者会毁了我们的乡土建筑。不能再让它继续下去了。对那些人，要动用法律和行政的手段才行。

但是，在当前的情况下，做一个保护规划，单纯用法律武器和行政手段来保护一个古老的农村聚落，那大概也未必妥当。房子是居民的，他们有自己对生活的理解，追求他们所理解的未来生活。保护一个古老的农村聚落，必然会给村民带来一时的、某些方面的不便，甚至会使他们蒙受不小的损失。我们不能简单地从上而下强制他们接受我们的思想和要求。因此，除了宣传、说服之外，不能不尽量在保护工作中使居民得到物质利益。物质利益当前主要只能从旅游业获得：一方面，增加就业机会，比如办旅店、饭店、商店，卖各种手工艺品、纪念品；另一方面，提高生活质量，比如修道路、装路灯、造公厕、改善环境卫生，等等。发展旅游业，对居民还有一个重要的好处，这就是增长见识、活跃思想、提高文化水平。这好处不像往口袋里装钞票那样教人容易产生满足之感，但它能给村民的长远未来开辟广阔的道路。要不懈地向村民解释这种好处。村民们得到了一定的物质利益，理解了长远的好处，这样才会支持保护乡土建筑的工作，采取合作的态度。这种支持和合作必不可少。保护工作，无论如何不能让村民们觉得是强加给他们的，他们仅仅是无条件的接受者，而且要为他们还不能理解的那些文化价值付出代价。

目前利用古老农村聚落开展旅游业，不可避免会干扰乡土建筑的保护。这就要求保护工作者小心翼翼地、有原则地守住一条界线，无论如何不能使乡土建筑、它的环境和文化内涵受到伤筋动骨的损害，也就是不能让乡土建筑的各种基本价值受到损害。但某些表面的、暂时的、可以修复的让步则恐怕是必须的。商业气氛强一些，文化品位低一些，我们所面对的，毕竟是现实，村民们最关心的是“好处”。如果我们不做一点让步，我们便得不到村民的支持和合作，那么，我们可能一事无成，反倒把乡土建筑毁光拉倒。只要每县一两处、三四处应该保护的村落和它们的环境能够存在，它们的文化内涵不受歪曲，总有一天，我们或者我们的后代会有机会洗刷它们身上的尘垢，使它们蕴涵的文化价值大放光芒。我们现在建议的策略是，只要保住它们就好，不在乎某种程度的碍眼和吆喝。如今，父老乡亲们太需要赚那几个钱了。

保护乡土建筑的真正困难是，怎样同时保证村民生活的现代化。

拿住宅个体来说，困难似乎并不很大。好多地方都有一些例子，可以在不明显损害古老建筑的原貌的前提下，改装室内，使它光洁亮堂，有浴厕卫生设备，也可以装空调。费用并不很高。但就整个聚落的保护来说，困难就很大了。有一些甚至不可能在相当长的时间里正面解决。例如，村民在哪里造新屋？按“国土法”的规定，新屋只能在旧房基址上造，这就是说，要造新屋，必须拆掉古老的住宅。这个“国土法”并没有和“文物保护法”协调，听谁的？如果不拆旧屋，新屋又能造在哪里？又例如，要不要在村子里开消防通道？怎么开？一千来人的聚落里一开消防通道，聚落就没有了。这好比医生先把病人弄死再给他保健。但是不开行吗？而且，没有通行汽车的道路，急救车开不进村，村民得了心脏病怎么办呢？难道就永远不让救火车和急救车进村？我们保护了古老的聚落，却不保护村民！允许这样做吗？不说丧气话，说句喜庆的，村民买了汽车怎么进村？放在哪里？短期内，矛盾或许还不尖锐，长远了可不行。

于是，问题或许得绕开困难走才能解决。首先，选择保护对象的时候就要考虑到这些问题，优先选小一点的聚落，选村民正陆续外迁或者将来会大量外迁的聚落。这样的聚落是有的，例如：过去的水陆码头而现在失去了功能的；附近有新开的公路经过，村民纷纷到公路边造屋做生意以致旧村渐渐荒废了的；也有一些村落，由于历史的原因，外出工作的人很多，村中老人逐渐亡故，居民日益稀少；等等。第二，村落很有价值而人口并不减少的，则在旧村的旁边另辟新区，给居民在那里建造现代化的新住宅，而让出旧聚落。有些老村子已经自然发生了这种趋势。作为保护对象的聚落可以采取这种办法。这两种措施，都会使受保护的古老聚落缺乏生气，“半死不活”。但这种状态或许是最佳状态，最可行的状态。一个聚落，村民的生活生气勃勃地走向现代化，却又保护了古老的形态，恐怕只能是一种天真的幻想。那种不但保护古老的聚落，而且要村民穿着唱戏的古老服装，保持过去的生活方式，供人参观的所谓“整体性保护”，只能是极少数，而且在极小的范围里。在将来，免不了还得给留在旧村里的人们合理的补偿。

如果只讲学理，那么，文物建筑是不应该搬家的。因为它和它的环境有千丝万缕的关系，搬了家，它所携带的历史信息就乱了套了，它的价值也就会打折扣。这些说法很正确。但是，实际情况却是，一些可以成为文物的个别建筑，民居也罢，祠庙也罢，东一幢西一幢地分散在一个个的村落里，几乎是不可能保护得住的。即使挂上了哪一级保护单位的牌子，也没有什么用处。把它们留在原地，等于把它们抛弃。那么，最合理的办法就是搬迁它们，把它们搬到能够保存它们的地方去。这会使它们的价值受到损失，但是，能把它们保存下来，总比完全毁掉好。这就好像把一些珍稀濒危动物弄到一个人工环境里去饲养一样。我们平素讲的种种学理，主要都是关于“保护”和“维修”之类的工作的，而实际上我们常常面对的是“抢救”，是“死马当活马医”，因此，不得不做一些不合学理的事，但我们要承认这是万不得已的，只要有可能，就应避免。我们还是完整地承认和尊重那些学理，那是世界各国几百年经验教训的总结，概念和逻辑都是科学的。

乡土建筑和自然环境的联系，远比庙堂建筑和市井建筑密切。这是乡土建筑最重要的特色之一。血缘村落的族谱里，一般都有“八景”“十景”，而且记载着大量的吟咏和题记，这些都有很高的历史和文化价值。要完整地保护一个聚落，就不能不保护相当范围的它的自然环境，山情野趣、田园风光以及“风水”。风水术固然是迷信，但村落的风水往往寄托着村民的理想和追求。主要的是两条：一是子孙繁衍发达，二是科甲鹊起蝉联。前者是封建家长制的根本，后者体现了中国上千年的耕读文化。风水也是一种加强宗族凝聚力的因素。一个好的风水“形局”，能使宗族成员不敢贸然外迁。没有这些，乡土建筑的色彩就暗淡了。所以，村落的保护中，要把建设控制区划得大一些，把虽然没有一幢房子的自然环境适当地划在控制区内，至少要包含“小水口”在内。“小水口”大多风景最美，建筑最精致活泼。在划定新建区的时候，小心不要占用了重要的自然环境。

乡土建筑是乡土生活的舞台，必不可少的人为物质环境；乡土建筑既是乡土文化的一个重要的部分，又是乡土文化的重要载体之一。保护乡土建筑，一个聚落，最理想的当然是同时保护乡土生活和乡土文化。但是，在几百上千人居住的村落里，要想完整地保持乡土生活和文化的原状，其实并没有可能。有些地方，让人们穿起古老的服装，做一些平常的事情，招徕游客。这种表演，如果分寸稍稍过火，就会教人看着难过。文物不能作假，生活岂能作假！在真实的生活里，人是主人，在这种虚假的生活里，人只是一些道具，失去了尊严。当然，很有限范围里的表演是可以的，比如某种手工艺的操作，某种工具的使用，等等。这时候表演者不是道具，而是讲解者，知识的传授者，她或他是引导参观者了解某种特定的事物。在绝大多数情况下，传统生活和文化的展示，大约主要只能依靠博物馆、陈列馆的方式。我们尽可能做好展示工作，力求减少损失，而损失是不可能完全避免的。生活毕竟天天在发展变化，对过去的隔膜总是会一天甚于一天。或许可以说，正是这种必然的日益增强的距离感，才更使文物保护，包括乡土建筑保护，那么迫切，那么重要。

保护一个完整的聚落，为的是保护与乡土生活、乡土文化相对应的整个乡土建筑系统，保护乡土建筑的综合价值。所以，应该尽可能地保护聚落中所有类型的建筑，保护各种类型建筑中的所有形制。有一些不很漂亮的、不很精致的、甚至有些简陋或者已经相当破烂的建筑，对乡土建筑的系统的完整性来说却是很重要的。例如，水碓、作坊、枯童塔、申明亭、义仓、长明灯杆、花茶店、轿行等等。没有它们，乡土生活就不能全面地反映出来，乡土建筑的认识价值和情感价值就会大打折扣。这些建筑物往往在聚落的边缘，很容易被新建的住宅“淹没”，也很容易被用作牛棚、农具库等等而糟蹋得不成样子。所以，必须特别关照它们，抢救它们，切不可以只把眼光落在雕梁画栋的住宅和祠庙身上。

一个聚落，不仅是各种建筑简单的总和，同时也是它们在空间中的结构关系。一个聚落，是一个空间系统。这个系统决定了聚落的真正面貌。所以，水塘、空地、街巷等等都是聚落重要的景观要素。要保护一个聚落，就意味着保护它的全部空间结构，也就是要保护水塘、空地、街巷等等。非万不得已，不可以见缝插针地往村子的空隙里硬塞新屋，更不可以填塘造地或者改造街巷。即使所有的老房子都完好无损，但聚落的空间组织改变了，村子的信息系统也就紊乱了。所以，保护工作之前的研究工作，应该包括研究整个聚落的空间组织在内。

因为乡土建筑的价值是认识价值、情感价值、审美欣赏价值、使用价值、创作借鉴价值等等的综合，所以，它的价值和它的年代的久远没有一定的联系。古老的不一定好，晚近的不一定不好。例如，有些古老的村落，在民国初年发生的建筑和格局的变化，非常清晰地勾画出它从自然经济的纯农业血缘聚落向商业、手工业并举的聚落转化的过程，勾画出这个过程的各个方面，细致入微，综合性很强，超过一些专门的学术著作，它对这个历史性转型的认识价值是非常高的。所以，根据年代来评定乡土建筑，决定是否把它作为保护对象，是没有多少意义的。有时还会误事，把年代不很久远但是有很高的认识价值或者欣赏价值的建筑弃置不顾，造成永远不能弥补的损失。我们到县里去，常常会遇到一种情况，有些朋友兴致勃勃地带我们东奔西跑，这里看一座元代的住宅，那里又看一座明代的，都不大，都孤零零地失去了原有的环境，但我们却更对比较完整的聚落有兴趣，哪怕不过是些晚清的建筑。我们应该珍惜年代久远的东西，但我们认为，年代不是唯一的、甚至不一定是重要的价值指标，一定要综合地评估聚落乡土建筑的价值，这样才能正确地决定保护的对象。

总之，保护乡土建筑，应该赶快着手了。农村正在以很快的速度发展，日新月异，确实教人振奋，但同时，乡土建筑天天都在减少。失去乡土建筑，就意味着失去一大部分历史。失去历史的民族多么浅薄。乡土建筑的处境远比白鳍豚和丹顶鹤危急。再说一次，我们不必要也不可能保护许多乡土建筑，但我们总可以希望平均每个县保护一两个、三四个不很大的村落。要保护，就要正确地了解乡土建筑的价值所在，要把它当作文化资源，而不是短期行为的摇钱树。针对它的价值和特点，采取正确的保护路线和措施。

一个文化的灭绝比一个物种的灭绝是更大得多的损失！我们不能坐视乡土建筑灭绝！

原载《建筑师》1997年10月

由《关于乡土建筑遗产的宪章》引起的话

1999年10月，也就是半年以前，ICOMOS大会在墨西哥通过了《关于乡土建筑遗产的宪章》。ICOMOS的全名是“关于文物建筑和历史地段的国际议会”，正式的参加国大约已经超过一百个，中华人民共和国是参加国之一。1964年这个议会通过的《威尼斯宪章》，已经被国际文物建筑保护界普遍接受，也受到我们中国同仁的尊重。

《威尼斯宪章》并没有排除乡土建筑遗产，而且西方早已着手保护乡土建筑，有了很多成绩，却于《威尼斯宪章》通过之后35年，又郑重地通过了这个专门关于乡土建筑遗产的文件。除了泛泛地说ICOMOS重视乡土建筑之外，我不清楚这个文件产生的历史背景。因为十多年来，只管上山下乡在“广阔天地”里搞乡土建筑研究和“鼓吹”保护，跟国际上没有什么接触。从它的“前言”看来，是各国的有识之士近来看到世界文化、社会、经济在转型过程中的同一化倾向，感到乡土建筑遗产的存在十分脆弱，因此特别通过这个宪章来加以挽救。就这一点来说，我们的乡土建筑面临着更加紧迫的危机，处处都在大拆大毁。有些地方，几天之内就可以消灭掉一座积累了几百年文化的村落或者小城镇。北方某省有一个村子在1986年被定为省级文保单位，1989年为建“小康文明村”把奎星阁、文昌阁、文庙、圣庙、真武庙、两座焚帛炉和三座宗祠都拆掉了，说它们“不文明”，这和那昏天黑地的十年里说它们是“四旧”完全一样。南方沿海某省，三年前也铁心要搞“小康文明村”，用推土机、挖掘机、铲车等现代化机械轰轰隆隆把公路沿边的老村子一扫而光，里面就有已经申报为历史文化名村的村落。用如此野蛮的方法能建设“文明村”么？近来又掀起一阵“城市化”大潮，而且要加快速度，“三年大变样”。这种脱离客观的历史进程、主观地拔苗助长的“城市化”，别的不说，对乡土建筑必然要造成一场大灾难。北方有一个小城，早在战国时期已经形成，十字形主街的房屋大多是明清两代的，也为了“城市化”而拆光了。乡土建筑遗产真的是“非常脆弱”。

我并不主张不加分别地保护许许多多乡土建筑遗产，实际上也没有什么人提出过这种主张。但是我主张保护一些“有典型特征”的、携带着丰富的历史信息的、建筑质量比较高的、还侥幸保存着建筑的多样性和建筑系统的完整性的聚落。这样的聚落过去不少，现在则已经所剩无几。精选一些保护起来，本来并不是困难得毫无办法的事，问题主要是当权者的认识难以和国际的文化潮流“接轨”。在现行体制下，没有一揽子当权者的觉悟，我们将一事无成。我们不可能由民间组织利用基金会的支持来做文物建筑和历史地段的保护工作。华北某省的一个村子，格局完整而且特色鲜明，各类建筑都齐全成系统，房屋十分精致，我看了之后兴奋不已，向县太爷苦苦求告，希望保护下来，而且说明，只要不乱拆乱建，二十年内不必花什么维修费。这位县太爷竟一直没有停止掷骰子赌酒。我的嗓门越来越小，终于闭嘴不响，像个瘪三。不知道这样的当权者肯不肯暂时放下杯筷看一看这个《宪章》。

本文所讨论的是作为文物保护单位的历史聚落和古老民居的保护问题，它们是极少量的。至于大量存在的古老民居不在本文讨论范围之内，存废主要由乡民自己去决定。

十多年来，我们一直把村子的整体当作乡土建筑研究和保护的对象。这个《宪章》也有同样的“保护原则”，它说：“乡土性很少通过单幢的建筑来表现，最好一个地区又一个地区地经由维持和保存有典型特征的建筑群和村落来保护乡土性”。我们的看法是，乡土建筑的存在方式是形成聚落，各种各样不同类型、不同功能、不同性质的建筑在聚落里组合成一个完整的系统。这个系统和乡土生活、乡土文化的系统相对应，是一个有机体。一幢乡土建筑只有在这个系统里才具有最充分的意义，发挥最大的价值。分子是物质在常态下具有这种物质的结构和全部特性的最小单元，聚落就是乡土建筑的分子，具有乡土建筑的基本结构和全部特性。任何一幢孤立的建筑或者一种类型的建筑都不具有这一特性。因此，我们觉得，只研究和保护聚落中少数几幢特殊的建筑物而不保护聚落的整体，就会失去大量的历史信息。这份《宪章》里说，乡土建筑是“社会史的记录”，只有聚落的整体才能完全地拥有这种功能。

由于同样的理由，我们不赞成完全按照年代的远近判定一个村子里建筑的价值大小。我们根据的是这些建筑在整个系统中的地位和作用。

当然，保护村落整体是追求的理想。在许多情况下，村落的整体已经破坏，而有些残存的部分或个别建筑还有相当高的价值那就只好保存这些了。

保护一个完整的村落，包括它的“天门”“水口”，特殊情况下还要保护它的茔地，那远比保护孤立的几幢房子困难得多了，不过也不是不可能的，关键在于选点、规划和设计。难度太大近乎无从下手的点不要选，放弃算了。实在太有价值，那就只能请上层当权者给特殊政策，“特事特办”。但这实际上做不到，于是谁也没有办法。知其不可为还是不为的好罢。

选好了保护对象，就得快做一个保护规划。规划的难点主要有两个，一个是保护与旅游开发的关系，一个是保护与生活发展的关系。地方官员也好，村里的居民也好，没有哪个像我们的《文物保护法》那样，为了村子的“科学价值、历史价值、艺术价值”而要求保护它们。他们几年前还根本想不到保护，现在听到一星半点儿消息，有时也想保护了，但想的不是真保护，而是“开发旅游价值”，立竿见影地赚钱。于是就不免急功近利，搞短期行为。南方一个村子的支部书记，说起前些年拆掉大宗祠卖木料的事，非常后悔，对我们说：“那些古建筑都存在就好了，旅游赚钱就像地上捡烧饼。”他做了一个弯腰伸手捡烧饼的姿势，然后苦笑。连全国性的“文化学术类”报纸，在介绍哪个新发现的古老村落的时候，也只说它们是旅游资源，还从来没有一次说过它们是文化资源。所以，不论南方北方，都有正式的乡土建筑保护单位归旅游局管理而不归文化文物局管理的怪现象。有一个村办小五金厂的老板，发财之后弄了个旅游局局长当当，一句话就能把一座古庙改了面貌，而文物干部束手无策。我问文物干部“这位局长为什么不遵守《文物保护法》”。他说：“他怎么会知道有这么一个法。”“您向县领导报告一下。”“那有什么用，旅游局给县里赚钱，文物局向县里要钱。县长和书记当然偏向他们。”我还有什么话可说。有一次，我在北方一个很小又很土的村子里工作，这是一个省级保护单位，一天，村支部书记把我带到村外黄土大沟边，问我在这里造一座歌舞厅和一座餐厅怎么样。我吃了一惊，支书神秘兮兮地笑了一笑说：“这个来钱。”这村子离城17千米，名曰到这里参观、指导工作，而在歌舞厅里快活，非常安全。这是我们一些干部对乡村建筑遗产的一种开发利用方法。

虽然这份《宪章》从头到尾不说乡土建筑的旅游价值和保护之后的经济效益，而我却从来不反对想方设法利用乡土建筑开发旅游业给村民一些实惠，这在当前很重要。如果村民不能从保护中得到经济好处，就很难指望他们支持保护工作。他们不支持，保护工作就做不成。我们见到过一个村子，省级保护单位的石碑倒在地上，沾满了粪便，而村里乱拆乱建。所以，我们在给一些村子做保护规划的时候，都要写一章旅游规划，虽然这不合国家文物局所要求的规范。但是，是把旅游开发放在第一位还是如这份《宪章》写的把保护乡土建筑的“文化价值和传统特色”放在第一位，那对规划和实际工作是有“方针路线性”影响的。《宪章》说，“乡土性不仅在于建筑物、构筑物和空间的实体和物质形态，也在于使用它们和理解它们的方法以及附着在它们身上的传统和无形联想”，现在我们就面临着两种“使用它们和理解它们的方法”。南方某省有一个村子，是三国时期一位著名人物后裔的最大聚居地，1997年春天刚刚被批准为第四批国家级保护单位，地方长官就把它中心的一口池塘填掉了一半，伪造了一个“太极”。给村子编了个“八卦”的故事。这位长官说，为了开发旅游，可以“无中生有，虚中生实”，于是，附着在乡土建筑身上的“传统和无形联想”被严重地歪曲了。

我们做旅游规划的目的，就是抢在前面防止旅游单位乱来。不管怎样开发旅游，保护是第一位的，是我们对祖宗、对子孙、对民族、对人类的责任。

村民当然也首先着眼于当前的经济利益。北方某省有两个相距约一里的村子。一个按照“影视城”的办法大造假古董，丝毫也不像《宪章》所要求的那样“尊重社区已建立的文化特性”，“保持整个建筑的表情、外观、质地和形式的一贯”，弄得面目全非。另一个严格按照文物建筑保护的基本原则办事。结果是，那个“影视城”里游人如织，另一个则游人寥寥无几，于是重视保护文化遗产的村支部书记被上级批评为“思想保守”。这样的帽子大大有碍于官运，正规而又严格的那个村子还能绷得住几天劲儿呢？

不过，这个问题还不算最难，只要当权者头脑清楚，不为了出“政绩”而急功近利，就还可能管得住。而保护与生活发展的矛盾更难办得多。就因为难，我们这里便有朋友提出了“有机更新”的理论来解决。但是，我仔细看了几篇这种文章，也看了几个他们所做的“样板”，觉得这些朋友有点儿误会，导致理论和实践都错了位。因为，有机也罢，无机也罢，他们所说的是“更新”而不是保护。不过，这“更新”不是推土机、铲土机一起上，稀里哗啦一半天就造成了“一张白纸”，而是渐进式的，一天天零敲碎打，到十年、二十年之后才把古老建筑收拾完毕。什么叫保护，保护就是把文物，包括定为文物的乡土建筑遗产的原生态真实地、完整地长久传承下去。不论是急性的还是缓慢的消灭，都不允许。如果不可能把某个作为文物的聚落、城市或者乡村的原生态长久保护下去，那就老老实实地说保护不了，放弃算了。千万不要把概念搅浑，概念搅浑了，理论就会崩溃，实践就失去了方向，那损失就比放弃几个村子大多了。至于并非文物保护单位的聚落和民居，那就请便了。爱“保护”也行，爱“更新”也行，“有机”“有序”都可以。不过，仍然请不要搅浑概念，仍然请保持理论的逻辑严谨性。

这份《宪章》建议，保护传统建筑，要“认识到变化和发展的必然性”。其他关于聚落保护的国际文件也都有这种说法。我们那些主张“有机更新”的朋友就是从这个“必然性”出发的。但是，看一看这份《宪章》的“指导方针”，它对乡土建筑遗产的保护是要求得很严格的。第3条说：“与乡土性有关的传统建筑制度和工艺技术对乡土性的表现至为重要，也是修复和复原这些建筑物的关键”。第4条说：“为适应目前的需要而作的合理的改变应该考虑到所引入的材料能保持整个建筑的表情、外观、质地和形式的一贯，以及建筑物材料的一致”。第5条的说法也差不多。它们说到了“合理的改变”“改造和再利用”，但它们仍然坚持了乡土建筑原汁原味的真实性和完整性。请注意，这份《宪章》是《威尼斯宪章》的补充，而不是替代。只要我们到欧洲去看看就能明白，他们所说的“变化和发展”，是在严格保护的前提下的，幅度很小。因为欧洲乡土聚落的基础质量比较高，所以欧洲人在“变化和发展”的时候，心里想的就是小幅度的，如装空调、安电梯、打隔断、开天窗之类，最大不过的手术是保存立面而改变内部。

那么，我们到底怎么解决乡土聚落的保护和生活发展的矛盾呢？大概有很大一部分聚落，最好的办法是用放弃它们来保护它们，即另建新村以保旧村，也就是说，承认在这些聚落里没有多少余地容纳生活的发展了。只要把这一点想通，我们就能觉得问题不难解决。在绝大多数村落里，生活质量很差，要勉强村民们继续住在这样的村子里是极不人道的，尽管这村子有非常高的历史、科学和艺术价值。我们在各地做乡土建筑研究的时候，经常受到村民的嘲讽：“你们说这房子好，你们为什么不来落户？”虽然我们不来落户有很多别的缘故，但我们只能拍拍村民的肩膀，一笑了之，不敢多说一句话。这份《宪章》说：“对乡土建筑进行干预时，应该尊重和维护场地的完整，维护它与物质的和文化的景观的联系以及建筑和建筑之间的全面关系”。如果为了提高居住质量，大幅度更新住宅和村落，那就完全失去了保护的意义。因此，我们建议，在许多情况下，另辟新村是保护作为文物的乡土聚落的最佳的甚至唯一的办法。

要建新区保旧村，有一道关卡，便是《土地管理法》，按这个法第62条的规定，“农村村民一户只能拥有一处宅基地……”，“农村村民建住宅……尽量使用原有的宅基地和村内空闲地。”那就是说造新房子要拆掉老房子才行，而新开户造房子，先得在村里见缝插针。不论在旧宅基上还是新宅基上，这些新房子造在应该保护的老村子的范围里，东一幢、西一幢，老村子被破坏了，新房子布局也乱七八糟，没有章法，许多基础设施搞不起来，环境质量很差，连雨水都排不出去，老、新两败俱伤。这个法律，对保护农田也许有好处，但没有给保护作为文物的乡土建筑遗产留下活路，造成了文物保护工作的困难。不但如此，它还使农村的新建设不可能有完整的规划，大大降低了新建设的水平。而且，它还可能浪费农田。例如，我们在南方某地见到，那里农村都是“围龙屋”，分布得很零散，近年各家在老房基地上造新屋，纷纷修筑可以通行机动车的道路，道路纵横密布，占用了许多上好农田。同时也造成了上下水等基础设施的浪费，带来不少问题。而且，“围龙屋”的基地面积很大，一家有1亩以上，甚至更多。而新批宅基地则不超过两分。村民怕“变”，在拆旧建筑的时候尽量占满老基地，以致不少四口之家，竟建七开间的三层大楼还加上两厢，达到400平方米左右，大的竟有600—700平方米，不但多用了宅基地，各方面的浪费更加惊人。不过，我们在北方见到，有不少地方倒是自发地保留了旧村，在村外另建新区，而且新区都采用兵营式的排列，每户面积不大，用地紧凑。不知他们怎么通过了《土地管理法》的关卡。或许是因为新建的都是新开户，而且村里已经没有空闲地。

另建新村以保护旧村，会不会造成无人居住的“空心村”？看来绝大多数应该保护的村子至少在相当长的时期里不会。因为旧村人口减少之后，有些人家住房面积宽松，甚至在江南人口密度很大的农村，都可能一户住一个院子，只要稍稍收拾一下，居住质量有所上升，便会不打算迁出。将来村子里人口或许会进一步减少。那么，受保护的乡土聚落就可能博物馆化或近于博物展品。这份《宪章》说到要“保持生活传统”，那就是说，受保护的乡土聚落应该是活着的。在国内外的一些论文中，我们也见到反对博物馆式聚落保护的主张。这些主张，理论上是很说得过去的，甚至是很诱人的。但是，在我们国家，实践上却行不通。我们总得分清理想和现实。生活本身的变化远比聚落建筑系统的变化要快得多，要保持传统的生活方式几乎不可能。美国的威廉斯堡、印第安人村落、加利福尼业金矿村，猛一看似乎人们还过着传统生活，细一看，原来都是演戏。如果不说它们是博物馆展品，那么它们便是戏台。意大利人不演戏，但奥尔维耶托、圣吉米尼亚诺这类小城市，其实已经博物馆化了，连大城市威尼斯，也没有多少居民，近乎一座博物馆了。爱琴海的希腊岛屿上，倒有些村子里居民还过着相当宁静的貌似古老的生活，但那些岛屿上的居民其实很富有，现代的生活设施也不缺，只是汽车开不进去罢了，但他们有豪华的游艇。我们的乡土建筑遗产，不论是住宅个体还是聚落，质量都比那些欧美的差了很多，生活方式也落后了很多。如果其中少数受保护的走上了博物馆化或戏台化的道路，恐怕是一条很自然、合理的路。批评者说，没有传统生活内容，乡土建筑就不是原生态的了，那么，我承认这种失落，但它是一种无可奈何的失落。所以，最好的挽救办法是当下立即动手，用各种方法去记录传统的生活，错过这几年，就再也没有机会了。说实在的，大概除了边远的地区外，中国之大，现在已经没有原汁原味的传统生活了。我们到北方某地过上元节“社火”倒是还有，但参加的竟是铜管乐队、手风琴队甚至小提琴队。

不过，倒也不必担心所有受保护的乡土聚落都会变成死气沉沉的博物馆展品。还是有一些聚落，只要疏散些人口，加以无伤大雅的现代化改造，是可以成为相当好的生活环境的。南方有一个县，村子里家家都有一个大杂院，用来堆放柴片和大农具，制作年糕、粉丝等等，现在生活方式变了，这院子已经没有用处，闲置了下来，在这院子里，造五间七间完全现代化的房屋毫无问题，还可以种几棵南天竺和桂花。加上原有的精致优雅的四合院，那生活可舒服了。这些新屋在街巷里看不见，在四合院里也看不见，对老村子的景观毫不扰乱。也是在南方的一个村子里，我们看到几家退休干部和老师，花不多几个钱，把卧室改造得像宾馆的标准间，有全套的卫浴设备。宽阔的檐廊里，头上挂一只电风扇，靠窗放一张书桌，几把竹椅，那生活也胜过城市里的一般住宅。如果有“合格的”建筑师帮村民们做做设计，那肯定会更好。不过，这些建筑师，必须先接受这份《宪章》所建议的“培训”，否则，或许会把事情搞糟。这种倒霉事已经发生得不少，建筑师们不要太自信了。

由这份《关于乡土建筑遗产的宪章》引起的话题还有不少，体制问题、立法问题、领导问题、经费问题、管理问题、专业人员培训问题、设立民间机构和基金会问题，此外还有保存半永久性材料和非永久性建筑材料的技术问题，等等。归根到底的问题是体制问题，而眼前最迫切的问题还是当政者的认识问题和决策问题。但这些又不是我们所能议论的，就此打住了罢。

原载《时代建筑》2000年第3期

乡土建筑遗产：一个“脆弱”的话题

1999年10月，ICOMOS大会（关于文物建筑和历史地段的国际议会）在墨西哥通过了《关于乡土建筑遗产的宪章》。这表明各国的有识之士看到世界文化、社会、经济在转型过程中的同一化倾向，感到乡土建筑遗产的存在已经十分脆弱，因此特别通过这个宪章来加以挽救。就我们国家的情况而言，尘烟四起的大拆大建使乡土建筑面临着更加紧迫的危机。有些地方，几天之内就可以消灭掉一座有几百年历史文化遗存的村落或者小城镇。北方某省有一个村子，1986年被定为省级文保单位，1989年为建“小康文明村”，把魁星阁、文昌阁、文庙、圣庙、真武庙、两座焚帛炉和三座宗祠都拆掉了，理由是“不文明”。南方沿海某省，三年前也铁了心要搞“小康文明村”，用推土机、挖掘机、铲车等现代化机械轰轰隆隆把公路边的老村子一扫而光，里面就有已经申报为历史文化名村的。用如此野蛮的方法能建设“文明村”吗？近年来，“城市化”大潮风起云涌，而且要求加快速度，“三年大变样”。这种脱离客观的历史进程，主观地拔苗助长的“城市化”，势必要给乡土建筑带来一场大灾难。乡土建筑遗产真的是“非常脆弱”。

我们并不主张不加分别地保护许许多多乡土建筑遗产，而是主张保护一些“有典型特征”、携带丰富历史信息、建筑质量较高、还侥幸保存着建筑的多样性和建筑系统的完整性的聚落。这样的聚落过去不少，现在已经所剩无几。精选一些保护起来，本来并不困难，问题主要是各级政府的认识难以和国际文化潮流“接轨”。

说到保护聚落，十多年来，我们一直把村子的整体当作乡土建筑研究和保护的对象。《宪章》也有同样的“保护原则”：“乡土性很少通过单幢的建筑来表现，最好一个地区又一个地区地经由维持和保存有典型特征的建筑群和村落来保护。”我们的看法是，乡土建筑的存在方式是形成聚落，各种各样不同类型、不同功能、不同性质的建筑在聚落里组合成一个完整的系统，这个系统和乡土生活、乡土文化相对应，是一个有机体。一幢乡土建筑只有在这个系统里才具有最充分的意义，发挥最大的价值。聚落就是乡土建筑的分子，具有乡土建筑的基本结构和全部特性。因此，只研究和保护聚落中少数几幢特殊的建筑物而不保护聚落的整体，就会失去大量的历史信息。乡土建筑是“社会史的记录”，只有聚落的整体才能完全地拥有这种功能。

保护一个完整的村落，包括它的“天门”“水口”，特殊情况下还要保护它的茔地，那远远比保护孤立的几幢房子困难得多了，不过也不是不可能，关键在于选点、规划和设计。规划的难点主要有两个：一个是保护与旅游开发的关系，一个是保护与生活发展的关系。地方官员也好，村里的居民也好，几年前还根本想不到保护，现在听到一星半点儿消息，有时也想保护了，但想的不是真保护，而是“开发旅游价值”，立竿见影地赚钱。于是就不免急功近利，搞短期行为。南方一个村子的支部书记，说起前些年拆掉大宗祠卖木料的事，非常后悔，对我们说：“那些古建筑都存在就好了，旅游赚钱就像地上捡烧饼。”连不少全国性的“文化学术类”报纸，在介绍哪个新发现的古老村落的时候，也只说它们是旅游资源，还从来没有一次说过它们是文化资源。

将旅游开发放在第一位，还是将保护乡土建筑的“文化价值和传统特色”放在第一位，对规划工作具有“方针性”的影响。《宪章》强调，“乡土性不仅在于建筑物、构筑物和空间的实体和物质形态，也在于使用它们和理解它们的方法以及附着在它们身上的传统和无形联想。”现在我们就面临着两种“使用它们和理解它们的方法”。南方某省有一个村子，是三国时期诸葛亮后裔的最大聚居地，1997年春天刚刚被批准为第四批国家级保护单位，地方长官立即就把它中心的一口池塘填掉了一半，伪造了一个“太极”，给村子编了个“八卦”的故事。这位长官说，为了开发旅游，可以“无中生有，虚中生实”。于是，附着在乡土建筑身上的“传统和无形联想”被严重地歪曲了。

应该如何解决乡土聚落的保护和生活发展的矛盾呢？有很大一部分聚落，最好的办法是用放弃来保护它们，就是说，另建新村以保旧村，也就是说，承认在这些聚落里没有多少容纳生活发展的余地，尽管这村子有非常高的历史、科学和艺术价值。我们绝大多数村落，生活质量很差，住宅是用半永久性材料和非永久性材料建造的，采光、通风、防寒、防火水平很低，没有合格的卫生设施，更不能适应家庭改型后新的生活方式。村子的公共设施很少、很落后，缺乏医院、商店、服务行业和休闲娱乐场所，机动车难以出入，下水排放很原始。有一些问题经过努力可以有所改善，有一些则几乎不可能。如果为了提高居住质量，大幅度更新住宅和村落，那就完全失去了保护的意义。因此，在这种情况下，另辟新村是保护作为文物的乡土聚落的最佳的甚至唯一的方案。

原载《人民日报》2000年11月4日

关于楠溪江古村落保护问题的信

××请转×××：

8月份我又到了楠溪江上游考察古村落，兹将一些建议呈上诸位，供参考。

1. 林坑、黄南、上坳几个北边的村子，和西边的潘坑、佳溪、张家岸等村子一样，是楠溪江上游极珍贵的古聚落遗存，尤其以林坑和黄南的现状为最完整。我希望永嘉的领导同志们能多加爱护，下大决心保护它们，为中华民族的文化事业做出重要的贡献。当务之急是认定它们为市级文保单位，用国家文物局颁发的《文物古迹保护准则》来挡住一切有名的、有钱的、有权的人可能对它们的侵害。

2. 一座完整的古村落，最有价值的是它的历史信息的丰富性、深刻性和独特性，这是它文化内涵的基本部分。楠溪江上游的村落，文化内涵的丰富性和深刻性不如中游，但独特性则绝不逊色。在目前中游村落遭到严重破坏的情况下，上游村落的价值便是无可替代的了。

3. 古村落的价值，还在于它的美，包括自然美、建筑美、沧桑美和人情美。楠溪江上游村落的美，有胜于中游村落之处。林坑、岭上、佳溪等村落的建筑，以它们完全外向的开敞性流露出村民对自然美的爱，并且洋溢出人情淳朴之美。它们本身随地势而生的参差变化，造成无穷的诗情画意，表现出创造者的灵通和洒脱。它们的艺术冲击力比中游村落更强烈。

4. 上游村落的建筑和中游一样，运用天然蛮石和原木，粗中有细、野中有文，确是工艺美的典范。它们没有繁冗的雕饰，但它们却有曲面、曲线、放脚、收分等极为微妙精致的处理。灶口前的木凳木栏，廊下的美人靠以及日用家具、器物，都是在极朴素中见出精心的设计和灵巧的手艺来，从而显示出对生活的热爱和极高的审美水平。

5. 保护古村落，当然是要保护它全部的历史和生活的实物见证。从建筑方面来说，就是保护大大小小各种类型和型制的房屋，保护它们和自然环境的关系，它们的布局，小到一木一石的选取和运用。总之，要尽量保护它们的原状原貌。保护古建筑的要旨，就是防止它们破坏，而不是去做无谓的“加工”。对古村落整体也一样。为改善和提高村民的生活条件而必须做的改动，要慎而又慎，力求对原来的状貌干扰最小。但必须采取有效而妥当的办法从根本上满足村民发展的需要，这便是另辟新的村民居住区。“保古建新”，这是国际上通行的办法，是最好的办法，甚至是唯一可行的办法。要尽可能避免在村中或紧贴村边建造新房子，尤其是大体量的。

6. 建筑的保护工作者，应该透彻认识和理解这些古村落的风格，热爱它们，千万不要逞自己之能，去“提高它们，美化它们，完善它们”。一是为了保存真实的历史信息，这是根本的。二是因为它们的美出自几百年生活的提炼，而我们的建筑师、画家、工程师、领导人所设想的“提高、美化、完善”，都是外加的，不可能真诚而自然。每有改动，不是“锦上添花”，而是“佛头着粪”。

7. 风格是一切艺术的命根子，古村落的美也首先在于风格。保护古村落，首先要保护它的风格，不要破坏它原有的和谐。保护工作者要把对象的风格琢磨透。一个有几百年历史的村落，百十来户人家的生活和他们的文化心理是村落面貌的生命，所以它们的风格极其清纯醇和，不带杂质，外人只能尊重它而不能去“提高、美化、完善”它。即使把天下最美的桥、最美的画室，造到林坑村去，也和全村的风貌格格不入，只会破坏林坑村风格的统一，而不会使它更美。林坑村的水，美在它的流动，动态的水富有活泼的生命力，潺潺水声也在空气中播放音乐的柔和感，如果依照某些人的建议，建筑水坝以构成游泳池供游客享乐，则水变成了静态的，流水的一切动态美都会丧失净尽。而且，村口有一堆外人游泳，完全扭曲了村落的人文生态，这是连游人都不愿见到的。

8. 保护一座村落，不论它的规模有多么大，都要认真对待每一个细节。经几百年的锤炼传承，乡土工匠的审美能力是很敏锐的。做保护工作，千头万绪，从建筑方面来说，首先便要谦虚谨慎地去认识和了解他们创造的美，巨细不遗。例如，楠溪江的石墙，真是杰作。墙脚外放，轮廓呈优美的曲线。墙体全用天然蛮石，下面的块大而粗壮，渐上渐小而呈扁长。下面的仿佛乱砌，到了上部巧妙地形成了人字纹，这个转变极其自然，不露痕迹。人字纹还不失粗犷以至整体风格浑然和谐，可谓是“宛自天成”。现在一些新的石墙，不论哪个村的，都喜好用打凿整齐的方块石料，有的墙体没有放脚，有的放脚但直挺挺没有形成曲面，石料大小一律，形状一律，砌出来的墙死板板一片。原有的蛮石墙是干垒的，缝隙宽松，有变化多端的阴影，有体积感，或者说有雕塑感，颜色有变化而以土黄色调为主，所以墙体有力量，温暖，有生命力。而新墙严丝合缝，勾上水泥浆，整整齐齐，只是个单调的平面，石料没有变化，全是一律的青色，冷冰冰，完全没有生气。偶然见到一些仿古的人字纹的砌筑，如说明牌的基座之类，也都过于整齐，完全失去了老建筑那些工艺的天趣。希望以后在细节方面多下功夫，首先是理解它们，欣赏它们。

9. 蛮石墙和原形原色的原木是天然的搭配，它们不同质地，但“顺其自然”是它们共同的性格，搭配在一起便是天造地设。所以在古建筑维修的时候，务必要尊重这种搭配。千万不可以如目前见到的某些维修，在蛮石墙之上用机械加工的又圆又直的木料，甚至上了油漆；或在原木之下用的是打凿整齐的石料，冰冷僵死。因此上下不协调，不统一，失去了建筑风格的完整性。产生这种失误，原因之一是现在的村民、工匠和保护工作者对楠溪江古建筑的美没有透彻的了解，而且误以为机械加工，方、正、平、直是一种现代感，乐于去追求。他们没有注意到，传统的工艺和审美是古村落最大的价值之一，它蕴含着许多历史信息。“现代化”当然是好的，但却不适用于文物古迹。

10. 追求“现代感”，这是保护工作失误的一个原因，追求宫廷化、装饰化，又是一个原因。最突出的例子是岩头村塔湖庙屋脊上的巨大的走龙和院子里狰狞的狮子。这些都是1999年安装上去的。更早的是苍坡村仁济庙屋脊上的一对走龙，那是十年前安装的。楠溪江的建筑，即使是庙宇，也大致和民房相似，朴素而平易，从来不装腔作势，不奢华侈丽，它们和民居一起形成楠溪江村落的统一风格。龙和狮子，根本就不是老百姓的文化表征，它们不但破坏了庙宇和村落的建筑风格，也破坏了农村生活的文化内涵，反映出一种卑俗的心理，看了教人难过。塔湖庙和仁济庙，借名为庙，其实是很人文性的。所供奉的神灵都是袪灾排难、保佑一方生民的。从建筑上来讲，它们都是园林建筑而算不上宗教建筑。仁济庙三面临水，临水的三面都设敞廊，拦着一排美人靠。整个内院竟是一口莲花池。塔湖庙，大门前对着琴屿上的戏台，后座楼上是一大间轩厅，侧面朝芙蓉峰完全敞开，远山近畴，美景尽收，在乡文士“富贵非所愿”，相聚赋诗论文。现在应该努力去恢复它们高雅的文化品格，而不应该去亵渎它们。

11. 不仅仁济庙和塔湖庙由于不适当修缮的“提高、美化”而使文化品格遭到歪曲，岩头丽水街的修缮更加糟糕。修缮者对丽水街原有的建筑美、自然美、沧桑美和生活美（人情美）基本上没有感觉，所谓修缮，事实上就是把这几种美加以破坏。丽水街傍丽水湖，湖不宽，但对岸原是湿地，长着芦苇、红蓼和木芙蓉，延展过去，便是丰饶的稻田，衬托着远处炊烟缭绕的农舍，天上潇洒地飞翔着白鹭。这次修缮，砍光了芦苇、红蓼和木芙蓉，把湿地填成了广场，湖岸改成了死板的石筑，草木不生，整整齐齐像水利工程。丽水街的长廊，柱子本来立在向水面挑出的条石上，美人靠就凌空架设。修缮之后，街面加宽，柱基不再挑出，美人靠也不再凌空，甚至下面用木板挡死。长廊因此完全失去了轻盈飘然的可爱性格而变得呆板。原来，丽水桥头的大樟树下，水边纵横着几块大石板，妇女们经常在那里洗涤，身边放着鹅兜，孩子们在一旁逗弄浮游的白鹅。现在，石板没有了，这种恬美的生活场景也没有了。长廊本来分段，间隙里有一端悬挑的石板形成空灵的踏步，人们也可以下去洗涤；老人们坐在美人靠上休息，和洗涤的姑娘闲聊，那种亲情很动人。现在，这些也都没有了，长廊上很少有人去了。过去，岩头村的污水都从献义门下排到农田里去，现在献义门外建了新区，污水都汇潴到丽水湖里。而且，丽水湖，三百多年的活水，现在在丽水桥边潴成了死水，飘着死狗、西瓜皮等等，臭气熏天，因为乘风亭下的排水口被堵死了。更糟的是，过去人畜的粪尿都弄到田里当肥料，现在有了化肥，粪尿就都排到湖里了。当年丽水街长廊上有一副楹联，写的是“萍风碧漾观鱼栏，柳浪翠泠闻莺廊”，这美景现在还有一点点吗？这样的状态，岂止杀风景而已。修缮古建筑，务必要把古建筑的美研究透了，切不可把它看成“修房子”，草率下手。出了钱，用了力，好心好意，结果却教人伤心。

12. 拿古村落当一个整体来保护，困难很多。首当其冲的是人口已经膨胀了三倍，村民们一旦手头有点钱，就迫切要造新房子。造新房当然就要遵守《土地管理法》，而《土地管理法》没有考虑到作为各级文保单位的古村落的特殊性，于是进一步激化了新建设和保护文物的矛盾。这当然只有靠县市领导出面协调。解决之道，唯一可行的办法是在古村落之外另设新区，以容纳增多的人口，而不必拆除古村旧建筑。新区要不至于严重干扰古村落，这就要好好规划，最好在老区和新区之间设一条隔离带。楠溪江中游，平地开阔，如芙蓉、苍坡诸村，新区对古村的干扰会很大。而上游诸村，如林坑、岭上、佳溪等，反而容易处理一些。它们都在山谷小盆地中，新区只要设在山岬外，就不会干扰古村了。所以，上游诸村的保护有先天的优越性。从遗存的状况看，上游村落也相当好。上游村落的景观、风格与中游的很不相同，有它们自己的特色，极有价值的特色，我希望它们不致再因工作的粗疏而失去。

13. 古村保护下来，村民就会要求开发旅游、度假等等赚几个钱。这很正常。但各家各户各自经营，势必造成招牌、广告之类到处争胜的局面，以致古村风貌俱非，大煞风景，自己破坏自己。国际上通行的办法是搞合作化，统一调配，避免竞争。我们中国素来有办合作社的经验，建议在开放的村落，村口设个接待站，游客一到，有需要就提出自己的要求，管理人员一个电话，某个农家便派人来把游客接去，供吃供住。对短时逛一逛的游客，只要在餐饮店门头挂一个符号式的标志就可以了。千万不要弄得满村是红红绿绿的幔子，要文明一点，与时俱进嘛。

14. 当前中央的战略性布局是发展中心镇和小城镇，目的在吸收农村剩余人口，集中乡村企业，以便进行经济结构调整。这是世界各国几百年来现代化过程中都必须要走的一步。小城市和中心镇的建设，很快会在各地推行，几年之后，农村的建房需求会降低，压力会减少。甚至，可以设想，以后作为文物保护单位的古村，困难的不是对付改造新屋的要求，而是要设法留住一定数量的居民以维护古村的生气。或许现在就可以考虑到这种情况了。

问好

陈志华

2001年8月31日于武义旅次

原载《建筑学报》2001年11月

乡土建筑保护十议

一

“建筑是石头的史书”！

文物建筑有多方面的价值，功能的、科学的、艺术的等等，而最基本的价值是它的历史认识价值。建筑是历史信息的重要载体，是历史的实物见证。保护古建筑遗产，第一个意义，就是保护历史信息。这是文物建筑保护整个理论体系的核心，全部保护工作的原则和方法论都建立在这个根本性的价值观的基础之上，受它的制约。这个价值观也把文物建筑保护和那种情切切、意绵绵吊古怀旧的文化心态划清了界限，而把文物保护工作建立在向前看的科学的历史观之上。正像考古学家和人类学家珍爱周口店的那一块头盖骨，不是希望中国人都再过茹毛饮血的生活，而是为了更好地认识人类自己，为了发展。

一个国家，一个民族，它的历史极其复杂多样，它应该小心翼翼加以保护的文物建筑，应该和它的历史的丰富性和多样性相应，尽可能全面地以实物见证它的历史。

国家的文物建筑保护单位的总和，应该力求包括所有不同时代、不同地区的不同类型、不同形制、不同样式、不同风格的建筑，形成一个完整的大系统。这当然很困难，也许根本办不到，但政府和文物工作者不能没有这种认识、理想和抱负，有了这样的认识，才会有方向、有追求，才会有一个合理的工作计划，向这个目标越走越近，哪怕向前迈一步也好。否则，我们可能会在某一个类型的建筑中投入了很多力量，而忽略了别的也许更有价值的，也就是历史信息量更多、更独特、更深刻的古建筑，导致难以挽回的损失。

要达到这个目标，首先要文物工作者克服我国文化传统中长期占主导地位的士大夫文物价值观。那种文物价值观只着眼于上层社会的文化遗存，而忽视平民的、农村的、下层社会的文化遗存；只重视古老的、在某个朝代之前的，而忽视稍稍晚近一些的；只重视艺术水平高的，而忽视日常使用的；只重视名家制作或名人拥有过的，而忽视普通人制作和为普通人使用的；只重视材质贵重的，而忽视寻常材质的；等等。用这种文物价值观来做文物建筑保护工作，就会把我们的文物建筑工作搞得很狭窄、很片面。为了在文物建筑保护工作中克服这种长期占据主导地位的士大夫的文物价值观，必须放宽眼界，走向广阔的中华大地，尤其是作为整个农业文明时代的中心——农村，去彻底认识古建筑的多样性和丰富性，认识古建筑的系统性存在，认识古建筑对社会历史多方面的价值，以及它们对我们民族生存和发展过程的实证作用，建立起一种科学的、全面的文物建筑价值观，进而有选择地保存古建筑中最有典型意义的部分，来建设一个由文物建筑形成的历史信息的大体系。建设这个文物建筑大体系，要采取两种基本的工作方式，一种是从个体建筑着手，一种是从多种建筑的有机综合体着手，两种方式互相补充。

第一，从个体建筑来说，一套完备的文物建筑，应该包含政治史、经济史、社会史、文化史、宗教史、教育史、科技史、军事史、建筑史等等人们活动的所有各领域的见证。在每一个领域里，文物建筑都应该是系统化的。下一个层面，像经济史这个最大的领域里，应该有农业和家庭副业、作坊手工业（烧瓷、造纸等）、渔业、商业、服务业、工业、矿业、仓储、金融、交通运输、水利等等的建筑和工程这些次级领域的子系统。它们还可以做更具体的区分，例如交通运输，就会有驿道、驿站、邮亭、桥梁、船埠、水陆码头、旅店、货栈、轿行、骡马店和近代的车站、编组站、仓库、机场、轮船码头等等。当然还可以再进一步细分，例如桥梁，以结构分就有拱桥、梁桥、板凳桥、悬索桥等许多种类。

有些领域比较简单，如教育史，至少也包括学塾、义塾、文馆、儒学、书院、聚贤馆、贡院、考棚、国子监、进士牌楼、科名桅杆和近代的小学、中学、大学、教会学校、欧美留学同学会等等。古代的文庙、文昌阁、奎星楼、文笔、文峰塔、尊经阁、藏书楼和刻版印书的作坊、书店以及近代的出版社、印刷厂之类也可以归入这个领域。

每一种建筑类型，又可以有地域性的差别，民族的差别，时代性的差别，还有社会功能、材质、结构、形制和艺术风格等方面的差别。例如牌坊，在性质上分，有旌表性的，如贞节、节孝、节烈、义行等等；有仕进性的，如状元、进士、世科和少量举人牌坊等等；有标志性的，如村口、路口、桥头、墓道口等等。牌坊还有石构的、木构的和砖构的，在形式和风格上都不相同；它们还有不同的形制，如门楼式的、冲天式的、四面式的。它们又有一些变化，如牌楼式的进士第大门，镶在住宅墙面的贞节坊等等。

各种类型不同层次的建筑，不可能位于一个比较接近的地区范围内，有些甚至能相距很远，尤其是皇家和黎民百姓的，甚至不同民族的建筑可能相距更远。因此，它们的系统性比较松散，不大容易被一般人完整地认识，但文物建筑体系里不可不包含从这种单体建筑着眼的系统。

第二，多种建筑的综合体包括城市、乡镇和村子这样的建筑聚落。这个综合体内包含着许多类型的建筑，它们服务于政治生活、经济生活、社会生活、文化生活、宗教生活和日常生活。每一个聚落都是一种多方面的、完整的建筑综合体，一种生活信息的库藏。从信息的丰富性、生动性和有机性来说，聚落是在某个层次上、某种类型上、某个地区里最全面的、最生活化的、最真实的历史见证。它们是最有价值的文物建筑综合体。因此保护文物建筑，最主要的是保护整个古聚落。

在我国大部分地区，在农业文明时代，一座古城，一处古村，往往就是一个某种层次上的生活圈、经济圈和文化圈，或者，是某种层次上的生活圈、经济圈或文化圈的中心。因此，一座古聚落绝不是一群古建筑简单的偶然的集合体，它是由和聚落的生存、发展息息相关的各种古建筑形成的有机的整体，一个有一定的结构性的整体，一个与各方面生活相适应的完整的系统。个别的古建筑好比文字，古聚落则是一篇文章。聚落的古建筑系统和聚落中生活的各个方面相对应，生活有多复杂，它就有多复杂。它又记录着聚落的历史，历史有多丰富，它就有多丰富。一滴水珠能反映整个太阳，一个聚落就是社会的水滴；一个分子保持着某种物质全部的物理和化学特性，一个聚落就是社会的分子。聚落是历史最有生命力的见证单元。所以，我们说，一个聚落是一座博物馆，一座图书库。它是历史文化信息的宝藏。

每一座古建筑，只有在聚落的建筑系统里才能获得它们完全的价值，这价值远大于它们被分离出来作为孤立的个体所具有的价值。因为，它们的某些价值存在于它们和聚落整体以及和其他古建筑的相互联系之中。它们产生的原因，它们的社会功能，它们的形制，它们的位置，它们的艺术表现力，都和聚落的形成过程、社会结构、经济活动、文化特质以及自然环境等等各方面息息相关，脱离了聚落的整体，个别的古建筑就会失去许多意义，它们就不可能被充分理解，它们的认识价值就会大大降低。反过来，每一座建筑都是一座聚落的系统性元素，具有系统功能，因此它也是聚落的一个功能性元素。聚落失去了一座或者一部分个体建筑，它有机的系统性就会遭到或轻或重的破坏，同样，它作为历史的物证的功能就会降低甚至破坏。

因此，一个国家，一种文明，主要以各种聚落来形成它的文物建筑大体系，历史信息大体系，是最理想的。当然，聚落也有极其多样的类型性，要慎重选择不同类型的聚落，要克服传统观念的束缚，着眼于国家历史文化的整体。

二

乡土建筑保护的战略性指导思想，是以保护聚落整体也就是完整的古村镇为基本方法。这是保护乡土建筑所携带的历史文化信息的最有效的方法。只有在聚落整体保护已经不可能的情况下，才不得已只保护几片有价值的建筑群，几座单体建筑物，甚至只保护几件牛腿，几只窗扇，几个吻兽。

然而，要全面地、系统地见证我们民族农业文明的历史，个别村落的无序堆积还是不行的，作为文物单位的乡土聚落必须形成一个体系，由各种类型的有代表性的村落有机地组织起来，因此必须经过仔细的筛选。筛选的目的主要是保证文物保护村落体系的完备。而筛选，当然又要从有组织、有计划、有专业人员参加的普查、评价下手。

筛选的角度，是由乡土聚落本身的类型决定的。先弄清乡土聚落有多少基本的类型和各个类型的本质特征，才能确定哪些村落是某地区、某种类型性的最典型的代表。这就要用比较的方法：选择一个比较因子，这因子必须是可比的，是本质的，是普遍的。

区分乡土聚落的类型，可以从不同的角度下手，也就是从不同的因子着眼。有人用村落的结构布局形态分类，如梳形的、篦形的、棋盘形的、条形的，块状的等等；有人用地理条件分类，如山地的、水边的、平原的等等；有人用它们主要的建筑的特点分类，如窑洞村、围龙屋村、吊脚楼村、垛木屋村等等。这些分类方法都是有意义的，但它们都不是基本的，因为它们所着眼的因子都不是本质的，应该有更本质的分类。

既然作为文物单位的村落的主要价值是它们所蕴含的历史、文化信息，在于它们是我们民族在农业文明时代的历史见证、文化载体，而且，我们追求的理想目标是文物村落的整体形成一个完整的、全面的系统，能够反映农业社会的各个领域和各种状态，那么，我们选取文物村落的角度、标准，当然首先是它们在这个信息系统中的地位和作用。因此，我们对乡土聚落分类的第一位的根据是它们的经济、社会、文化内涵。

例如：从经济类型上看，乡土聚落有纯农业的、农业兼林业的、农业兼手工业的、以手工业为主的、兼作地区性商业中心的、作为一定范围内的物资集散地的、作为水旱码头的、从事矿冶业的等等，甚至还有作为军事要塞和地方行政长官驻地的。往下还可以细分，例如：纯农业村，有种粮食的，有种靛、麻、茶、蔗等经济作物的，有养蚕的，有捕鱼的，还可以计入经营林业和畜牧业的；手工业村，有烧瓷烧缸的，有造纸的，有纺织的，有制染料的；矿冶村有采岩盐的，有采煤的，有冶铁的，有炼硫磺的；等等。还有一些从事特种行业的，如行船的；赶骆驼的、祖传行医的、刻版印书的、绘年画的、剪纸的，甚至还有看风水的、编宗谱的、玩皮影的、演傩戏的、练武术的，等等。

从社会类型上看，有以一个大姓为主的或者甚至单姓的血缘村落，有杂姓混居的村落，有移民的村落，有戍兵解甲归田后留居的村落，有驿站递铺转化的村落，有佃仆村落，有妇女作为贸通天下的商人家属受到严重约束的村落和妇女参加生产劳动有独立地位的客家村落，等等。

从地理特点看，有南方湿热地区的，有北方干寒地区的，有山区的，有江湖之间的，有黄土高原上的，有水网地带的，有交通线上的，有极偏僻闭塞的，等等。

还有一些村落，是由民俗性的地方神祇的崇祀活动而兴起的；有些村落曾经科甲连登，有些村落却是千年白丁；有些村落有大量高堂华屋，有些村落则是以窑洞或者竹楼为主要建筑类型的；等等。它们的个体和整体特色都很鲜明。

各个民族又有他们自己文化特色很鲜明的村落。

村落的所有这些社会的、经济的、历史的、地理的、民族的、文化的等等性质，重叠交错地反映在几乎每一座乡土聚落的身上，形成它们极为复杂的类型性。例如，有南方稻作区水网地带以中小型内院式住宅为主的血缘村落，有黄土高原上以窑洞为主要建筑形制的挖煤烧缸外销的杂姓村落，有华南侨乡由大家族聚居的大型围屋形成的布局松散的血缘村落，等等。

在深入的普查的基础上，这个目录可以很细很长。这些村落，在选址、整体结构布局、宗教和崇祀建筑类型、公用建筑种类、建筑形制和风格、家具、陈设、装饰等各方面都有自己相当明显的特点。它们不能互相替代，它们和传统的非物质文化在一起却能非常生动、直观、深入、真实地见证我们国家复杂的文化和历史。

因此，在确定乡土聚落的文物价值的时候，千万要防止唯美、唯精、唯贵、唯高、唯古的传统士大夫的观念。例如，浙江省温州市瓯海区有一个泽雅镇，村村都造手工纸，作坊沿山路绵延二三十里不断，作坊的一切设施和操作方式都和明末宋应星在《天工开物》中所绘的一致。而且有一个村子还保存着一方南宋时候的记事石碑，可以确证其中有些造纸作坊至少有八九百年的历史了。虽然它们的外表是粗糙而简陋的，但造纸是中国的四大发明之一，我们岂可以不保护这个极为难得的作坊村落群呢？

三

乡土环境、乡土社会和乡土历史是很复杂的，乡土聚落之间发生着各种各样的关系，它们从来并不孤立地存在着。在某些情况下，尤其在非纯农业聚落之间存在着经济上、文化上特别密切的互补和互动关系，可以称为一个完整的聚落群。因此，虽然主要以个别聚落的保护作为乡土建筑保护的基本方法，但仍然要注意到有保护聚落群的必要和机会。

这种聚落群可能是网络状布局的，可能是线形布局的，也可能是团块状布局的。

网络状布局的，大多以一个在经济上起带动作用的村镇为中心，向外辐射。例如，山西省临县的碛口镇是黄河秦晋大峡谷中最大、最重要的码头和渡口，主要由晋中移民开发的内蒙河套地区和陕北三边地区的粮食、食用油、畜产品、草药和池盐经船筏运输到这里上岸，再用骆驼和骡子转运到晋中盆地进而分到京、津、豫、鲁、冀各地。它是距晋中盆地最近的黄河码头，是晋中商帮开发经营大西北最便捷、最重要的水陆运输关节点。镇的西部，沿黄河有大量的粮、油、盐等的仓库，镇的东部集中着骡马店和骆驼店，还有蹄铁铺和干粮店。在这东西两部之间，集中了大量的批发店、银楼、饭馆、零售店等为外来客商服务的行业。镇上还有七座比较大的庙宇，它们有戏台，长年演出以娱乐客商。围绕着碛口，在一个相当大的范围里，有许多村子，它们的存在和发展都和碛口有十分密切的关系。碛口是从荒滩上发展起来的，它的开发者和经营者大多本来都是附近山村的居民，它也反哺了这些村子。沿黄河，有造船、筏的村子，有出艄公和舵把子的村子，有装卸工的村子；周边山上，有畜骆驼和骡马的村子，有从事仓储业的村子，有加工口外来货的村子，有制作手工业产品如缸盆、铜器等返销口外的村子；在穿越吕梁山的途上，有专为驮队的食宿服务的村子。有些村子则专长武术，青壮年到碛口镇上当更夫，给驮队当保镖。还有些村子专门经营戏班子，长年在镇上演出。碛口镇上八方商客云集，为了供应他们，招呼他们，碛口镇周边的村子以人力和财力繁荣了镇上的商业和服务业，它的一条短街几乎整个是离石县彩家庄李姓人家经营的。碛口镇的直接经济辐射力一直达到孟门、柳林和离石县的吴城镇。吴城是驮队出吕梁山区的最后一站，也是沿途最大的镇子，过载店和宿店比肩密排二三里。（出了吕梁山，那里的经济关系就多元化了。）没有这些村子，碛口镇就不能承担它的功能，无从兴发；没有碛口镇，这些村子在荒僻的吕梁山里也就无以为生。碛口镇和这些村子“相依为命”，形成极有特色的乡土村镇群。它们的状况至今保存良好，是一个极难得、极宝贵的网络状古村镇群的标本。

线形布局的古聚落群多在水陆交通线两侧，沿河或沿路。这样的例子之一在浙江省江山市和福建省浦城县之间的仙霞古道上。仙霞古道是沟通浙江和福建两省最重要的咽喉要道，连接钱塘江和闽江。它北起江山市钱塘江上游须江的最后一个通航站清湖镇。用船舶南运的货物到这里起岸，清湖镇有十几个专业码头和大批过载店、货栈、客店、餐馆、茶座等等。从清湖镇起，沿翻越仙霞岭和枫岭的山路把货物挑到浦城再上船经闽江直下福州。反向的货流也同样发达。在山路的中途，过四重仙霞关和一重枫岭关，关墙壁立，十分险峻。关口曾经有居民点，古时可能有兵营。中途的峡口和廿八都都是商业大镇，有以经营各种货物为主的街市和货栈；沿路还有产瓷器的、产日用粗陶器的、产茶叶的、产蚕丝的等等专业村，都借古道把产品运往市场。甚至还有一个贺村，是牛市场，江西、福建的牛贩子把牛赶到这里来卖，浙江的牛贩子则把牛从这里卖向钱塘江下游各地。仙霞古道沿路古村镇的历史文化遗存丰富，建筑质量大多是上乘的。它们的兴旺由于这条仙霞古道，它们的经济活动促进了古道的繁荣，互相依靠，形成一个线形的聚落群。

浙江省永康市的方岩村又是一种类型。它紧靠在丹霞地貌的方岩山脚。山上有胡公大帝庙，胡公就是北宋名臣永康人胡则，虽然《宋史》没有说他有大作为、大恩德，但民间传说他曾在大灾之年减免过浙江、江西、福建一带的赋税，地方上的人对他敬拜如神，过去每年秋收之后到春耕之前（农历八月十三是胡公大帝生日），三省都有大批朝山进香的队伍前来礼拜，天天早晚不绝。方岩村就是以为香客服务的客栈大院和卖香烛的店铺为主的一条街。进香队伍穿村而过，上山经罗汉洞、天梯、天门、天街（庙门前的香火街），到胡公庙礼拜毕，从后山下来，进入一道邃谷，悬岩绝壁深处有一座五峰书院，这是南宋理学家陈亮讲学的地方。抗日战争时，浙江省政府曾经在方岩暂驻，书院前有浙江省抗日阵亡将士纪念碑。庙、村、书院和碑相互依存，组成绝妙的一个有机的整体，而不是分散的一座村落、一座庙和一座书院。

这些成组成群的村镇都是有特殊的价值的乡土建筑遗产，当然应该用比较大的力度来保护。

从把保护完整的聚落作为乡土建筑保护的基本方式，扩大到在特种条件下保护聚落群，这是一个理想的方案。虽然在我们当前社会的认识水平和管理体制下，实现的难度很大，但我们总要树立一个理想、一个目标，努力去做，哪怕实现很小一部分也好。

和保护聚落群相反，如果一个古村镇的整体性已经遭到了根本的破坏，但是余下的几部分古建筑群或者几座古建筑仍然保存着有意义的历史文化信息，就应该把这残存的几部分古建筑群或这几座建筑保护下来。

已经严重损毁而失去了整体性而且不可能修复的个别乡土建筑，则应将它有特殊历史文化痕迹的、艺术性比较高、风格或技术上有特点的个别构件甚至构件的局部收集起来，妥善保存。数量比较多的话，可以建立一座陈列馆，如果政府部门没有力量去做，可以鼓励民间去做。现在有一些文物贩卖商在做这件工作，牛腿、华板和格子门窗等等都是他们致力于收购贩卖的，而政府的文物管理部门却还无力去做这件事，有时候还对文物贩卖商的活动有点限制。其实，只要禁止他们从完好的建筑物上收购精致的构件就可以了，不应该反对他们收购城乡改建拆迁工程残存下来的建筑零件。至于从完好存在的建筑物上拆下构件来卖，主要的责任在房产主，不在收购人。文物贩卖商的收购是功大于过的。近二十年来我们城乡的改建拆迁规模很大，20世纪80年代和90年代初，拆下来的柱子、梁、檩、枋和整个楼梯段都卖出好价钱，而精雕细刻的装饰构件只用来烧火、垫泥坑等等。文物贩卖商动手抢救了它们，他们早于政府文物主管部门认识这些建筑构件的价值；政府部门到现在还没有收集它们的打算，更没有行动。文物贩卖商当然要卖出他们的收购品，经过买卖，这些零散构建就会成为收藏品，不再有当柴烧的厄运。如果鼓励、引导他们设立陈列馆，也是有可能的。不要排斥他们，歧视他们，要认识他们活动的价值，设法发挥他们的作用。

四

保护作为文物的古村落，所遵从的总原则和方法论与保护个体文物建筑应该是一样的，这就是：最低程度干预，可识别性、可读性和可逆性，只是在具体操作的层面上有所区别。

这总原则就是力争完整地保护住文物多方面综合的价值，就是保护它们的科学价值、审美价值、情感价值、借鉴价值、使用价值等等。但在这些价值之上，或者说作为这些价值的基础的最根本性的价值是：文物，包括个体建筑和古村落整体，携带着丰富的历史信息，它们是历史的实物见证。正因为如此，要保护文物的价值，首先要保护历史信息，的原真性。失去了原真性，文物其他各方面的价值大多会失去依托。

因此，保护文物村落的第一原则还是保护它的原生态。凡是有损于古村落原生态的措施都要尽量避免、减少。说到文物建筑和文物村落的原生态，就有一个怎样确认的问题。国际上的一般理解，原生态就是对文物建筑和文物村落采取有计划的整体保护时它们的状态。换一句说法，就是从它们诞生时起直到采取有计划的整体保护时止它们所获得的历史信息的总和。因此，已有的增添（patina）不能去掉，已有的缺失（lacunae）不能补上。但这种理解在实施的时候会有一些困难，于是，稍后就在"历史信息"几个字之前加上"有价值的"一个定语。这个定语给了保护工作一些灵活性，因此，虽然它引出了评价问题，增加了工作的复杂性，却受到文保工作者的普遍欢迎，因为它赋予文物保护工作更多的学术内容和创造性。同时，因为仍然要坚持科学的方法论原则，所以并没有妨害文物保护工作严肃的科学性。至于中国的乡土聚落保护，可以把它们"历史"的下限定到20世纪中期的"土地改革"运动。因为土地改革彻底改变了中国农村的生产关系和历史发展模式，也改变了村落的经济结构和实体结构，村落发生了"断裂"性的变化。而且，乡土建筑的类型、形制、材料、结构、形式也从这时候起开始发生了根本性的变化。当然，这个历史下限并不是机械的、千篇一律的，还要考虑到一些"有意义"的现象。

为了尽可能完整地保护古村落的原生态，就必须保护古村落的整体，也就是保护历史信息的完整性和系统性，这是第二个原则。

古村落是一个由各类建筑有机构成的大系统，一个有一定结构的有机整体，这便是古村落在漫长的历史过程中形成的原生态。这个整体，是和农村社会生活的系统性整体相对应的。正是这个整体，才赋予古村落历史信息的真实性，以及由此而来的丰富性、多样性和系统性，这是任何一座单幢建筑都不可能担当的。如果这个系统的整体性被破坏了，古村落的历史信息就零散了，就会失去一大部分历史的真实性。因此，在文保村落中，一般不应该再划分重点建筑和非重点建筑。例如住宅，不能只重视和保护雕梁画栋、琐窗网户的大宅，而轻视甚至放弃简陋的小房子，因为，既有大宅院，也有小房子，才是生活的真实。评价村落中的古建筑是否重要，主要看它在历史信息系统中的地位和作用，不能把它孤立地评价，或者只从某一个片面如古老、美观、高档、精致等去评价。有些简陋的小房子，孤立地看，可能是“没有价值”的，但是，把它放到聚落中去，它可能大大提高聚落的系统完整性，从而更多地显示出聚落的价值和它本身的特殊价值。在一座宗祠巍峨、住宅精美的农业村落里，一座铁匠铺是矮小、狭窄、简陋的，但没有铁匠铺就没有锄头、镰刀、犁铧，也就没有了农业，村落就存在不下去。同样的，还有篾竹店、油坊、水碓、靛池、碾房、路亭、枯童塔等等。它们都是农耕时代生活、生产所必需的，对于后人理解那个时代的农村是必不可少的实物见证。因此，决不可以看不起它们，以为它们今天已经没有用处，把它们拆除。其实，没有了它们，关于过去农业村落的存在形态的信息就是不完整的，因而就是不够真实的。

浙江省江山市和福建省浦城县之间有一道仙霞关和一道枫林关，历史可以上溯到唐代，曾是很重要的关防。两道城关内外还有过三等游击将军衙门、练兵场和同知衙门。紧贴关口内侧有过小小的居民点，那里是平时挑担脚夫打尖或住宿的地方，可能还会有戍兵营房的遗迹。但是，前些年为了修缮关卡，竟把居民点拆得片瓦不剩，衙门和练兵场也都任其坍塌甚至占作新房基地，只剩下光秃秃的城墙，这算什么关防遗址呢?

同样，如果只保存“正宗的”、堂皇的佛寺道观，而没有痘花娘娘、黑虎将军、蝗蚜老爷、狐仙大帝、临水夫人等民间神灵的简陋的“淫祠杂庙”，农村的崇祀观念和社会生活也就被歪曲了，中国文化史的一个重要方面也就得不到真实的见证。

我国的建筑刊物中，经常可以读到关于历史文化名城或历史文化街区的保护规划，里面说：某城、某区、某街上的几幢“精美”“壮观”的老房子要修缮保留，其余几幢“没有价值”的老房子则应该拆除，另建仿古式样的新房。这哪里是保护历史文化名城或街区！本来，即使保护单幢文物建筑，也应该同时保护它一定范围里的原生态环境，何况保护的题目是历史文化城区或古村落整体。这些保护规划的作者对古建筑的评价仅仅是功能的或审美的，不是首先全面地考量它们的历史文化价值，对文物建筑保护来说，是文不对题的外行话，他们的文物建筑价值观根本错了，实践的危害很大。

历史信息只有真假之分，没有精华和糟粕之分。生活中曾是负面的东西，如有些作为水旱码头或集贸中心的村落里有过的花茶店、妓院、赌场、大烟馆，作为“行业”，它们应该铲除，但它们的建筑应该保存，作为历史的见证。不可以“净化”历史，精华与糟粕共存，这才是历史的真面目。至于节孝牌坊，根本就不是糟粕。一个妇女，不到三十岁便守了寡，她含辛茹苦几十年，对上侍奉年迈的公婆，对下抚养幼小的子女，尽了她对家庭的责任，也稳定了社会。一座牌坊，是对她的苦难生活的安慰，对她的德行的永久纪念和表彰，她理应得到。如果因为节孝牌坊包含着制度性的负面意义而把它们拆除，那是对历史、对社会、对人性的无知。“礼教吃人”，被吃的人是无辜的。历史的制度性残酷不能否定她们的品德，她们是牺牲者。即使到了现在，也并不鼓吹凡寡妇一律都要改嫁。丢下老人和孩子去再婚，未必是应有的“新”道德。家庭是社会的单元，社会的稳定需要家庭的稳定，至少目前还是如此。20世纪50年代，曾经大肆批判过岳飞、文天祥和史可法这些英雄人物，说他们只忠于一朝一姓，而妨碍了中华民族的大融合过程。方孝孺尤其被指斥得一钱不值。这些粗野的批判和否定“节妇”应得的尊敬是一样的。

一些比较大的或商业比较繁华的村镇，会有巡检衙门（乡政府、警察局）、厘金局（税务局）、商会、水龙会等机构的建筑，这些也是应该保护的，它们大多数现在已经改变了用途，但应该维持原来的空间格局和外观，并挂牌说明，不要因为政治原因而“抹去”它们中的某些部分。

第三个原则是，不但要保护乡土聚落的各类建筑，也要保护聚落里的各种公用的生活设施和生产设施。例如池塘、沟渠、水井、石磨、杵臼、油榨、拴马桩、桥梁、堤坝、道路，等等。公用的生产和生活设施，都是一定历史条件下，一定技术水平上，人们为生存和发展所做的多方面努力的见证，是人们生存斗争、文化追求和劳动创造的表征和成果。它们比建筑更能表现人们生活和生产的多方面性和多样性。简陋的茅厕、畜栏、猪圈不再使用，但可以清清爽爽地留下几个标本，教后人知道先祖们生活状态的某些方面。这有点展陈的意思，但毕竟不是虚假的，完全去掉才是虚假的。当生活发生了不可停顿更不可逆转的变化的时候，展陈也是保存历史信息的一种方法，犹如博物馆。不要完全否定“博物馆式保存”，它有时也是很必要的。

第四个原则是，还要收集和保护各种日常的和劳动的器物、用具。器物、用具的意义和生活、生产设施一样能够反映乡土生活的细节，更能表现乡民的智慧和技巧。各种竹木器具、棉麻织物、铜铁家什和陶瓷用品，有些家常日用，有些礼神敬祖，有些用于婚丧嫁娶，有些用于生产劳动，只要我们摆脱千百年来占统治地位甚至垄断地位的士大夫审美观和价值观，就能发现和欣赏它们的美、它们的巧，更能认识它们所蕴含的关于乡土生活的各个方面。人是依据美的规律进行创造的，扁担、箩筐、料槽、火笼、木盆、蓑衣、水桶和儿童用品，如浙江省永嘉县的“鹅兜”、山西省离石市农村的柳编用具、江西省乐安县篾编的针线管箩等等，都是手工艺的精品。

第五个原则是，要细心地发现和保护乡土建筑上的细节和历史痕迹。建筑是生活的环境和舞台，生活有粗放的一面，也有细致的一面，它们都会在各种建筑上留下痕迹。往往是这些细节和痕迹最能表现乡土生活的温馨的人情味，也是这些痕迹最能表现生活的艰辛和困苦。这些细节需要文物工作者深入地了解当地的文化传统，了解居民的生活，用心去体验，才能发现，才能懂得它们的意义。例如，四川的场镇上往往有不少茶馆酒店，每逢集市日，必定高朋满座。茶馆和酒店都是一两间店面，并没有明显的不同。但是，它们间却有一个极人性化的细节区别：茶馆有门槛而酒店没有，为的是赶集的汉子三杯老酒下肚难免醉眼蒙胧，所以酒店不设门槛，避免他们绊跤。场镇上的店铺一到天擦黑都要上排板门，但草药店必有一块门板上开一个小小的高窗，不论夜深几更，急需买药的人都可以敲开这扇窗子，递进药方和钱，拿回方药。浙江省兰溪市的长乐村，有一座分祠（当地称“厅”）叫滋树堂，它所有的柱子都是用很夸张地歪七扭八的木料做的，这大概是为了形象地模仿天然树林，造成树木茁壮地、顽强地在山上生长的形态，以象征这个房派子弟的活力，与堂号相应。同时，也就充分表现了大木匠师出色的技艺。这些特色，在保护乡土建筑的时候，是必须细心地护持下去的。

南北各地，小镇上都有银楼（或叫银号、焚金炉），日常经营零整兑换，它们门前的台阶石总有一块又平又细，换了整块银锭的顾客，常常把锭子在这块石板上来回磨几下，从留下的痕迹上判断银子的成色。日久天长，石板上会留下一道凹槽。凹槽的深浅大小又可以作为银楼字号存续和经营信誉的标记。北方干旱地区的村镇，街上石板会有车辙，巷子转弯处墙角常常被骡车撞得伤痕累累，南方水网地区，村镇驳岸石块上会有篙头点出来的凹坑和纤绳磨出来的深沟。山西省临县碛口镇，有大量的胡麻油从黄河河套地区运来转发到晋中去，装卸工背负百十来斤的油篓到栈行里把油倒进油池。进进出出手上沾了许多油，顺便往柱子上和墙角上一擦，二三百年下来，柱子上和墙角上结了厚厚一层坚硬的油皮，它们是脚夫辛苦的见证。山西省各地当铺和富商的住宅，为了防盗，往往装着“天罗地网”，“天罗”是用细铁杆（后来用粗铁丝）编成的，挂在院子周边檐口前。“地网”是天黑前在门前小巷里用绳子绷成的，巷子两侧有铁钩安在墙根。它们反映着一个时代的社会矛盾。

所有这些细节和历史痕迹都有认识价值，而且往往极为生动有说服力，无可替代，应该小心地保存它们。

第六个原则是尽可能地保护文物村落的原生态环境。

文物村落的环境，是它的原生态的一部分，是它的生存状态的一部分。在农耕文明时代，山、水、田野、林木密切地关系着村落的结构布局以及居民的生产和生活。每个村落的“始迁祖”在选址定居的时候，都考虑过这里自然环境对子孙的生存和发展的利弊。定居之后，子子孙孙又不断地加工改造着环境。长期下来，环境和村落交互影响，在更高的层次上成为稳定的一体。这个经过选择和加工改造的环境，包含着农耕文明大量的历史信息。

这种应该予以保护的环境包括一定范围里的农田、山林、水体、道路、桥梁、埠头、水利设施，还有一些建筑物、构筑物，如零散的住宅、庙宇、路亭、坟地等等。这里也包括一些风水术上的东西。风水术是迷信，但它是存在过的历史事实，对古村落的建设有过影响。要保存文峰塔、砚池、明堂和水口建筑群等等。徽州一带的水口建筑群有“五生”，即风雨桥、文昌阁、文笔、水碓和长明灯，这个建筑群蕴含着很丰富、很深刻的文化内涵，没有了水口建筑群就失去了很大一部分关于村民的生活和理想的见证。此外，还要尽可能地保护村落外围的“八景”“十景”等等，它们一般都有诗文阐述它们的环境和意蕴，很深刻地反映农耕文明时代农民的生活理想和审美意识。

第七个原则是保护一个文物村落，就要保护它的一切可以收集到的文字史料和口传史料，把它们展览出来，最好是编纂村志正式出版。

文字史料包括宗谱、碑刻、文书、契约、书信、笔记等等，也包括书画、匾额、楹联和祖宗像之类。口传史料则更广泛，可以包括神话、传说、迷信、故事、歌谣、谚语等等在内。乡土文化是民俗文化，民俗文化里就会有不少的“无稽之谈”。民间流传的“无稽之谈”也自有它的历史文化价值。这些史料除了本身的价值外，还有助于解读古村落，解读古村落和社会生活的关系，所以，这些史料对制定文物村落的保护规划有很重要的意义，在制定保护规划之前应该深入地了解它们，使乡土建筑融进乡土文化的整体当中去。浙江省温州市瓯海区的泽雅镇有许多村落生产土纸，直到如今。但已做过的保护规划，主要着眼于风景秀丽的段落，而没有把有一块南宋石碑的村子作为首要的保护对象，这是一个重要的失误。

第八个原则，村落，作为居住环境，和它共生的还有很多其他物质性和非物质性的东西，都应该广泛收集保存。还有一些民俗，如傩戏、皮影、过年、送灶、生老火、四时八节、泼铁花和祭祖、娶亲、嫁女、丧葬、扫墓等等，首先要有文字和形象的记录，其次要适当保存一些有可能保存的民俗。

还应该保存一些特殊手工艺，如绣花、剪纸、香袋、面虎、年画、神像等民间文化创作。更要保存一些传统的手工业生产，如酿酒、榨油、养蚕缫丝、纺纱织布、印染等等。希望这些不要被完全遗忘。

这些物质性和非物质性的东西大多数和建筑的使用、装饰等密切相关，建筑和它们在一起，才能形成一个完整的有生活内容的村落，才能接近构成农耕文明社会的全貌。

在适当的情况下，可以由一些志愿者熟悉传统的生活形态，包括民俗、礼俗、手艺等等，以便在特定的节日或某种情况下表演，有些国家把这种“保存”方式叫作“民俗生态保存”。所以要用这种多少有点虚假的方式保存它们，是因为生活总是在越来越快的变化之中，变化就是生活本身，生活的变化是不可以阻挡的，我们不可能把古老的生活都保存下去，都保存反倒是不真实的了。因此，不少情况下，我们只能满足于展陈和表演，这是世界各国常用的方式。它是“博物馆式保护”的一个内容。如果万幸，生活的发展并不排斥这些内容的某些部分，那当然求之不得，要力争把它们保存下去。

五

要做好乡土聚落的保护工作，先要做好它的保护规划，要做好保护规划，先要做好对它的研究。只有研究充分了，才能把保护规划做好。为了保护它的历史信息的真实性，首先就要认识这个聚落真实的历史和文化，包括生产、生活和民俗。为了保护它的整体性，就要认识这个村落的整体布局结构，它的各个部分在整体中的作用和它们互相间的内在关系，等等。

研究应该是全面的，要深入认识聚落的发展过程、地理环境、社会结构、生产经济、文化特点、生活习俗等等，发现它们在聚落选址、聚落布局、建筑类型、建筑形制、工匠传承、建造方法和技术、建筑艺术、构筑物类型和设置、劳动和生活用具等等各方面的表现。进一步则要深入到聚落的神韵，也便是居民的精神气质里去。

宗法制度稳固完备的血缘村落和杂姓的宗族关系薄弱的村落在许多方面都不一样。农业村落和手工业村落也不一样。有过境交通的和僻处山野的，黄土高原上的和河网地带的，林区的和基岩裸露区的，科名很盛的和不通诗书的，妇女脱离生产劳动的和妇女成为劳动主力的，种茶的和养鸭的，等等等等，他们的聚落、房屋以及其他各个物质的和非物质的遗存方面都会有所不同。

例如，比较烧瓷器的和烧陶器的村子，它们都是以产品供应市场的，因此有同样的特点，如要有充足的原料和燃料供应，有大容量的仓储和方便的外销交通等等。但它们之间也有明显的不同，前者艺人多，文化水平高，建筑就比较细致，后者则很粗犷，残缸废盆都可以用来垒墙。瓷器的运销范围大于粗陶，贩瓷的商人比贩陶的商人更雄于资本，所以，如浙江省苍南县碗窑村，有很热闹的船码头和街市为来往购货的批发商服务，不但有餐馆、宿店和瓷器零售店，还有戏台、妓院和烟馆。景德镇、佛山镇，都因产瓷而发达，列名全国四大名镇，而产陶的却不可能。

对聚落的研究不能仅仅是静态的，还要了解它们的历史，不同的历史也会反映在村子的整体和个别建筑物上，尤其反映在它的精神气质上。例如，江西省乐安县的流坑村，宋代科名很盛，竟有三十位进士，到了明代，转向木材生意和经营漕运，“财源茂盛”，而科名从此没落，276年间只有一位进士，不过还有几位学者，到清代竟既没有进士也没有学者了。但历史在人们心里留下了深深的痕迹，村人一代代还忘不了炫耀曾经有过的科举的辉煌。面对陆路的村门是状元楼，进了状元楼迎面便是五桂坊；面对水路的村门是翰林门，进门是全村的主街，集中了最重要的分祠、书院和大宅。村子里有二十几座书院，虽然有些不过是私塾或者书斋客厅，也要打出这个名号。住宅还有点官派，大门头大多有“字牌”，或者把花钱捐输得来的虚衔写上，如“司马第”“大夫第”“大宾第”之类，或者写些文绉绉的话，如“水绅山笏”“花萼联辉”“克绳祖武”。堂屋里有匾，写着书卷气浓浓的堂号，如“存仁堂”“藏恕堂”“启泰堂”。厅上挂的楹联也都炫耀过去的书香，如“名家自有弦诵乐，理学长存德义门”，“文章辉列宿，冠冕重南洲”，“君恩荣宪老，里俗仰淳风”，等等。建筑的装饰题材也多用琴棋书画、文房四宝之类。在清代，流坑村人甚至不许在村里建商店而把自己经营的商店建到邻村去，到民国年间才允许在五六十米宽的龙湖对岸建商店和作坊，形成了简陋的“朝朝街”。虽然抛却了书卷而经商致富却还矜持地咬嚼着几百年前的文风和科名，然而它在大环境变化之后终于没落，留下一个死气沉沉的古村。

浙江省兰溪市的诸葛村，和流坑村同在明、清两代因经商而致富，村子的建筑规模和人口也和流坑相当，但是，诸葛村从来不曾在文学科名上有过多少成绩，先世务农，后来以贩药兴家，因此它的聚落和建筑就和流坑的明显不同。它先沿贴村而过的大路开设了许多店铺和茶馆，形成早期的商业街。太平天国军队烧毁了这条商业街之后，村人们又在村子北部形成了新的商业中心，并且做起了房地产生意，招纳外地的商人和手工业者前来经营，心态很开放。这个商业中心终于大大繁荣起来，和村子原来的以丞相祠堂和大公堂为标志的老中心相抗衡。老中心和它周围叫“村上”，由宗族管理；新中心和它周围叫“街上”，由商会管理。连新年舞龙灯，上元搭鳌山都各自分开举办，并且相互竞赛。农业村落向商业村落过渡了，血缘村落向业缘村落过渡了。村民的意识也和流坑村不一样，在“重修族谱序”里大反“士农工商”以商为末业的传统思想，颇得意于诸葛族人的长袖善舞，自称“商战之雄”。村中住宅，并不追求翰墨气，更无从谈官气。宅门额头没有文绉绉的字牌，堂屋里很少有堂号匾。门联虽然有写得很雅致的，但更多而且更有性格的是直抒商人心气的，如“春到百花香满地，财来万事喜临门”，“户纳东西南北财，门迎春夏秋冬福”。家家大门扇门钹下方还必贴一对金银纸剪的元宝。建筑的装饰题材虽然也有一般传统的八仙、福禄寿禧、琴棋书画，更多的却是“古老钱”“聚宝盆”“蝙蝠衔钱”“刘海戏金蟾（钱）”“招财进宝童子”之类。到20世纪20年代，诸葛村在商业区的北侧又发展了新的丝绸业、制糖业、糕点业等手工业，还利用旧军阀部队丢下的器材设置了发电机和电话总机。街上亮起了电灯，少数人家装了电话。30年代，商会买了两台唧筒灭火机，设立了永安会，俗称“水龙会”，甚至发行了硬币。这个村子始终充满了活力。

两个明、清时期以商业致富的村落，因为前期历史不同而走着大不相同的道路，终致诸葛村不停向前发展，流坑村停滞不前甚至破落。

这样的动态研究，看似和文物保护无关，其实很有关系，因为历史文化信息在聚落整体和各类建筑上都有反映。既然保护文物的第一目的是保护它们所携带的历史文化信息，那么，深入地认识和理解这些信息便是必要的。否则会视而不见，歪曲或遗失了一部分信息，文物的价值也就会受到损失。

聚落的研究，不但要关注聚落的实体和历史，而且要关注村民的生活和感情。例如，安徽省黟县关麓村，位于西武岭脚下，几乎全村都是徽商。村里男子按徽商规矩到十二三岁开始外出学徒，十七八岁回乡结婚，五十天后便要再离乡投身商贸，从此每年只能回家住三十天。家里妻子月月逢初一、十五，都要到村后西武岭半腰的一座山神庙里烧香祈求丈夫平安。到了丈夫快要回家团聚的日子，妻子就苦苦翘望小庙，甚至到庙里等候。丈夫假满再度离家，妻子也都要送到这座庙里告别。附近各村的妻子们也都到这里来烧香、送别。几百年了，庙里四壁被香烟熏得黑黢模糊，地上的泪水湿了又干，干了又湿。这山神庙原来是路亭，不大，但它见证了徽商生活的另一面，凝结着他们妻子从少艾到老迈一生的辛酸。文物保护工作者只有了解了这些，才能下决心把这座小小的并不起眼的庙保护下来。

又一个例子。福建省永安县，20世纪90年代下半叶，开展了一场建设“文明县”运动，村村开来了推土机，把被认为“不文明”的庙宇和宗祠一律推倒，碾碎，片瓦不留。当推土机轰隆隆开进尾坂村，全村几十位六十岁以上的老人，男男女女，一齐跪在它前面，齐声说，要推倒祖庙，先从我们身上压过去。老人们的勇气和牺牲精神震慑住了推土机手和他身后的主事人，终于保住了这座宗祠，也迫使虚假的文明建设者停下了野蛮的破坏。这座宗祠不大，但很精致，它应该作为有重要意义的文物，作为文明战胜野蛮的纪念碑，永远地受到保护。下跪是懦弱的，但弱者的斗争是勇敢的，他们的胜利不失光彩。

文物建筑保护的基本意义在于保护历史和文化的实物见证。历史和文化中充满了感情，创造者和保卫者的感情，妻儿老少的感情，青灯黄卷寒窗苦读的学子的感情和胼手胝足汗洒黄土的劳动者的感情。清爽雅致、精雕细刻的村屋是祖辈的智慧和辛劳，矮檐破墙是祖辈的苦难和挣扎；灿烂明丽的未来是过去历史养育出来的，人不能对历史没有感情。文物所蕴含的历史文化信息应该是全面的，不但应该有认识的价值，也应该有磨砺和提升人们精神的情感力量。

为保护而做的聚落研究还应该深入到当年社会结构的领域，例如宗法制度不但反映在某个聚落整体结构、聚落与环境的关系以及聚落中各种建筑物的形制等方面，而且也进一步深入到聚落的神韵气质上。

一个聚落有一个聚落的神韵和气质。保护聚落，最上品的成功是不仅仅保护住了它们的“硬件”，而且也保护住了它们的神韵和气质，要做到这一点，必须先感受到、理解到它们。这些当然要体现在保护规划里，但它们不仅仅是制定保护规划时的事，而且要贯彻到经常的管理工作中去。这要求细心和耐性，而且要求有正确全面的文物建筑保护理念，起码是不以追求经济利益为主要目标。把书韵文质、诗情画意的江南小镇“包装”“打造”“开发”成了喧闹杂乱甚至恶俗的市场街，即使建筑都完整存在着，也说不上是做好了保护工作，只能说是一种急功近利的破坏。文物建筑保护，不仅仅是保护那些柱子梁枋、砖头瓦片，更要保护的是历史文化信息，而历史文化是不能没有精神和灵魂的，也不能没有感情!

以上说的是做好乡土聚落保护工作必须先做好保护规划，要做好保护规划必须先做好研究，要做好研究必先树立对乡土聚落的全面价值观。还有一句话，就是乡土聚落的保护规划要实用、简明而且低成本，不要为了没有实际用处的花拳绣腿而付出高昂的代价。现在已经有一些很有价值的村落因为没有钱做规划而放弃申报为文物保护单位，这是民族的损失，非常可惜。希望“有资质”做保护规划的单位以抢救我们共同的文化遗产为主要追求，而不要片面追求经济效益。热爱民族的文化遗产，对保护它们具有使命感和责任心，这是文物保护工作者真正重要的“资质”。

六

保护了作为文物的乡土聚落，就要合理地利用它们，也就是充分开发它们的价值。

乡土聚落的合理利用，最基本、最重要的就是争取村民们，至少不太小的一部分，能在那里继续安居乐业。这就要努力设法在文物保护的前提下提高古聚落和老住宅的居住舒适度。

保护作为文物的乡土聚落，不强求从古村中迁出大量原住户，也不强求留住大量原住户，最理想的状态是保留适当数量的村民继续住在村里。但是，古村落和古住宅的现状，大多使用质量不高。村子里公用设施如上水的供应和下水、污水的排出很差，商业服务业不足，医疗卫生水平低，村子不能进机动车，没有防、救火灾的设施，等等。住宅没有现代化的卫生设施，没有燃气，室内天然照明不足、通风不良，防火防震能力较低，等等。这些问题都应该有比较大的、比较好的改进才能留住一定数量的村民。

提高乡土聚落内生活的安全、方便和舒适，主要依靠完善和改进公共工程和设施，包括供水、排水和排污工程，防汛、防灾工程，古村镇内外的交通设施，能源和照明设施，医疗卫生设施，教育和文化设施，娱乐休闲设施和商业、服务业设施等等。并且适度地谨慎地改善古老住宅的个体。

由于这些改变都是不可避免的，于是就有人怀疑整体地保护乡土聚落的可能性。他们认为，一旦把聚落定为文物保护单位，那就对它不能有丝毫的变动，甚至不能在墙上钉一枚钉子，一变动就不是“文物”了。而不做丝毫变动，对于有不少人生活于其中的村落是绝对不可能的，他们因而反对把整体的乡土聚落定为文物保护单位，主张只保护聚落中的“古建筑群”或者只保护个体古建筑，甚至只保护古建筑的外墙而改建院内的建筑。对于聚落整体，他们提出了一个保护其“风貌”的说法。然而“质之不存，神将焉附”？所谓“风貌保护”是个没有也不可能有科学界定的提法。

保护文物建筑和建筑群的原真性和完整性是文物保护的首要的、基本的原则，这一点决不能动摇，不能含糊。否则保护工作就失去了意义。在保护工作中，应该千方百计地实现这个原则，不允许敷衍，这要求的是文物保护工作者的科学态度和对文化事业的忠诚。严格地遵守这个原则，目的是为了最好地保护文物建筑，不是设置在某些情况下不能解决的难题，使人无从下手，直至把文物建筑活活憋死。

对文物建筑的“动手动脚”，大体说来有两种情况，一种是为了修缮或加固，一种是为了使用。就修缮和加固来说，必要的时候，不但允许在文物建筑上钉钉子，甚至可能要打铁箍，加支撑，更甚而至于要换掉构件。而且，不论中外，在文物建筑保护上都难免遇到一种“死马当活马医”的情况，也就是在一定历史条件下“万不得已”的情况。例如，在欧洲，有不少地震区，那里的一米多厚的砖墙有些已经酥裂了无数乱七八糟的细缝，朝不保夕，而且在当前的技术水平下，并没有什么确实可靠的临时性措施可以保证它不塌，唯一可行的办法就是在墙体上打许多不同方向的洞，塞进钢筋，用高压泵注进环氧树脂去。树脂并非永久性材料，而且这做法又并不可逆。但是，目前也只能如此了，人们并没有超出现实条件的才能。

还有一种情况，例如，意大利有些府邸和修道院，内院式的，四周环廊内侧的墙上布满了壁画。这些壁画难以抵抗紫外线的作用，甚至连风雨都难以抵抗。于是，有些府邸和修道院就用能阻隔紫外线的玻璃把环廊的发券封闭起来。内院的面貌被改变了，但这也是无可奈何的措施，不能指责。

办事理性而谨慎的德国人，对文物保护提出了他们的便于操作的一些意见，其中就有一条是把古建筑物所用的基本材料分为三类：永久性的，即砖、石；半永久性的，即木材、夯土；非永久性的，即抹灰、粉刷、油漆等等。根据这三类材料的物理性能和当前的科学技术能力，对它们提出不同程度的保护要求。对砖、石的很严格，对粉刷之类就允许更新，这是很实事求是的主张，已经被欧洲各国在实际工作中采纳。我们国家建筑的主体结构多数是木材的，也就是半永久性的，在实际工作中难免和砖石的有一点差别，但不能要求因此修改文物建筑保护的基本原则。这就好比医学的最高原则是保护人们完全的健康，但必要的时候医生还得亲自动手锯掉病人一条腿，割掉半块肝，而医生并不因此反对医学的最高原则，更不会为了捍卫基本原则而不锯腿、不割肝，眼看着病人死亡。

至于为了使用而改动一点文物建筑个体的原状，也是不可避免的。例如，要允许装设上下水和排污系统，配置现代化的卫生设备、采暖设备、照明设备、厨房设备，增加室内的天然照明度，改善室内通风，对室内墙面、地面和顶棚进行必要的装修，调整楼梯的坡度和宽度，安装为新功能所必需各种管线，以及配备新家具、用具和消防设备等等。

这种性质和程度的改变在全世界都在实行着。北京故宫，也装了避雷设备、消防设备、取暖设备、照明设备、监视设备，也造了些公共厕所之类的小建筑，至于建筑的用途，当然更是完全改变了。类似的改变在凡尔赛宫、卢浮宫、梵蒂冈宫、白金汉宫、冬宫也都有了。罗马的圣彼得教堂和一些文艺复兴时代的府邸甚至都安装了电梯。府邸当然都少不了安装现代化的卫浴设备，否则总统府和外国大使馆怎么能设在那些府邸里？

作为《威尼斯宪章》重要理论贡献的几个文物建筑保护重要原则，如“最低程度干预”“可识别性”“可读性”和“可逆性”，其实它们的前提是已经承认了改变的不可避免性，如果一点都不许改变，这几条原则就是无的放矢了。只要严格地遵守这些原则，那么，一定限度的改变就不是十分可怕的。尤其重要的是实行“最低程度干预”和“可逆性”原则，它们保证即使犯了错误那错误也不会很大，而且还有改正的可能。澳门的市中心有一幢卢家大屋，是完全中国传统的老房子，修缮之后，改做公共活动场所，它新装的现代化厕所，完全可以很快便拆除而对原建筑毫发无损，有这样的设计，就可以比较放心了。

因此，我们仍然承认，保持原真性和完整性是文物建筑保护的第一原则，它不因为对建筑不得已的适度改变而失去意义。弄清楚了这些，我们便能明白，建筑个体的保护要求严格的原真性和完整性，不打折扣，乡土聚落的保护也如此，原则上并没有什么可以退缩的理由。

为改善乡土聚落的功能质量而不得不在村中增加的新设施如医疗站、文化馆、幼儿园、养老院、网吧、小餐馆、小商店等等，要尽量利用村中原有的古建筑。必须新造建筑物和构筑物的话，要求位置隐蔽、体量小、形式简单朴素，不可扰乱文物聚落原生态的格局、轮廓和色彩。它们应该和原有的古建筑和谐，但不可完全仿古，以免真假不分，也不可移植外地的建筑形式和风格，以免扰乱了文化生态，更不可追求高档和豪华。

作为文物保护单位的乡土聚落中的住宅，可以增加现代化的设备，可以做室内装修，但应尽可能不改变住宅的外貌和院落内的面貌。要在可允许的程度里做到这一点并不十分困难，有些村落里已经有不少古住宅做到了，连一些黄土高原上的窑洞里都有了现代化的卫生间和厨房，效果很好。如果有统一的规划，有真正理解文物建筑保护原理的建筑师来协助，效果应该会更好。不过，千万不要忘记在村子里保留一两座丝毫不改变原状的典型老房子，作为历史的标本。比较难的是改变燃料结构和污水排除，尤其是后者，但这两点和聚落是不是整体保护并没有关系。相反，一个乡土聚落成了文物保护单位，有了点财政补助，有了点旅游收入，统一排污的可能性就大了。考虑到这方面科技的进步，用上生物降解，困难会很快解决。

完整地保护一个作为文物的乡土聚落，已经有了成功的实例，其中有几个历时十余年，到了现在，可以说已经进入平稳发展阶段，如浙江省兰溪市诸葛村，武义县俞源村，江西省乐安县流坑村，山西省阳城县郭峪村、介休县张壁村，等等。

但是，作为文物单位的聚落和建筑，在保护它们真实性的前提下，允许改动的幅度毕竟是不大的，不可能长久满足居民生活发展的需要，这就要为它们中的大部分另辟新区。

乡土聚落的整体保护有很大的意义，尤其在我们这个两千年农业文明的国家，我们应该花大力气和大代价去实现它。我们的责任在把这项工作创造性地向前推进，而不是放弃努力，见难而退，把可以在一定程度上成功的事业向后拉扯。

七

作为文物保护单位的乡土聚落，它的第一个“合理利用”是让村民们安居乐业。第二个“合理利用”便是发挥它的认识、教育价值，对大多数人来说，这价值主要通过旅游来实现。作为文物保护单位的村落，应该组织力量，挖掘整理，利用本村的历史文化资源，设置陈列室、编写书籍、培训讲解员，用各种恰当的方式，使旅游者不仅享受休闲、放松和适当的耳目口腹之娱，还能在轻松愉快的状态下增长知识，提高修养并受到生动的人格教育。这些乡土历史文化知识也能对专业的人文历史学者有所帮助，甚至可能是很大的帮助。把这件工作做好，文物保护村落的价值才能更充分地发挥，对国家民族做出更大的贡献。

不论中外、不论古今，有识之士都主张把旅游当作一种修养、学习活动。所谓“读万卷书，行万里路”，行路是和读书同等重要的。在万里之行里，固然要看高山大川，沙漠海洋，但更多的，无疑应该是看历史文化遗存，所以，文物建筑无疑是一种极有价值的教育资源，这便是它们一种重要的“用”处。于是，我们就应该理解，保护文物建筑正是利用文物建筑的前提。

和西方年轻人接触，往往不得不佩服他们广博的文史知识和对文史知识的兴趣，不论他们从事的专业工作是什么。在西方，到每一处历史文化遗址，都可以看见许多年轻人，背着背包，脸上晒得一层一层地掉皮，手捧一本厚厚的旅游书，一边诵读，一边细细地参观。那旅游书竟是世界学术名著，而不仅仅是生活和交通指南。小学生由老师牵着、挟着、拖着，越过马路到历史文化遗址上听课，津津有味地转着眼珠子。老夫老妻则相依着在遗址里慢慢地踱步，寻找一块墓碑、一片刻着铭文的石板。找到了，便停下来细细地看，一脸的满足。1985年，在瑞士的巴塞尔城开了西方世界第一次旅游业者和文物保护工作者的国际会议，会议的最后一天，几家旅游业托拉斯的代表在大会上表示，完全接受文物保护工作者的批评，要立即着手把旅游业从经济活动转变为文化活动。

我国的旅游业，兴起的时候是为了“拉动内需”，起点就过时了，片面了。年轻人东跑西跑，吃吃玩玩，“累得要死”！2006年仲夏，一个高级旅游部门总结旅游者的要求是“吃住行游购娱”，旅游业者的任务就是为他们的这六项要求服务，从中大笔赚钱。旅游业继续被当作纯粹的经济活动。

于是，我们不止一次在严肃的会议上听到某些长官的高论，说：只有能发展旅游赚钱的文物聚落才有价值，不能发展旅游赚钱的便没有价值，它们价值的大小决定于它们的经济收益。有些长官在听到有人向他建议保护他的辖区里某个极有价值的村落的时候，头也不回地问：“我们有利可图吗？”稍稍含蓄一点的，则问：“它有没有发展前途？”因为长官自己的“前途”只决定于他的“政绩”，“政绩”的决定性因素就是经济效益，就是那个“利”。而且这效益必须在他短短的五年任期内见效才有利于他的升级，所以必须“立竿见影”。至于历史文化价值，提都不值一提。

古建筑和乡土建筑，是可以用来发展旅游的，是能通过旅游给一些地方以经济收入的，这笔钱对维修文物建筑和聚落，提升它们的功能质量，改善住户的生活状态都十分重要。但是，必须明确的是，旅游业依靠的是古建筑和乡土聚落的本身蕴含着的文化历史价值，不是反过来由旅游业“赋予”古建筑和乡土建筑以某种可以大把赚钱的价值。从文物保护的初衷来说，吸引旅游者是发扬文物固有的文化历史价值的一种活动。

旅游者通过参观乡土聚落，开阔眼界，增长知识，陶冶情操，深化对祖国乡土的爱，也在这个过程中了解了国情、民情，在旅游中大大丰富了知识，涵养了感情，也能培育出一种气概。浙江省杭州市西湖边有岳飞庙和于谦墓，明末抗清志士张煌言赋诗言志，其一的上半阕是：“国亡家破复何之？西子湖头有我师，日月双悬于氏墓，乾坤半壁岳家祠。”于氏墓和岳家祠就是当年的文物建筑，它们激励了一位爱国志士慷慨赴家国之难。张煌言是浙江省宁波人，他在秀美绝伦的西子湖边“旅游”的时候接收到了前辈传来的文化信息。后来他也英勇就义，而且埋葬在西子湖边。曾经允许往北京城里于谦祠和袁崇焕祠的墙上写“拆”字的“文物工作者”，他们可知道什么是文物的价值？浙江省义乌市卖掉了抗金名将李纲的祠堂，永嘉县任响应文天祥起兵抗元壮烈殉节的陈虞之的墓只剩下一丛荒草，都是一方乡土的耻辱。

纪念物应该是文物，文物也是纪念物。

为什么我们的旅游业者只盘算着吃喝玩乐？只盘算着多多益善地用文物赚钱？甚至为了赚钱，不惜破坏文物建筑和聚落？

古村落的旅游，依托于古村落的历史文化价值，因此，保护文物村落是第一位的，旅游业的主要意义是在保护的前提下发扬它们的价值，赚钱是次一位的，这个关系决不可以错位。有人说：应该提“保护、利用和开发并举”，或者提“文化搭台、经济唱戏”，搞上经济是目的，而保护文化不过是手段。这是极其有害的提法，它模糊了文物价值的本质意义，必将导致短期行为，损害文物的真正价值。因此就出现了不少地方旅游业一发展，作为文物的古村落就遭殃的情况。

旅游对文保村落的破坏，常见的情况第一是花钱去“打造”“包装”和“提高”古村落。例如，给古村落造琉璃牌楼、台阁式村门、“四门塔”“五凤楼”、八角亭子、风雨桥、画廊、苏式园林、灯窗云墙等等，甚至大造十几米高的城墙，墙上布满巍峨的凤楼龙阁。或者在维修中提高建筑档次，从求华的“高级”：原来是硬山顶的，改成歇山，再安上斗栱；原来是粘土瓦的，改成琉璃瓦；原来是素木的，涂上红漆；把侗族的风雨桥和鼓楼造到苗寨里去，破坏了村落的文化生态；等等。就绿化来说，近年来爱在乡土聚落里里外外种洋草皮、栽绿篱和昂贵而且老也长不大的笔柏，其实，农村最好的绿化是林木，是豆棚瓜架、萝卜白菜，也不可能有什么奇花异草能比连天的油菜花更美。

“打造”和“包装”造成了古村落的城市化、异质化和非本土化，严重破坏了古村落固有的乡土本色，这就是造假，以致破坏了它们的文物价值。古村落的价值恰恰在于它们的土里土气，古色古香，原汁原味。

第二是一开发旅游就瞎忙着造许多旅游设施，弄来大量的钱投入。2001年，随着旅游热的兴起，各地流行一个口号，就是旅游开发要“高起点、高标准、大投入、大手笔”，根本不做认真的可行性研究，纷纷一哄而上，在村口甚至村里，造现代化的宾馆、餐厅、歌舞厅、“明清商业一条街”之类。山西省竟有一个小小的村子异想天开打算造什么全景电影院。甚至某大学给一座连喝水都困难的黄土塬上的村子做的规划里要利用窑坑涝池搞“水上乐园”。等而下之，蓄意大造假古董，把本来很有价值的古聚落弄得面目俱非，那也已经有了实例。其实农村旅游的趣味就包括吃农家饭、睡农家床。许多旅游设施可以利用原有的农舍，只要花很少钱，稍事整理，舒适程度就能达到大部分旅游者可以接受的水平。

第三是一些作为文物的农业聚落开展旅游业之后，村子里出现了“全民经商”的现象，店铺鳞次，货摊栉比，叫卖吆喝，杂乱喧嚣。一些过去以宁静雅致的书卷气闻名的江南村落竟成了闹市，满眼幌子、招牌和广告。一些少数民族的村落丧尽了自己淳朴的特色。这现象的产生也导源于既不明白文物的价值，也不明白旅游的意义，以至于把文物聚落搞得形神俱失，有一些已经难以恢复。

这问题也和旅游业收益的分配机制不合理有关。开展旅游业的村子，可以试用合作化的方式，统筹统管，统收统得益，还允许村民自由参股分红，店招、广告和其他招徕顾客的东西和手段都可不要，避免乱糟糟各家各户一哄而上，各人管各人腰包。在西方，旅游收入主要是政府从旅游业收取捐税，或者发彩票，然后根据通盘规划用于文物保护和公益事业，那就便于避免各自恶性经营。

第四是实施所谓“市场导向”，为迎合一部分低水平的旅游者宣扬风水迷信，伪造村史，歪曲古村落的文化内涵，以“推销”文物聚落，或者叫作把文物聚落“推向市场”。最常见的是编造阴阳八卦、太极星象、七星八斗之类的风水瞎话，或者毫无根据地附会历史上著名人物著名事件等，还有什么“十八层地狱”“金瓶梅文化”之类的“演示”，把应该属于文化教育事业的旅游业变成了宣传谬说，旅游者“行万里路”不但学不到真正的知识，反而上当受骗。浙江省一位市级领导在省级的会议上介绍“开发旅游市场”的经验说，开发旅游，就要“虚中生实，无中生有”。这种欺骗性的做法在短期内，在小范围内可能有经济效益，但它却是和旅游的真正目的完全背道而驰的，万一真的推广开去，会降低我们民族的文化素质。

第五是，为了在短时间里尽多地赚钱，完全不顾文物村落的合理旅游容量和极限旅游容量，抱着“多多益善”的态度，来者不拒，甚至采取“扩容措施”，在村中开辟“广场”，拆除“瓶颈”建筑和古老构筑物，把旅游汽车一直引进村中心，等等。以致村落里人潮汹涌，扰攘不堪，不再是村民安居乐业的家园，而成了游客的天下，结果摧残了文物村落应有的氛围，损害了村民的居住质量，而始作俑者以经济效益上升而赢得了“政绩”之后，升了官，一走了之。

村落旅游必须严格限定容量，不能无条件地追求“利益的最大化”。资本追求利益的最大化，是有前提条件的，那便是“在社会公共利益的限制下”。至于文物村落的旅游，这限制便具体化为村落的原真性保护和居民的安宁不得破坏。

总之，要全面理解旅游业，要把它主要当作文化事业来办，让旅游者在文保村落中得到文化上的提高、知识上的充实、情操上的陶冶和审美的享受，并且懂得要爱护文化遗产的道理，也学到古建筑保护的原理和基本的方法论原则。所以旅游不仅在西方被看作一种文化教育活动，在东方的日本，也把它叫作青年人的“修学游”，这是一件影响到整个民族的素质的事情。一个国家，不要只想赚钱，经济落后是比较容易克服的，克服文化的落后就艰难得多了。而文化恰是一个民族、一个国家、一个时代的生命力表征。

在正常健康的体制下，文物保护部门对旅游业，还有房地产业，是起着制约作用的。我们目前却相反，在许多地方，旅游业吞并了文物管理工作，房地产业压倒了文物保护，竟至于把文物保护单位交给承包商去“经营”。一个有五千年文明史的大国，是不是可以把文物保护工作做得更稳妥一些。

在文物保护和旅游业的关系上，还有一个很普遍又很严重的错误，这就是，认为旅游业“养活”了文物保护事业，旅游业是赚钱的，文物保护事业是赔钱的。这种观念完全颠倒了是非黑白。事实是，无论中外，旅游业有一大半是依托于文物建筑古迹的。所以，旅游业理所应当地要反哺给文物部门一笔足够的钱用来维修保护文物建筑古迹。旅游业必须服从于文物保护事业的需要，否则便是自绝后路。

欧洲的旅游和它们的文物保护工作近来也同时很大程度地转向了乡村。这是因为：第一，乡土性历史文化遗产的价值得到了越来越深的认识和重视；第二，城市的旅游容量已经几乎饱和，而乡村的旅游容量还有余力；第三，城市的文物保护已经做了许多工作，而乡村里的还差得很远。在欧洲一些国家，为了补救过去一百多年的疏忽，正开展着乡土聚落的复原工作。

回顾我们国内十年来的旅游活动情况，可以明晰地看到，也由初期的涌向大城市逐渐转为走出城市，走进乡村甚至开始对蛮荒地区发生了兴趣。这个变化轨迹明显和国际的趋势相合，因为这是个合乎逻辑、合乎人性的变化。这种趋势所反映的文化潮流是，有一部分旅游者到农村去，除了欣欣向荣的新农村之外，也乐于看一看保存下来的古老的农村，以增加历史知识。陕西省佳县，在十分荒野而贫穷的党家山村，黄土沟壑里有两户人家，他们和一些美国人有约，每年夏季，都有四五批美国人来住些日子，这活动已经持续了好多年了。

八

在我国，为了完整地保护一个作为文物的聚落，在绝大多数情况下，必须为这个聚落开辟一个新区。这是因为，第一，大约有半个多世纪，农村的建设几乎停顿，农村人口却增加到大约三倍。村落原有的住宅数量严重不足，需要新建，而近年来的大量新建筑，又由于土地管理的失误和没有规划而十分混乱，应该做很大程度的调整。第二，古村的老建筑基础质量差，虽然可以改进，毕竟有一定程度的限制，难以满足有些村民追求更高的居住水平的愿望。事实上，从20世纪90年代以来，短短十几年时间，从浙江到四川，不少农村的住房建筑已经“更新换代”了好几次，现在有些农民新宅的规模甚至超过了大城市的新别墅。这些新建筑，不但个体的空间布局、体形结构、材料质地和色彩与古村里的老屋完全不同，而且房屋的相互关系造成的群体形态也和古村完全不同，因此，古村落不论怎么“打造”，都根本不可能容纳它们，倒不如坚守着古村落的历史文化价值不放，不在古村老区内紧追乡村一波又一波的大变化，到头来反而彻底毁灭了古村落。第三，农村原来的商业、服务业很不发达，公共设施很差，需要相当数量的补充，如学校、卫生站、文化活动站、图书馆等等。第四，为了充分发挥文物聚落文化教育等的多方面价值，应该开展旅游业，而旅游业需要一些相应的设施，如陈列馆、餐馆、商店、茶座甚至旅店。这些项目的一部分可以利用原聚落中的旧房屋，但绝大部分不可能也不应该放在文物聚落里，否则便无法保持文物聚落的原真性。由于这些原因，所以，不可避免地需要另辟新区来容纳新的建设。

关于聚落，大型的如城市，小型的如农村，它们的保护常常遇到一种“理论”的侵害，这就是，为了保持它们的生命力，就必须“既要保护它，又要发展它”。近来甚至提出了“开发式保护”的策略。

这个两难命题，就是“既要马儿跑，又要马儿不吃草”的翻版，是不可能解决的。保护，就是要维持原状；发展，就是要改变原状。一个要维持，一个要改变，两者不能“既要、又要”地兼容，这是个简单的逻辑问题，常识性的问题。现在社会各界有识之士大都已经认识到，“梁思成-陈占祥方案”，即为了保护“世界城市规划的无比杰作”老北京城，把新北京建在古北京城墙范围之外，是一个合理的方案。那样就可能做到“既保护了古城，又发展了新城”，两不干扰，两不误。“梁–陈方案”的基本思路，就是认为在古城内“既保护、又发展”是办不到的。这个认识，是一二百年来世界各国保护古城的经验教训的总结。凡是古城保护得好的，都是另辟新区去发展，如罗马、巴黎、伯尔尼、威尼斯等等。凡是在古城范围内发展的，古城都遭到致命的破坏，如雅典、日内瓦，还有伦敦的一部分，等等。

半个多世纪以来，中国的古城保护和建设的实践也都证实了这个情况。“梁–陈方案”被否定之后，北京古城就不可收拾地破坏下去，“势如破竹”，谁也抵挡不住。苏州、成都、福州、南京，这些一百多座挂了牌子的所谓历史文化名城，现在“发展”得还剩下什么？所以，中外的经验教训，都已经证明，一旦决定在古城范围内发展，就等于宣布古城不再受保护。那个“既要保护，又要发展”的语式，完全是不切实际的虚构，是个典型的折衷主义语式，不区分本质和非本质、主要和次要，只会起混淆思想的作用。至于“开发式的保护”“微循环发展”“有机更新”，或者如他们提出的另一个说法“使传统和现代融合”，那被开发了的、被发展了的、被更新了的、被融合了的、原有的历史文化信息全部失去了，还是真正的文物吗？那种理论，就是以“开发”作为最终的目标，而“保护”只是空话。

古城如此，文物村落的保护与发展尤其如此，因为古村落的基础设施很差，需要补充的项目比较多，而村落的面积又小，原生态很脆弱，插进新建筑，只要一座两座便没有了缓冲余地。所以，保护乡土聚落，只能另辟新区，采取“既要保护旧区，又要发展新区”的方式。发展是绝对不能反对的，但发展并不需要以毁灭历史文化珍品为代价。历史文化珍品并不是只供少数闲人看看的，它们能给所有人以勇气和智慧，只要我们能认识到这一点，加以利用和引导。

新区的选址和范围应该在村落的总体规划中确定，和老村子之间要有一个适当的距离，设置隔离带，不要破坏一定范围内的老村环境原状。但要与老村有很方便的联系，让老村居民能充分利用新区的各种设施，如医院、学校、文化站、商店等，使老村居民的生活质量大大提高。新区建设之前要做好详细规划，规划要有前瞻性，和城乡关系的变化，和生活的发展，和农村经济结构改造联系起来。设施要完善，使它对老村居民有吸引力。而且，根据生活的必然逻辑和近年国内外的实际情况，老的文物村落的旅游将会很快发展起来，这浪潮挡都挡不住，为了减轻旅游对文物村落的压力，最好的办法，一是增加文物保护村落的数量，二是利用新区，从这两方面来分流古村的旅游负担。在条件合适的地方，在新区里应该考虑旅游和度假设施，除了住宿和饮食之外，可以办植物园、小动物园、鸟乐园、花卉园、观光农业等。总之，理想目标是打开眼界，看向未来，使新区成为一个21世纪的新村，也值得游览。

古村老区中一部分人口迁向城市和新区之后，要求在古村老区造新房子的压力便会减少，有利于文物古村的保护，但是，有些古村老区可能因此逐渐有一定程度的"空心化"，生气淡薄，这也是无可奈何的事。国内外都有些专家反对文物古村的空心化，提倡"古城复活"，但办法不多。意大利的威尼斯、西耶纳、奥维埃多和前南斯拉夫的杜勃洛夫尼克等著名的保护得很严格又相当成功的古城，早就趋向"空心化"了。20世纪中叶，欧洲有许多城市努力要重新激活居民的"正常生活状态"，但收效甚微。可以设想，一旦真的激活了，它们也就面目俱非了，失去了保护的意义。很可能，作为文物保护单位的城市和农村的生气将由以求知修学为主的旅游活动来弥补。这就是说文物村落的居住功能减弱了，但它的文化教育功能却大大加强了。所以说，保护其实是另一种利用的开始。文物建筑和聚落不会因保护而"走向死亡"，它是永恒的。

将来充满了日常生活"精气神"的是新区，发展的生命力在新区。当作为保护单位的村落成为旅游热点的时候，为了旅游而设的商业、服务业、交通枢纽等等却应该在新区。老区主要是观光的，新区主要是服务的，因而也是赚钱的。新区赚观光者的钱，而观光者主要是为老区而来的，这是新区和老区的相互依存关系之一。

为保护古村落而另建新区，首先就面临一个拨地的问题。《土地管理法》上没有给作为文物保护单位的古村落的新建区留下活路，这是它的失误。在建设新农村的风潮里，不少地方为了保护耕地，制定了一些政策，如"一户一宅，建新拆旧"和"旧宅还土"等等。这些政策也没有考虑到乡土文物建筑保护。

但只要地方领导有认识、有决心，拨地问题还是可以解决的。好在要保护的古村落很少，占用基本农田的数量总的说来也极为有限。2007年3月18日《新京报》A02版的"视点"栏目上说全国有380万个自然村，可见作为文物保护的村落所占百分比很少。而且，有规划地建设新区，肯定会比现在这样各家各户乱建新房子更节约土地，尤其是节约基本农田，何况还能提高新建筑的居住水平。

有些地区，农村的新房屋现在已经大大超过实际需要，闲置着，再过几年，由于人口向城市流动，由于生育降低，农村将会有更多的闲置房屋。所以，新建房子的审批，应该从实际需要出发，掌握得严格一点，以免日后"新房子"成了农村的包袱。

九

当前我们所能找到的最接近完整的古村落，难免有一些重要的建筑物已被拆除，或者自然坍毁，如果把这些村落列为文物保护单位，则拆除和坍毁了的建筑物怎么办，这个问题常常困扰着文物保护工作者。

这个问题既牵涉到文物保护的基本理论，也关系到许多现实的问题和感情问题。可以说，这是一个世界性的难题，矛盾重重。文物的主要价值存在于它的原生态中，因此失去了的文物建筑不可重建，重建的建筑不能算文物。但是，事实上，许多国家都有重建古建筑的事。这主要发生在20世纪两次世界大战的重灾区：法国、德国、俄罗斯和波兰。

因为，这些国家，如果不适当重建一部分被战火摧毁的古建筑，那么，它们的古建筑就太少了。没有古建筑，就没有了最重要的历史文化标志，一个国家没有这样的历史文化标志，尽管可能在经济上和科技上很发达，也显得浅薄，不大文明，很不体面。这种情况是一个有点儿自尊的民族不能忍受的。至于俄罗斯和波兰，它们历尽艰险，以英勇的奋斗、巨大的牺牲，终于打败了侵略者，他们以重建被侵略者破坏了的古建筑来纪念这场胜利，庆祝民族的复兴。所以，古建筑的重建就带有很浓厚的感情色彩。《世界文化遗产公约》的“实施守则”（1987年6月，UNESCO）里说：“在火灾、地震或战争的灾害性破坏之后，有可能需要用新材料重建历史性建筑和历史性市中心。”一律排斥重建也会造成另一种损失。

当然，复建应该是有根据的、极其严格、极其认真细致的。德国德累斯顿歌剧院和俄罗斯圣彼得堡的彼得保罗教堂的重建，事前搜集资料就用了十几年。资料里不但有旧测绘图、旧照片和各种文字记载，还包括从世界各地找来的游记和老写生画，连小学生的速写作业也不放过。为了实证原来各部分的颜色和材料，那些指甲大的墙皮碎片、砌体的砂浆块和烧焦的木头也都仔细收集起来。德累斯顿歌剧院甚至专门造了个复建资料博物馆，彼得保罗教堂里也辟了个复建资料陈列室。

这两项重建都很无奈，ICOMOS曾经在已成废墟而正在慎重复建的德累斯顿开过一次国际会议，通过的决议是强烈谴责侵略战争，呼吁和平，并没有反对复建。与会的专家们充满了同情地认为，被战争破坏的古建筑的重建，是各个国家自己的事，并且对德国人的严肃认真表示了敬意。这种极其严格、极其慎重的重建并不足以动摇文物保护的基本理论和基本价值观。基本理论说的是常态，是理想，而战争造成的破坏却是非常态，重建是无可奈何。重建品，不论多么认真，毕竟不是原物，“文物一旦失去便永远失去，不可再生”，仍然是颠扑不破的真理。不过，虽然价值相差很大，但也不能说经过严格考证的复建建筑没有一点原物所含有的历史信息，这正是重建的主要理由之一。在有些情况下，特别是建筑群中，曾有某种建筑的存在就是一个重要的历史信息。一幢建筑的存亡可能关系到整个建筑群甚至整个城市的价值，所以，意大利威尼斯圣马可广场上的大钟塔在20世纪初年倒塌之后还是根据一套测绘图重建了。

说回到我国的乡土聚落保护上来。半个世纪以来，尤其是20世纪50年代初的土地改革、六七十年代的“文化大革命”和90年代以后的新时期，古老乡村遭受的破坏很大，甚至远远超过了八年抗日战争和三年内战的破坏，有不少重要的古建筑物被拆毁了。这种社会大动乱、大变化情况下的破坏，也是一种非常态。那么，在被正式认定为文物保护单位的村落里，可不可以适当地重建一些被拆毁的重要古建筑呢？

考虑这个问题，应该有四个前提：第一，这村子是不是在失去的古建筑未予重建的情况下被认定为文物保护单位的。如果是的，那就是说，村落的未遭破坏的部分已经具备了作为文物的价值，并不有待于那些古建筑的重建。这样，可以重建一些被毁的古建筑。第二，重建的古建筑应该是对于文物村落的完整性有比较重大、比较明显的意义的，也就是对完成这个聚落的一个特征、一项内涵、一种品格、一桩历史事件，起着点睛作用的。例如大到一座文昌阁、一座水口庙、一座节孝牌坊或者一座水碓，小到一座长明灯架，它们代表着聚落中乡土建筑的一种类型，反映乡土社会生活的一个方面，一种文化素质。第三，重建部分，对古村落来说，只能占很小的比例。不过相当于一座作为文物的大庙配上一根缺失的柱子或两个牛腿，至多相当于重建一间耳房。它的作用仅仅是有条件地补充古聚落整体的历史信息。第四，对失去的古建筑的位置、式样、大小、材质、色彩，能够获得详细的可靠的资料。

这样的重建应该经过十分慎重的考证、有充分根据，决不能臆测，不能无中生有，要紧的是，千万不可以不负责任地造假古董。近半个世纪的破坏，目前还有可能找到当年见到过原物的人，甚至亲自参与拆毁它们的人，要请他们来论证。要把所有搜集到的原始证据和访问记录整理好，保存好，展览出来。

复建品虽然要尽可能真实地再现原物，但又必须有“可识别性”和“历史的可读性”，它们可以借助建筑物的细节，也可以使用文字说明。法国鲁昂市的主教堂，在第二次世界大战中被彻底炸毁，战后重建恢复。重建后的每一棵柱子的全部石材都在图中一块一块地标明是原来的还是后配的，这张图就挂在每棵柱子上。墙垣和其他部位的也一样。每一个看到这座主教堂的人，都会产生各自丰富的联想，对战争的、对建设的、对科学精神的，都很有意义。

也有人说，过了一百年，这些重建的也是文物了。这一点，由一百年后的人去确定好了。即使成了文物，它的文化内涵，它的意义和价值也是和原物不同的。其实，从文物保护的立场来看，并不关心重建的建筑日后能不能成为文物，什么时候能成为文物，而是要严防重建的建筑会歪曲和淆乱原来的文物建筑的历史信息和意义。要正确理解文物保护工作，就得有一股求真求实的一根筋较劲到底的科学精神。

和古建筑的缺失相关，近年一些本来可以被认定为文物保护单位的村子，也难免会有一些新房子插了进来。这些房子是不是要拆除？一般说来，是应该拆除的。对于大多数文保村落来说，它们的价值在于见证中国农业文明时代的历史。因此它们的保护范围应该有一个历史阶段的下限，最适当的就是20世纪50年代初的土地改革。这个下限既是中国农村聚落历史文化内涵发生大变化的起点，也是建筑类型、建筑形制、建筑材料和结构发生大变化的起点。所以，作为乡土建筑保护基本方法的聚落整体保护，不妨把重点定在土地改革之前的形态。不过不能死板地一律如此办理，而要按个案一个一个地研究决定。有些土改后建造的房子和道路、桥梁等工程，并不破坏原来的聚落形态，有利于改善一些村民的生活，而且本身也可以反映这个村落一定时期的某些有意义的历史情况，可以保存下来，不必强求村落全部建筑的统一和纯粹。中国建筑“千年一律”，从唐代到民国初年，大模样没有变化，因此我们十分习惯于村落建筑的统一和纯粹，但也不必因此坚持排除一切驳杂和变化。不过，土地改革后建造的建筑如果价值不大而又杂乱，适当时候可以拆除，不必花力气去保护它们。

在多数情况下，拆除并不急于实施。先集中力量抢救个别濒危的老房子，再普遍维修整顿，待老房子和老区修缮得有了模样，那时再考虑处理土地改革之后、尤其是20世纪90年代之后造的对古村落的整体性有破坏作用的房子。这样做，可以减少文物保护工作对村民生活的扰动。

和上述问题类似的，是有些古建筑单体中掺杂了一些近期的维修、扩建或“美化”而增添的部分。这些部分一般不多也不大而又杂乱，是否拆除而恢复原状，可以按个案处理。

十

以完整的村落为对象的乡土建筑保护，近年来在全国各地都有发展，但仍旧有困难。这些困难，常见的归纳是，“发展与保护的矛盾”。和这个困难相关的问题，一个个提了出来，例如没有经费、没有土地、没有技术等等，乍一看都难办得很。其实，经费、土地和技术，在乡土村落保护方面，现在并不是真正难以克服的困难，有些情况下并不是当前立刻就必须面对的困难。何况作为文物应该加以保护使它长存下去的村子，只是精选出来的极少数。造成困难的，归根到底还是基本的对乡土建筑遗产的价值和对文物保护的意义的理解问题，以及对文物建筑保护的方法论原则的认识问题，在当今的体制下，这些问题尤其在各级掌大权的人身上。

作为文物的村落选出来之后，首先是停止和禁止破坏它们和它们一定范围内的环境的原状，其次是抢救一些危房或濒危的各种公共工程，再次是改变燃料结构和配备防火设备。这些困难，其实并不严重，现在，沼气、罐装燃气和自来水管网在很多地区的农村里已经都有了，使用范围正在迅速扩大；抢救危房的工程量也不大，少数无人居住的房屋，如果在穷困地区，用些临时措施——如铺一块塑料薄膜抗一下漏雨，挖一条小沟排出积水，支几根杉槁扶一下倾斜的柱子，也还可以维持一二十年，这些其实都可以由村民自己弄弄就行。村民们和基层干部们往往有一种误解，以为一旦村子成为文物保护单位，政府就要马上拨一笔大款子来改善、提高村子居住质量，帮他们开展旅游，立马可以赚钱，发财致富。所以，如果政府给钱不如想象的那样又快又多，就大呼小叫，本来自己能做的事也都撂下不做了。如果村里有好的“当家人”，能算能干，事情其实并不那么严重。

当前对保护一些有较大价值的古村落最大的威胁主要来自村民迫切需要造新房子。其实这威胁也不难化解，只要及时开辟新区便可以了。开辟新区，最难的是申请土地。《土地管理法》里没有给文物建筑保护留下口子，这本来是它的失误，好在只要地方长官认真办事，这个困难也可以化解。事实上是，多年来农村人口猛增，近年经济状况有所进步，在传统观念推动下，有些省份农村里新房子已经大量建造起来，其中有不少占地超过了标准，三四口人住四五百平米的楼房，多少房间都空着。三层楼、四层楼，那砖头不也是好土地里取土烧的？如果作为文物保护单位的村落，及时把全村需要增建的新房子集中到新区里，做好规划，控制住新宅规模，所占用的土地肯定比目前的乱建要节约许多，新区的结构布局和上下水等公用设施也会比当前那种乱建要好许多。

农村人口目前正在明显地逐年减少。有进城的原因，近年来我国农村人口占全国人口比例每年降低1%以上，而且国家未来的政策必将更有利于农民在城里定居，这浪潮会越来越旺；农村人口减少也有少生的原因，如2006年以前，浙江省武义市每年平均出生5000名婴儿，2006年只生了2700名。目前农村大兴土木造新楼，已经有不少仅仅是因为传统的观念：男子汉为人一生，不起造一幢房子，就枉来世上走一遭，会被乡邻们笑话。儿子在外面定居了，做父亲的还要在乡里给他造房子，否则便枉为人父。但随着农村人口的减少和传统习惯的淡化，农村造房子的浪潮就会逐渐减弱。

那么，乡土建筑的保护，真正的困难在哪里呢？

首先，在我们国家文化传统的缺陷和片面；其次，在我们国家当前一些制度的缺陷和片面。这两个方面其实是互相渗透，纠结在一起的。我们这个国家的文化传统很狭隘，眼界很窄，尤其严重的是没有真正的科学精神，凡事不习惯于追究“为什么”，以“不求甚解”为“洒脱”，而“洒脱”又被认为是知识分子的“高格调”，所以几千年来没有形成任何一个方面的系统性、本质性、可以称为科学的认识。由于思想在空间和时间两方面都很狭窄，就文物保护来说，不能理解或者懒于理解文物建筑的历史价值和世界价值，当然不可能形成或者接受对文物建筑保护的科学认识。有些人，包括一些在文物建筑保护方面很活跃的人，连世界上一百多年来已经很成熟了的文物建筑保护科学都不在意，因为他们或者不知道有这样一种科学，或者不以为需要这样一种科学。偶然听到一些国际上公认的文物建筑保护的基本理念和方法论原则，就把它们的严格性比作“大猫钻大洞，小猫钻小洞”的“笑话”。我们的建筑界，到现在还有人在鼓吹一些说不清、道不明的“新观念”，如“风貌保护”“肌理保护”“有机更新”“微循环改造”之类。这些口号都没有严谨的界定，也不可能有严谨的界定，因为它们的共同特点是缺乏逻辑性，和“既要保护，又要发展”一样。“更新”和“改造”根本是和“保护”背道而驰的。至于“风貌保护”，从来不见有明确的理论解释，其实，他们根本不可能提出合理的解释。“风貌”是非物质的，它是某种物质存在形式属性，“质之不存，貌将焉附”？有了文物建筑，才有文物建筑的风貌，没有了文物建筑，就没有了文物建筑的风貌。回避保护文物建筑和文保村落的物质实体，而张扬“风貌保护”，自以为进退两宜，实际上是既没有可操作性，也没有可凭依的原则，完全背离了科学思维的逻辑。所谓“风貌保护”，看提倡者的“创作”，无非是在现代建筑上装饰一些仿古的零件，像北京南池子的“保护”那样，文物的基本价值一点都没有，连假古董都谈不上，这跟“文物建筑保护”有哪点儿沾边呢？倒和“夺回古城风貌”有点儿靠谱。这一派人里，有人直率地说出了他们的必然结论：“造假古董也是文物保护。”这话自相矛盾：既然假古董随时可造，文物保护这件事便被彻底消解了，还要说什么文物保护呢？他们的又一个说法是“塑造历史文化名城”。历史文化名城岂是塑造得出来的，塑造出来的又岂能是历史文化名城。这种思维的混乱在实践上的结果非常有害，那便是一方面放手拆毁真正的古建筑，一方面建造四不像的假古董，而美其名曰保护了古城的风貌，实际是历史信息一点儿也不剩。古老北京城的破坏，每轮总是有这类“理论”为借口的，有北京城为榜样，古村古镇还有什么好说的。

我国的文化传统中又一个弱点便是缺乏世界的、历史的眼光，以致现在一些人不能意识到我们文化遗产的世界历史意义，因此也不能意识到保护我们的文化遗产是对世界的责任，一种历史使命，从而也不能从世界的和历史的经验中汲取智慧和勇气。曾经有几十年之久，世界的和历史的眼光遭到小农意识的批评，“写文章从外国说到中国，从古代说到当今”，被当作知识分子“最没有知识”的证据。从而把知识分子侏儒化，窒息了民族的生机。几千年传统的小农意识至今还没有能彻底克服，我们的一些文物保护工作者，遇到了困难，不是迎上前去积极地克服它们，而是消极地呼吁降低保护工作的标准，为“退却”辩护。我们总是强调中国建筑的特色是全用木结构，木材不结实耐久，所以不应该遵循欧洲人那么严格的建筑文物保护原则。且不细说这些情况并不合于世界建筑的实际，只请那些文物建筑保护工作者想一想，既然认为中国建筑的特点是全用木结构，并且因此而造成保护工作的困难，为什么不下大力气去发展木材的保护科学呢？倒是“以石头为主要建筑材料”的外国，在这些科学上获得了成就，还带动了一系列的产业。

我们一些文物保护工作者，缺乏那种一丝不苟的、细致深入的工作作风，粗枝大叶，凑凑付付，以为“差不多”就可以了。四川省江安县有一座作为省级文物单位的宗祠，直到大修完毕，主事者还不知道两厢本来是几开间的，简单在前端结束了事。也不知道戏台两侧几间倒座的墙上挑出来的木构件是干什么用的。工程完毕了，地上还丢着些精雕细刻的老构件垫路。其实仅仅一墙之隔的院子里，两位老人家从小就惯于爬墙过去看戏，详详细细知道宗祠的一切。向他们求教，就能明白所有的问题。

狭隘的、肤浅的功利主义在我国的文化传统中很强劲。“亚圣”孟子说，“王，何必曰利”，正是因为梁惠王一见他的面就问“何以利吾国”。梁惠王是当权者，孟轲不过是个书生而已。“书生之见”，几千年来都是贬义的。而和当权者相应和的则有如太史公所写的“天下熙熙，皆为利来；天下攘攘，皆为利往”的人民群众。“上下交征利”，又缺乏科学精神，这样的小农意识一直传下来，以致有一些当今地方领导人第一关注的是要在自己短短几年的任期里能出“政绩”，出了政绩能升官，而政绩的评定标准目前主要的还是“经济指标”，就是“利”。一些建筑师和工程技术人员希望有项目可以得实惠；有些地方领导人就伙同他们出项目；百姓则盼着吃祖宗饭，村子一经审定为文物保护单位，就恨不得马上“有利可图”：上有政府给钱，下有游客给钱。有些村子，评定为保护单位之前倒好好的，定为文物保护单位之后却因为没有人出钱出力修缮而败坏了。本来一向可以自己修缮的房子，换几块瓦片，挖一条水沟，也都向“上级”伸手，以致年复一年，把房子拖得破败不堪了。短期里没有利的事，上上下下都没有积极性去做。什么文化、历史、科学价值，正是我们民族传统中不占地位的弱项，那是“脱离实际”的玩意儿，已经批判过几十年了，早就“批倒批臭”。

如果文物村落保护能在短期内有利可图，则各种人等就各按自己的利之所在，一哄而上。眼睛盯着的是利，于是，就往往干出有损于文物的原真性和完整性的事来。最不费劲而又立竿见影的生财之道就是“开发”旅游业，于是便忙于“打造”“包装”“提高”“推销”作为文物保护单位的村落，把村落弄得面目俱非，失去了文物作为文化历史信息载体的本质价值。在各种有关人士心里，旅游业的全部工作就是侍候旅客的“吃、住、行、游、购、娱”，而根本没有意识到应该利用古村落向旅游者提供真实的历史文化知识，提高国民的素质。相反，为了吸引游客，不但在建筑和村落的形体和内涵上大造其假，甚至还要编造出杜撰的、迷信有害的“故事”来。危害最大的，造成无法挽回的损失的是为了吸引游客，去“提高档次”，“丰富景观”，造“辉煌”的假古董，为给它们腾地而拆除一些历经沧桑保存下来的古老建筑，真古董。这些人里，至少有一部分人的动机是可疑的，因为有一句几乎人人尽知的话：“要想富，上项目。”

文物村落的保护工作常常遇到的一种困难是村、乡、镇的党政干部企图从中牟利，一时看不到有利可图，便消极怠工，转而抢先开餐馆之类从旅游业里挣大钱，或者当了“钉子户”，自己的洋式楼房不但不遵规划拆改，反而加层、提高“档次”，以求拿到更多的拆迁补偿。这些都是腐败，但很有“力量”。

于是，就要转到当今我国的政府体制问题。我国的各级行政管理体制，是建立在一个决定性假设之上的，这便是，各级党政的“一把手”都是全知全能的。不论什么问题，都要由他们决定，以他们的是非为是非，只要他们一“拍板”，那就是结论，不必也不能再怀疑、再讨论了。这些“一把手”大概绝不可能都是古建筑和古村落保护的内行，他们或许连最基本的文物建筑和村落的科学价值观都不知道，因此，他们的“拍板”会是什么样子便可以明白了。那些乱拆乱建对古村落大肆破坏的错事，往往是经过某一级的“一把手”拍板的。即使他们能不计个人得失，也很难指望他们的决策都是正确的，因为，清正廉洁、一心为公的领导人是可能有的，而全知全能的领导人却是不可能有的。

最近的这类例子之一，便发生在山西省临县的碛口镇，这是一个把主要由山西移民开发的黄河河套地区和三边地区跟晋商老家及总部所在的晋中盆地连通起来的枢纽，是清代晋商经营活动的最佳见证，目前几乎是唯一的见证，而且保存得很完整，历史信息十分丰富。但是，在它申报第六批国家级文物保护单位而且已经得知初步通过了评审之后，“不知为什么”，虽经多次劝阻，县里有关长官坚持在五里长街中段拆除了两排古老的窑洞铺面房，辟建了一个广场，在广场中间造了一座十多米高的“四门塔”。在正式公布碛口为国保单位之后五个月，这项工程仍然没有按《文物法》上报国家文物局，更没有停止。经过一些人的举报，各方面提出了批评，一位长官来到碛口看了看，说："这挺好嘛，没有什么不好。"于是，这件严重破坏国家文物的事情便平息了。

另一个例子是浙江省温州市的一座明代抗御倭寇侵掠的永昌堡。这是唯一的一座民间自建的堡垒。在被批准为第五批国家文物保护单位之后，市里的官儿大大有了积极性，亲自撰写了一篇"保护"的口诀，头四句大致意思是"完全拆光，彻底重建，明清风格，原汁原味"，最后两句则是"市场操作，两年完成"。幸亏他很快便调走了，这个宏大的计划才没有实施，真是侥幸。

重功利而轻历史、文化、科学，是我们国家的这个传统在当今政府体制问题上的又一个表现，文物保护部门在各个级别上都很薄弱。国务院有一个文物局，职权和人员都很有限。有些省里还能有个小小的文物局设在文化厅里，到了县里，便大多把文物工作放在"广、电、文、卫"局或者"文、教、体、卫"局里，往往连一位分管文物的副局长都没有，只有一位副局长被要求"关心一下"文物工作。有些县的这种局里，负责做文物保护工作的一两个人，还经常被抽调去打不相干的杂务，没有多少时间认真了解一下文物工作，至于系统学习文物保护的基本理论和知识，就很少有这样的幸运了。更糟糕的是有些县里把文物交给旅游局管，在当前，这差不多是叫"黄鼠狼养鸡"！

不讲科学、不重历史和文化的思想传统造成的又一个失误，是迟迟没有认识文物建筑和文物村落的保护是一门独立的、内容丰富而复杂的专业，需要由经过专门培养的专家来主持这项工作，而政府负责组织工作和后勤支持。现在似乎作家、画家和什么样的文化人都能在文物建筑保护工作里有很重要的甚至决定性的发言权，可以直接出主意"拍板"。至于建筑师，那就被认为是当然的文物建筑保护专家了，他们自己更认为如此。其实，一些先进的国家，几十年前大学里早就设立了文物建筑保护专业，建筑师也要经过专门的培训考取负责文物建筑保护的资质证书，才能从事文物建筑保护工作。中国的未经专门培训的建筑师，大多有很顽固的职业习惯，好从形式美观、品相完整或功能完善等角度来评价古建筑和古村落。他们惯于创作，好以自己的创作来“改造”“提高”“完善”那些“破破烂烂的”古建筑和古村落。他们中有不少人并不了解甚至不以为有必要去了解世界上早已很成熟了的文物保护的基本理念、价值观和方法论原则。因此，他们常常以“有创造性”的“发展”规划和设计破坏了作为文物的古村落，甚至生造出“开发性保护”这样的“思路”来，成为急功近利的地方长官们的帮手。

建筑事业的一位领导人甚至在“历史文化名城、名镇、名村”的保护严重失败的情况下，煞有介事地说：“保护不是目的，利用才是目的。”他属下一位研究院的所长著文响应，说“历史文化名城”之类保护的失败是因为“重保轻用”，他举出的两个“成功”的例子竟是人们普遍认为“开发”得面目俱非的城镇。他们所说的“用”，无疑就是用文物建筑和历史文化名城、镇赚钱。这两位学历和地位都不低的建筑界官员，甚至不懂得人们从文物建筑获得审美享受、增长历史文化知识、受到人格教育，这就是包括“历史文化名城”在内的文物建筑的“用”，最主要、最有价值的用，远远大于靠它们挣几个钱的用！

虽然说了这许多现状下可能有的困难，但非常明白，只要地方长官们立得正，一有见识，便是有世界的、历史的眼光；二有魄力，便是胸襟开阔，不以个人的进退利钝为意；三有科学精神，能审时度势，尊重知识；四有民主作风，不独断专行，这些困难都是可能减轻的。至于更大范围、更高层次的问题，例如文物保护行业的专业化和管理机构的专业化，行政权力的约束，腐败行为的克服等等，那就得再耐心等待了。

事情正在起变化，所说的各种不利于文物建筑和文物村落保护的困难正在被克服。我们当前的重要任务是促进事情更快地向好处变化，而促进的第一步正是认识这些困难，不掩饰，不回避，努力去认识它们。

原载《建筑史论文集》第17辑，2003年，
收入《乡土建筑遗产保护》，黄山书社，2008年1月

抢救乡土建筑的优秀遗产

一位西方历史学家说过，西方的文明是城市文明，中国的文明是农业文明。这个说法大体是正确的。

在整个中国宗法制度下的农业文明时代，中国的文化经济中心在农村。农业是中华古代文明的基础，与农业相应的生产活动、社会组织、生活方式、风俗习惯、信仰崇拜、手工技艺等等构成了非常丰富又非常有特色的、有机的文化综合体，并且向城市传播。在漫长的农耕时代，历代王朝的统一政权机构只到达县一级，村落实际上是一个自治体。在大多数汉族地区，这个自治体是由宗族管理的，宗法制度在农村最成熟、最稳定、最完备，渗透到文化的各个方面。流行于中国主要农业地区的实用主义泛神崇拜，它的神灵大多数是农民创造出来、为农业生产和农村生活所需要的，例如三官大帝、龙王、马王、虫王、仓官、山神、药王、送子娘娘等等。宗法制度和泛神崇拜的基础是农业经济，由农业经济中又引发了早期市场经济，晋商、徽商、淮扬帮、江右帮等等都发轫于农村，他们贸通四方之后又回到农村养老，对乡土建设做出重大的贡献。中国最重要的取士制度——科举制度，实行了一千多年，也是在宗法制度的支持下才得以获得巨大成功的。宗族负责基础性的启蒙教育，负责激励和资助年轻人走科举功名的道路，向政府提供科举所需要的生源。历代都有很大比例的进士出身农村，如范仲淹、叶适、吕祖谦、方孝孺等等，到明代末年，有些地区城乡差别已经拉开，竟还有将近42%的进士是农家子弟。这些人当几任官，致仕退食之后大都还乡安度晚年，他们在老家撒播文教种子，循环不休。中国的书院，大多设在农村环境里，学者设帐授徒，学员的大多数是农家子弟。著名的藏书楼也在农村。刻板印书业是一些村落里农民们的第二产业。各行百作的手工业都兴起于农村，盛行于农村，如造纸、制瓷、丝绵纺织、印染、酿酒、榨油、煮盐、竹木加工等等。当今受到重视的所谓非物质文化，如歌谣、年画、剪纸、皮影、刺绣、戏曲、腰鼓、高跷、抬阁、龙灯等等，全都是农民的创造，在农村流传，而且至今不歇。

中国一年四季最重要的民俗文化节日都是按照农业生产的进程周期安排的。

农村是中华民族文化遗产的宝库，是一个大富矿。

一位前辈历史学家说：看来，乡土建筑，尤其是完整的乡土聚落，是乡土文化研究的容器，各种乡土文化遗产研究都可以装进这个大容器里去。这是因为，建筑，尤其是完整的乡土聚落，是乡土生活的基本环境和舞台。农民们是在建筑环境里从事文化创造的，他们创造的文化成果，在上千年的历史中和这个建筑环境以及这个环境中的生活相配合，相磨合，以致几乎无法分离。说到宗法制度，有各级祠堂；说到泛神崇拜，有各种庙宇；说到科举文教，那相关的建筑就更多了。至于居住建筑，它的各个部分在功能和意识形态内容上都和社会、历史、文化息息相关。而且，有许多乡土艺术品是作为建筑的一部分而创作的，如木雕、砖雕、石雕、琉璃、壁画、窗花、神像、楹联、字画等等。所以，说乡土建筑，尤其是聚落，是乡土文化的容器，是很合乎实际的。

农村生活是在村落中进行的，乡土建筑主要的存在方式是形成聚落，聚落是一个有机体，它的内部结构是系统性的，它和周围环境的关系也是系统性的。只有完整的聚落和它们的环境才能包容丰富多彩的乡土文化的各个方面，因此，说到乡土建筑，应该是以完整的乡土聚落和它们的环境为单位的。

乡土建筑和聚落建设的成就也很高。它们品种繁多，形制比较自由，经过不同的自然环境和社会环境的磨砺而千变万化。它们有非常朴素的，平和天成，亲切而富有人情味；它们也有精雕细刻、十分华丽的，甚至连规模都不下于大多数城市的同类建筑。直至19世纪末，甚至20世纪中叶，南方有许多农村聚落的建筑环境不比城市差，北方有许多城市的建筑环境不比农村聚落的好。乡土聚落生存于千差万别的地理环境、历史背景、经济状态和文化条件之下，如有纯农业的和农业兼营手工业的，有山区的和海滨的，有打窑洞的和雕梁画栋的，有科甲连登的和千年白丁的，甚至还有以堪舆为专业的，等等。它们因此而各有鲜明的特色。乡土建筑和它的聚落的多样性准确具体地反映出农业文明时代乡土社会的多样性。这种多样性远远超出同时期城市的多样性。

在漫长的农耕文明时代，不论城市还是乡村，建筑都出自当年“农民工”之手，包括大批能工巧匠也都立身农业。农闲时节或者灾荒之年，他们背起工具箱，四处流动，寻求养家糊口的机会，并且一展身手。乡土建筑是最大多数的工匠为最大多数的普通百姓建造的。

“建筑是石头的史书”，当然也可以说是木头的或者砖头的史书，文物建筑最基本的价值是作为历史的实物见证，它们是建筑遗产中携带历史信息最丰富、最重要、最独特的一部分。所以文物建筑的遴选保护，应该力求多样化、系统化、全面化，因此，以聚落形式存在的乡土建筑遗产应该是中国文物建筑最重要的部分，因为它见证了几千年中国农业文明的历史，而中国的文明基本上是农业文明。保护完整的乡土聚落，不仅仅保护了一批乡土建筑遗产，更重要的是同时也保护了它们所包容着的几乎所有的乡土生活和乡土文化的信息。

什么是中国文物建筑保护的民族特色呢？不应该是“焕然一新”，不应该是混淆历史信息甚至破坏历史信息，更不应该是急功近利，以假乱真，欺世盗名。

文物建筑保护的中国特色，最主要的是把乡土建筑放在重要的地位上，保护一批在中国发育得最完美、最丰富多彩的乡土建筑，主要是完整的村落甚至村落群。这才是最重要的有世界价值的中国特色，也是中国对世界文化宝库独特的、意义重大的贡献。

但是宗法制度下的农耕文明时代，又必然是君主专制的，所以，两千多年来，中国占统治地位的文化不可避免的是帝王将相和士大夫的文化，文化的生态是极其片面的，民间的乡土文化不在历史的关怀之下，它的重要意义和价值从来没有被真正认识。这个强大的历史传统在文化遗产的认识和保护上表现出的顽固的片面性，长期没有被足够地觉察和纠正，以致这种片面性一直维持到现在。一幅隋人仿晋的字，一只永乐年的青花烛台，可以卖到几千万甚至上亿元，而有些不愧为无价之宝的、完整的、历史信息极其丰富的、艺术水平又很高的村落，连花五万元测一幅平面图去申报为文物保护单位都没有钱。有多少本来应该当作国家保护单位的村落在泪眼模糊中永远地失去了！字和瓶是有价值的，但难道村落就这样没有价值吗？认真研究过它们没有？认真思考过这个问题没有？虽然它们不来自遥远的古代，它们一般不辉煌壮丽，它们大多和“伟大人物”无关，它们也未必经历过什么重大的历史事件，但它们是最大多数的工匠建造而为最大多数普通百姓使用的建筑，它们见证过最大多数人民的生活、劳作、创造、喜怒哀乐、生老病死，它们平平常常，然而祥和、亲切，那才是人民大众生存状态的化石，才是民族的历史记忆，最真实、最鲜活、最动人的记忆。举一个最常见的例子，仅仅为了培养子弟读书识字进而取胜科场，一个发育完全的村子就有私塾、家塾、义塾、书院、文馆、文笔、文峰塔、文昌阁、奎星楼、学田仓、焚帛炉、惜字亭、聚贤馆等等，有一些村子又会有进士牌坊、状元楼、翰林门之类的表彰和激励性的建筑，它们曾是中国经史文化几千年传承不衰的重要保证之一。可是当今有多少人知道它们？当然，乡土建筑里有些也很古老，和重大历史事件以及重要政治人物有关的也并非没有，但它们并不是乡土建筑遗产的主体。

现在情况已经万分紧急。

多少宝贵的村落正在以极快的速度被破坏：

有的因为长年失修而当地居民又很穷苦，无力修缮；

有的因为人口膨胀需要造新房子而得不到房基地不得不拆去老屋；

有的因为地方长官片面无知地追求“政绩”，大搞村村进汽车而把双车道的公路引进村里；

为大搞“文明化”而和“破四旧”时一样拆除庙宇、祠堂、文馆和乡贤祠；

为大搞“小康化”而平掉老村子统建一色的白瓷砖房子；

有的仅仅为了眼前不大的经济利益而让公路冲掉或者让水库淹掉有特殊价值的村子，其实本来稍稍调整一下就可以完全避免；

还有一些本来很有历史文化价值的村子，为了开发旅游而大肆改造，以致面目全非，成了假古董。

我们中国人已经在乡土建筑遗产的研究和保护方面做了一些工作，得到国际上的承认和重视，公认有所贡献。但当前，我们的当务之急还是赶快扭转长期以来对乡土建筑遗产保护的忽视，而把它们正式看作文物建筑中极为重要的部分，立即着手普查，评价，遴选，保护。它们已经不多了！

有人怀疑：乡土建筑优秀遗产，尤其是完整的村落，有没有可能保护住？他们认为困难太多。困难确实是很多，但是，只要体制合理，有认真工作的人才，加上政府的支持，完整的古村落能够保护住，这已经在实践中证明了。凡列为国家级文物保护单位的村子，遭到严重破坏以致可以认为保护工作已经无可挽回地失败了的，好像还没有。相反，有些没有列为国家级文物保护单位的村子，虽然有多方面的价值，而且价值非常高，但迅速地破坏掉了。很明显，列为国家级文物保护单位，对于一些有重要历史文化价值的村落的命运是有决定意义的。那么，为什么还不赶紧把一些优秀的乡土建筑遗产，主要是完整的村落，列为国家级的文物保护单位呢？没有钱，先挂上牌子再说。要有急迫感，抢救一个算一个，不要再书生气了，重要的是敢于承担责任。

这是我们建设多样的、系统的、全面的文物建筑整体的迫切的任务，不能再等待了，不能再延误了，耽搁一天就会损失一批，我们已经损失不起了，乡土建筑遗产的抢救已经到了最后关头。

原载《中华遗产》2005年第6期

怎样保护乡土聚落

保护作为文物建筑的古村落，所应遵守的工作程序和基本原则是和保护个体文物建筑一样的，只不过在具体操作层面上根据实际情况有所区别。因为，只要是文物，它们最重要的价值便是历史真实性。文物保护整个理论原则体系和方法论都是从“求真”这一点出发的。所谓“历史文化名村”也一样，因为既然有“历史”二字界定，那么，它的第一的、本质的、终极的要求也便是真实性，而不是“风格统一”“构图完整”之类的标准，否则就会导向弄虚作假，搞伪古董，以致败坏了“文物”或“历史文化名村”的严肃性，导致遗产保护事业的大损失。

像山西省某村那样，放肆地作假，竟被批准为“历史文化名村”，此例一开，怕的是，将会有一批很好的村落看样跟样，毁了！

聚落保护首先是要端正我们关于文物建筑的价值观，真正认识乡土建筑遗产的重要性，在这个基础上开展专业化的普查和评价，建立代表各种类型的村落的文物保护名录。

乡土聚落有许多类型，可以按它们的社会经济特点分，按历史文化特点分，按结构布局特点分，按自然环境特点分，等等。同一座村落，具有从不同角度去看的类型属性，例如，亚热带地区以稻作农业为主的血缘村落，黄土高原地区以畜牧业为主的杂姓窑洞村落，海边主要从事渔业和水产养殖业的血缘村落，宗族制度稳固而且科举成就很高的农业和手工业并举的村落，由古驿站转变而来的居民大多从事挑脚贩运的杂姓村落，等等。所有这些类型性特点都会在村落的选址和结构布局、建筑种类和它们的构造以及样式风格、生产设施和器物以及生活用具、风俗和教育以及非物质文化等各方面表现出来。以乡土聚落作为文物的保护名录应该尽可能地包容乡土聚落的多样性和系统性。

其次是分批做好保护工作的前期研究，把文保村落的历史、人文、经济、单体建筑和村落整体以及自然环境等尽可能地了解透彻，懂得它们内涵的和外观的意义所在，直到巷子转角处墙体的削角和沿巷墙脚散放的石块，银匠店门前石台阶上的凹坑以及小酒店和茶馆的建筑区别等细节，只有在这个基础上编制它们的保护规划，才能最大限度地保护好它们的历史信息，也就是它们的特色和价值。规划是保护工作的指导，而研究则是规划的基础，规划应该是简明、实用的，以降低地方基层的经济负担。

第三，村落的保护应该是整体的、全面的、系统的。村落是一个有机的系统性整体，完整性是它们的真实性的必要条件。不但要保护大而好的建筑，也要保护小而次的甚至很粗糙的建筑，因为它们之间的对比传达了村子结构的社会意义；不但要保护建筑，也要保护和村民生活、生产有关的各种构筑物和设施，包括水井、池塘、沟洫、碾房、磨盘、牲口棚、水碓、烤烟炉、缫丝车、油坊、老祖坟、枯童塔、野厝、凉亭、碑刻、拴马桩、渡头等等。

有些“街上”，有“神仙窟”（大烟馆）和“花茶店”（妓院），也应该把它们的建筑保护下来。历史信息只有真假之分，没有好坏之分，要尽可能多保护原有的历史信息，不因道德判断而丢弃它们，否则“净化”了历史便也歪曲了历史。

第四，要保护文保村落外侧一定范围的原生环境，使乡土聚落仍旧存在于农耕环境之中。这个环境对文保村落的真实性和完整性有很重要的意义。农田、山林、河流、道路、矴步、水利设施等等，都是这个村落世世代代居民开辟创造的成果，是他们生活、劳动所需要的条件和要素。没有了原生环境，就不能充分理解聚落的生存和发展，也不能欣赏它们的生命力和美。保护原生环境，最好能把天门、小水口甚至中水口和大水口也保护下来，尤其是小水口，它几乎是村落必不可少的重要部分。江南地区，小水口常有桥亭、文笔、水碓、庙宇和长明灯，它含有深刻的人文意义。

第五，在个别地方，应该保护一个村落群，往往是以一个村镇为中心的片状地带的村落群或沿一条官路分布的线状村落群，它们是在这个中心或这条路带动之下发展起来并且互相有密切的经济、社会、文化关系的系统性村落群。线状的例子是从浙江省江山市到福建省浦城的古商道串连起来的水旱转运码头、挑夫的食宿村、窑货村、蚕丝村、茶叶村、关隘、游击将军衙门、退伍戍兵居住的村子等，当然还有纯农业村。片状的例子是山西省临县的碛口镇和它周边的村子。碛口镇是黄河东岸的水旱转运码头，周围有养船村、筏工村、扛包人村、养驼村、养骡马村、脚夫村、镖师村、仓储村和以碛口为市场的手工业村，甚至还有戏班专业村，等等。这种村落群的历史文化价值远远高于其中任何一个单独村落的价值。虽然所有村落的存在都和其他的村落会有某种关系，不过，能形成明显、肯定而强有力的内部联系的村落群的并不多，如果有这样的文物资源，该十分珍惜。

第六，严格保护下的村落也要经精心设计改善它的功能质量，提高居民的生活水平。文保村落应该留住适当数量的原住户使它具有生活气息，这本来也是保护古利落的真实性的一个方面。要想留住他们，固然要靠古村落中的生存条件、历史文化氛围和温暖的人情，但也不得不设法改善村落的功能质量，也就是在不破坏古村的真实性前提下适度的现代化。

一些人说，文保单位的保护原则是一点都不许改变原状，而有人居住的城乡聚落不可能一点都不改变，因此城乡聚落不能作为文物保护单位。他们说，有历史文化价值的城乡聚落，只能另搞一套“原则”，只要保护它们的风貌、格局、轴线、轮廓、建筑外壳和天际线之类就可以了。

以上说法好像很重视文保单位，其实却是抛弃它们，它的实践标本便是江西省婺源市的一批“开放”了的村落，以及北京的琉璃厂和南池子地区，都是严重的错误。

第七，文物建筑的保护原则和方法论是为了最大限度地保护文物建筑，不是要给它们出难题憋死它们。

给文保村落供水、供电、供燃气、排污和配置相应的设备，建设便利交通以及改善古民居的采光通风，等等，是理性范围里的事，不能因为有这种必要就把有历史文化价值的城乡聚落排斥在文物保护单位之外。不过，应该尽力使这些新设施和建筑内部空间的调整保持隐蔽性、可识别性和可逆性，也就是新增设施和调整空间时不损及原有的建筑实体，而在拆除这些设施和恢复原空间后不致留下永久的创伤。

但是，如果原村落和它的个体建筑的历史文化价值很高但功能质量太差，以致如果大幅度去改善它们，会对村落和建筑的真实性有太多的伤害，那就只好适当把居民外迁，另建新区了。这种情况下文物村落会减弱了生气，但也只能无可奈何地接受，无法强求。

第八，对大部分村落来说，或多或少，经常会有住户由于各种原因而要求建造新屋，但作为文保单位的村落不可能容纳它们。于是，为了满足村民的愿望，就只有给他们另辟新区。新区还至少有两方面的重要功能，一是建设比较充足的商业服务业设施、文化教育机构和休闲娱乐场所来满足老区居民日益提高的需要，这些也是不可能在老区里充分发展的；二是如果有必要和可能，为来参观文保村落的旅游者提供良好的食宿和购物条件。因此，新区既要与老区分开、隔离，又要有方便的联系，而且它的建设要有周到的规划。

对文保村落或城镇的历史建成区不加分析地提出“既要保护又要发展”的方针是个折衷主义的思维模式，是错误的。保护是要保持村落的原生态，发展是要改变它，二者不可得兼。对文保村落的历史建成区来说，当然是发展要避让保护。但我们决不能排斥居民生活的发展，那就要另辟新区来满足它，否则，文保村落必然会遭到破坏。另建新区就是古村落的“发展”方式。

第九，要精心保护村落的类型性和个性特色。乡土聚落的类型属性都会在它们的选址、结构布局、建筑物种类、形制和风格以及一些生活和生产设施中显露出来。有些是整体性的，有些是局部的，有些是细节的。为了科学地保护一个文保村落，就必须仔细地把这些类型性特点研究透彻，加以精心保护。类型性是村落真实性和完整性的重要方面，它主要表现在村落的整体上，但容易忽视的是细节上的类型性特征。需要提醒，它们未必是“高档的”或者“有观赏价值的”，如，南方稻作地区村落的三官庙和水碓，北方旱作地区村落的八蜡庙和碾台，某些有点手工业的村落的蓝靛池或烤烟炉，位于官路边的村落里的宿店、草料店、马掌铺、干粮店和大口井以及井边饮牲口的石水槽，经济繁荣的村镇里的票号（汇兑业）、银楼（把碎银子铸成银锭或剪碎银锭的业务）和镖行（运输保安），等等。

许多单体的行业建筑也有它的类型性特点，例如，小镇上的酒店不设门槛以防醉眼蒙眬的客人绊倒，中药店专设通宵服务的小窗口，当铺和银号则有“天罗地网”和多达四层的各种门户和门背后的陷阱，有些当铺甚至还有炮楼和地道，等等。不论从聚落整体着眼还是从单体建筑细节着眼，这些类型性特征都要仔细地去认识，谨慎地去保护。类型性特色的具体存在不是千篇一律的，而是千变万化的，这些变化，造成了村落的个性。保护住每个文保村落的个性，就会有无比丰富的乡土建筑遗产。

第十，要防止把村落城市化、园林化、工程化、异域化，经过“打造”和“包装”来“提高档次”。保护村落，一定要坚守本土性和乡土性，要坚定地相信，它们的价值就在于本土性和乡土性，不要眼睛向上或向外，去抄袭模仿，以致东施效颦，反而失去了淳朴的本真。例如：在文保村落路口造一座描龙画凤的七彩琉璃牌楼；拔掉萝卜白菜、拆掉豆棚瓜架去种植绿篱、彩方、行道树和洋草皮；推倒夯土墙而造一段开洞门带灯窗的云墙，把芦苇茂密、鸥鸟翻飞的沼泽地改造成石块砌岸的水塘；等等。

有些文保村子，在外围确实需要一座供人休息的新亭子，照当地路亭式样造一座粉墙青瓦的便很好，典雅清丽而且亲切，不可去造一座完全官式的六角亭，大红柱子，翼角翻起，甚至用上金黄的琉璃瓦，既不利于遮阳避雨，又不谐调，成为外来的“入侵者”。

细节决定风格，千万不要在细节上随意从事。

第十一，不要歪曲文保村落的历史文化内涵。文保村落的价值主要在于它们的历史文化内涵，所以它们所携带的历史文化信息必须真实。

然而，为了“开发”旅游市场，有些地方就给文保村落假造一些离奇的谎话，所谓“无中生有、虚中生实”。例如浙江省兰溪的“八卦村”和“太极星象村”，以及好多地方都有的冒充的“名人故居”。还有一些瞎编的“民俗”，例如不问节气、事由、方式而一年到头都高高挂起不合地方传统风习的红灯笼，等等。

对任何一种文物来说，也包括“历史文化名村”，造假作伪都是最不能允许的错误甚至“坏事”。开发旅游，首要的是为了给人们长知识、开眼界、扩胸襟。如果用弄虚作假给人错误的信息来“开发”旅游，致人上当受骗，那就相当在市场上搞欺诈多骗几个钱了。

乡土聚落保护和一般文物建筑保护一样，是一项很复杂的工作，需要高度的专业化；它又是一项很严肃的工作，需要献身精神。但是，我们的体制是长官挂帅，连专业化的意识都没有。我们的观念是钞票挂帅，无利不保，保是为了开发，开发就是赚钱。而聚落远比个体建筑脆弱，它的整体性极易破坏，所以村落保护的现状已经万分紧急。

原载《中华遗产》2006年第2期

怎样判定乡土建筑的建造年代

乡土建筑的研究和保护，当然最好是能把村落的历史弄得详细而准确。要弄清村落的历史，就得先把里面重要的在历史上起关节作用的建筑物的建造年代弄清楚。这本来是常识，但是，这工作做起来却非常难。在已有的关于中国建筑史的著作里，时代大多以朝代划分。有些比较短暂的朝代，则合并为一个较长的时段叙述，例如魏晋南北朝、隋唐五代等。因此，说到建筑的时代特点，大多以几百年为一个时段。而现存的乡土建筑，绝大部分是清代的，甚至是清代晚期的，建于明末清初的就很少了。如果要在这么一个短时段里再进一步区别出那些乡土建筑的建造年代，难度之大，可以想见，而且未必都有必要。

有些人依靠建筑物的做法、构件和风格来定它的建造年代，但这方法却极不可靠。因为，第一，一切认识都来源于比较，依靠做法、构件和风格来鉴定建筑的年代，它的方法论基础无非是和已知年代的某些建筑的做法、构件和风格做比较。但是，在自然农业时代，乡土建筑的做法、构件和风格的地方性很强，师徒传承性也很强，所谓“一个师傅一个传手”“一处地方一处水土”。因此，乡土建筑的做法、构件和风格的流行范围往往很小，难以从相互比较中得到有关建造年代的结论。例如，浙江省兰溪市的前宅村，在诸葛村西南一里多路，而且居民是从诸葛村分出去的，住宅和诸葛村的却明显不同。前宅村的“三间两搭厢”（三合院的一种）的照壁，绝大多数有“吸壁披厦”，叫作“金鼓架”，并不特别华丽，而诸葛村里三百来座房子，做金鼓架的只有一座“老”房子和两座民国年间的房子，却都有大量的装饰雕刻，非常华丽。前宅村房子的“牛腿”，正面的雕刻都在相同的位置留相同大小的一片浅浮雕板，在诸葛村却没有见到一例。诸葛村正南大约三里，在诸葛村中水口东侧，有一个菰塘畈村，那里的所有住宅，都在山墙的墀头上雕刻得十分复杂精致，有的甚至弄成个小小的神龛，藏着神像，而诸葛村住宅的墀头却光光的什么装饰也没有。另外有个长乐村，在诸葛村西偏北也只有大约三里，那里房子的做法颇多“官式”手法，宗祠檐下斗栱重重叠叠，形制很合“则例规矩”，而诸葛村里却连专门纪念诸葛亮的大公堂和丞相祠堂都没有用斗栱。这一带的木雕师傅，有东阳帮和泰顺帮两个派别，手法并不雷同，但要鉴别某些雕刻是何派在何时所做，实在无从下手。何况两者之间又并非绝不互相借鉴。这种小范围内建筑的明显差别在乡土环境里非常普遍。江西乐安县的流坑村和十几里外的湖坪村长期互通婚嫁，但建筑的差别明显可辨，也是师承不同造成的。

浙江省永嘉县有一座古宅，乡民们叫它“宋宅”，它后面的井栏上刻着“宝庆”的年号，更使人迷惑的是它的柱子底下一律都垫木礩。但是，经过深入考察，浙南和赣中，用木礩的建筑很常见，其中有不少可以确认为是清代末年的，甚至是民国时期建造的。至于木构件的硕大粗壮、用叉手、三间通梁（枋）、梭柱等等，也都很难作为判定年代的标准。江西省和福建省直到清末还有些建筑用梭柱，民国时也未必不用。叉手则是山西省建筑普遍使用的构件，直至住宅和牲口棚。三间通梁、构件粗壮等等或许可以大致说是比较建筑早晚的一个参照，但用来作为元代、明代等等的确切标志，就太不可靠了。盛产木材的地方，用大木料、长木料是寻常的事。建筑的用材和做法不会直接和皇朝、皇帝的存亡发生一定关系。

没有可靠的可资比较的参照物，这是依仗做法、构件和风格不大可能鉴定乡土建筑建造年代的第一个原因。

第二，有人试图参照“官式”做法给乡土建筑判定年代，这方法更不可靠。各地的乡土建筑都难免受到各时代官式建筑的影响，但各地所受影响有大有小，而且都有滞后现象，滞后的时间又长短参差。例如，浙江省永嘉县的农村里，有一些建筑的斗栱十分接近宋代《营造法式》的规范，尺度大，长长的下昂后尾挑着檀条。但考察宗谱，它们中最早的三座建于明代晚期，包括两座牌楼，一座大宗祠正门。另一座是村门，建于清代。侧脚、生起等等，在永嘉县也是通行的做法。在山西也有些明清时代的建筑斗栱做法和宋辽的相似甚至完全一样。如果仅仅以官式做法和风格衡量，那就更难以确定乡土建筑的建造年代了。

第三，有些地方，有些有心人，经过长期考察，能提出一些建筑或装饰的细节作为年代鉴定的标志，但清代皇帝自乾隆以后，在位最长的不过三十几年，一个皇帝死了，另一个皇帝马上继位，在这个过程中，建筑或装饰细节就跟着立即变化了吗？全国建筑都一齐变了吗？连天高皇帝远的农村的建筑都一齐变了吗？这情况大概不会有。

所以，从做法、构件和风格来鉴定乡土建筑进一步细分的年代，几乎没有可能。分出清初、清末就很不容易了。

那么，最可靠的办法应该是找到明确的文字记载。文字记载诚然可贵，却未必都可信。例如，正厅或堂屋脊檩下皮的记年，那可能是最可靠的了，但农村有一种习惯，某人买了别人的房产，第一件要做的事便是把堂屋的脊檩换掉，在新脊檩底面写上自己的名号，年月则更新为买房产的那时候。因为，生活在写着别人名字的脊檩下，在心理上太不安逸；这种心理反映到“风水”术上，便判为“不吉”。换名便要换檩，只铲除旧题款另写都不够劲。从异姓人家买来的房产就更不能凑付。还有另一种情况：作为祖产的房子年久大修，可能近乎重建，但讲究孝道的人们往往把老屋有祖先名讳的脊檩留下来，用到新屋上，表示对祖先的尊重和感恩。这两种情况，就可能使堂屋脊檩下的题字和房屋的实际建造年代之间有不小或早或迟的误差。

脊檩和所有檩条一样，比较易于受潮，早在完全不能使用之前，底皮上的字迹就已经不易辨认。南方有些地区，惯于在脊檩之下三十厘米左右再架一根梁，叫“花梁”，供举行上梁典礼时用，上梁的日子、时辰便写在它的底皮上，这种花梁比较耐久。也有些地方，习惯于把上梁日子和时辰写在后上金檩的底面。

浙江、江西、福建、广东各省，有些地方在堂屋后金檩之下四十厘米左右的位置架一根枋子，专门用来放置“丈杆”，即建房时候大木匠用的上面标有这座房屋全部大木尺寸的杆子。闽西有些住宅把丈杆放在前檐檩下专架的枋子上。这根杆子有神圣的意义，应该永远在那里保存着。这些丈杆上大多会写着起屋的年份，是可信的，但并不每杆必有。可惜经过几十年反复发生的农村剧变，能保留到现在的丈杆已经很少。

福建和江西，有些农村住宅在堂屋太师壁的左上角或左后金柱挂着一块长条木板，叫“吉地牌”，上面写着这座住宅起造时候风水师所批的“箝语”，其中有一些也会留下当时的日期。这块吉地牌并不固定，所以极易遗失。还有一些地方，如江西南部，在太师壁的下部砌一段和香案同高的砖墙，香案左侧，墙上留一条竖槽，槽里立着一块木板，上面写着一句吉祥话，下角会写着年月日。竖槽被用透空的木格封死，在外面可以看到这块木板，但不能取出，不大容易读全上面的字。可惜采用这种做法的住宅很少，不是普遍流行的。

东南诸省，皖、浙、闽、粤、赣，有些富裕人家住宅门窗格子中央的“开光盆子”里，偶然会留下年款。或者牛腿、二步梁上雕花的某些题材如卷轴书画、铜钱等上面也会刻下年号，但现在很难判断那是雕花的时期还是建房的时期，二者相差几十年的情况也是会有的。至于粉壁上书画中的年款，只能证明房子不会晚于这一年而已。堂屋里悬挂的牌匾上的年号和建房的时期，之间也没有必然的关系。

广东的一些房子，在中堂太师壁左腋门后面供着一块木桩，代表木工之祖鲁班和堪舆师之祖杨筠松，这段桩子在房子施工时立在“龙穴”

的位置上。也有师门家法分别以两段木桩为代表，施工时立在房子中轴线的前后两端。这一段或两段木桩应该永远奉祀着，在它们前面会有木板写着房子建造的年份，但这种木桩现在已经很难见到了。

山西中部和东南部，有些农家的院门有披檐，门框上方挂一块匾，写着吉祥话，都署年月，可以作为判断房子建筑时期的佐证。有些店铺在大门上挂店号匾，也署年月，但很难判断这店铺开张之日是否房屋建成之时。而且很可能业主变换，店号已经变更过多次。

判定村落建筑年代的另一种文字资料是家谱。不过住宅和店铺，无论多么豪华，都是不会专门记载在宗谱里的，偶然会在人物小传里见到或推测到。

宗谱里常记载大宗祠的建造，房谱则记载房祠的建造。但这种记载通常是浮词很多，而事实叙述不清。大宗祠多半不是一次建成的，大都经过多次扩建和改建，甚至火灾后的彻底重建。这些经历，宗谱都语焉不详，很难采信。而且，每次宗谱按例重订，“话语权”都操在当时处于强势的房派手里，常有的情况是：凡由这个房派主持的修缮，规模和成就就会被夸大，所用的笔法是把修缮之前的情况写得非常凄凉，如：“蒿草丛生，狐兔出没，墙颓屋漏，砌断柱倾，难妥先人之灵”。修缮之后则“堂室一新，美轮美奂，先人得以妥，子孙得以安”。而以和这个房派有点嫌隙的房派为主的修缮，不免被轻描淡写。根据传统，宗谱必须三十年重修一次，否则便是不孝，但是“三十年风水轮流转”，强势弱势都会转化，所以，同一个事件，在宗谱里并非一次次的记载都完全相同。或许正是这个缘故，全国遵守的惯例是，每次修订宗谱之后，必将以前的宗谱全部收回销毁，以免给子孙留下有矛盾的记载。虽然如此，在一些村子，还有可能找到不同时期的几版宗谱，有可能提供大宗祠的一些建造和修缮的情况，但未必翔实可靠，还要做更细致深入的工作才行。

至于庙宇，除了一些特殊的以外，宗谱里并不记载它们的建造，只偶然可在“义行”栏里或某些重要人物的小传里见到，同样也是语焉不详。地方志上会有关于某些庙宇的记载，多是些相关的诗文而对庙宇建造和修缮的情况大都简略不清。往往一说“创建”，就会写到南北朝或隋唐，事实上却是清代彻底重建过的。但庙宇一般都有石碑专门记载它的建造、扩建和维修经过。因为建造和维修庙宇的经费大多来自募化和乐捐，所以主事的“纠首”必须把所有善款收入和支出费用都分项交代明白，项目细到油饰妆銮和工人茶水，费用则细到分厘丝忽几枚铜板，一一刻在碑上。这种碑文之末必有年月，很可靠。可惜半个世纪以来，不少石碑被用于铺路、修桥，甚至填了涝池。

浙江省兰溪市诸葛村附近有一个专卖拆房旧木料的市场，据那里的经营者讲，他们鉴定老房子年代的方法是利用一种建房习俗：就是建房时在堂屋左（西）第一榀屋架的前檐柱下，柱礅之上，垫一枚当朝的铜钱。从这枚铜钱便可以知道建房的年代。但这方法至少有两个问题，一个是，清代并非每个皇帝都一登基便立刻铸钱，并且很快流通全国，所垫的铜钱也可能是前朝的，有点误差。好在乾隆以后每个皇帝在位年代都不长，误差倒不致很大。第二个问题是，要鉴定一个房子的年代，便得取出这枚铜钱，那倒是很困难，不是一般研究者能办得到的。这方法的可操作性太差。但如果经过验证属实的话，这倒仍然是一个很重要的方法。

另一种可能是，各地通行在脊檩或花梁的上皮挖一个槽，上梁典礼时往里面放置“七生”，“七生”的内容各地有差异，大致包括粮食、花生、盐、棉纱、蚕丝、小镜片和几枚铜钱，这几枚铜钱也选最近铸造的，可以大致告知上梁的年份，误差和柱子下的相似。但是，它们和脊檩或花梁下的题字一样，会因房子的易主而被换掉。

判定乡土建筑的建造年代，常用间接的方法，就是以人物活动、村落史事以及有关系的工程和其他建筑物等的建造时间来推断。例如，张某的住宅墙角压在通济桥第一步台阶的东头上，则这住宅的建造必在通济桥之后。桥头碑刻记述桥是李某为庆祝太夫人六秩大寿而造的，据太夫人墓碑所记生卒年月推算，她的六秩大寿是嘉庆十一年，可知张某住宅的建造不会早于这一年。又据《张氏宗谱》，张某道光六年任邻县县学教谕，阖家迁往该县西关智仁巷定居，另立支派，则桥头张宅之建不会迟于这一年。也就是，张某的住宅建于嘉庆十一年至道光六年之间，简约地说就是建于“嘉道”时。用这种方法，可以获知一些建筑的大概建造年代，虽然不很精确，但一般说来已经够用了。

原载《中国文物科学研究》2006年第3期

对遗产要怀有敬重之心

并不是所有的古民居都具有保护价值，这就像不是所有的民间传统小调都需要保护一样，我们需要对具有文物价值的古民居进行保护。

以古民居为代表的乡村古建筑正在面临着严峻的考验。在现代经济建设过程中，作为民族历史文化载体的大量文物建筑已经纷纷倒在了推土机的铁铲之下。一些地方政府官员由于经济利益的推动和个人政绩的需要，以经济挂帅，且缺乏远见，以至于大量作为历史文物的古建筑在房地产经济开发的过程中灰飞烟灭了。

目前，我们最重要的是建立起正确的文物建筑保护理念，并将这一正确理念灌输给大家，纠正原有的一些不正确思维。古民居的保护工作在某些阶段，会与经济利益发生冲突。但是，从长远看，它是属于全人类的财富。如何摆正经济和保护的关系？这需要引起人们更多的重视和思考。

在民国初期，北洋政府为了修建火车站，需要在北京前门瓮城上开一个城门。当时北洋政府举行了一个隆重的仪式，以向天下谢破城之罪。那个时代的人对遗产都怀有敬重之心，我们难道就做不到？

在中国两千多年来的文化传统中，将相文化和士大夫文化占统治地位，大量的乡土文化一直处于边缘地带，这使我们对文化遗产的认识和保护表现出非常顽固的片面性，这种片面性一直维持到现在，也直接体现在我们长期以来对乡土建筑保护的忽视，例如部分古村落建筑直到最近才被列为文物保护单位。

许多乡土建筑看起来陈旧不堪，却是先民创造的物质文化精华，承载着丰厚的非物质文化遗产，具有珍贵的历史、艺术、文化、科技价值。它们不仅能帮助人们了解乡土文明进程，唤起人们对故土的热爱，同时也是弘扬民族传统文化、教育人们扬善弃恶的好教材。

现在有一些人以中国古建筑多为木质材料不易保护为由，主张拆除古建筑，这是非常错误的言论。古民居保护一定要以一种积极科学的态度来对待。应当像欧美国家一样，积极研究解决木头与石头保护的难题。欧洲有大量木质结构的古建筑都保护得很好，尤其是德国，在古建筑保护方面走在世界前列。他们的古建筑既有石质的也有木质的，但是他们都保护得很好，为什么？因为他们从积极的角度来思考和解决困难，以科学的态度来寻找保护的办法。

原载《中华遗产》2007年第3期

乡土建筑保护论纲

一、前言

在我国广大的农、林、牧业地区的乡间，存在着多种类型的民间古建筑，它们体现着和它们的类型性相应的地方传统和民族特色，饱含着乡土社会的历史文化信息，可以称为我国的乡土建筑。它们是认识我国几千年农耕时代文明史的实物见证，具有历史、艺术和科学价值，因此，应该选择其中一部分予以保护。

我国绝大多数地区的绝大多数乡土建筑的存在方式是形成村、镇等聚落。聚落是一个有机的系统，它的历史文化意义和功能大于它所有的各个单幢建筑的意义和功能的简单总和。个体建筑离开了聚落就会降低它的价值，聚落失去了它的部分个体建筑也会降低它的价值。所以，乡土建筑的保护应该以村、镇的整体保护为主要方式。

作为历史的见证，文物古村镇的历史下限应为1950年代之初的土地改革。这场改革彻底改变了农村的生产关系，改变了农村发展的道路和方向，并且也改变了建筑本身的形制和技术体系，因此，土地改革正宜于作为乡土建筑历史的下限。土地改革后的新农村建设也具有重要的历史价值，应选择一部分作为现代建筑遗产予以保护。

二、调查和认定

1. 乡土建筑保护的第一步工作是在责任范围内进行古村镇的专项调查，初步选择出一些古村镇来进行价值评估，确定其中一部分作为各级文物保护单位。这种普查要反复进行，一是为了防止可能的遗漏，二是为了适应对乡土建筑价值的认识可能发生的变化。

2. 全国乡村范围内确认为文物保护单位的古村落的总体应该包含各种功能类型、各种自然环境、各个文化地区以及各个民族的古村镇的典型作品，形成一个有全面代表性的乡土建筑文物系统，和其他的文物建筑共同反映我国长期的历史发展和文化成就。

3. 确认为文物保护单位的古村镇，作为乡土建筑的典型，它的严格保护区之内应该保存着历史上形成的完整性，或者虽有局部残损但基本上保存着原有的总体布局、绝大部分原有的古建筑类型和建筑物。已经遭到破坏的古村镇，如果所余部分仍有一定的价值，就以还存在的部分为整体以古建筑群的名义作为文物保护单位。古村镇遭严重破坏后遗存的个别古建筑，如果有较高的历史文化价值，也应定为文物保护单位。

4. 位于古村镇之外的零散乡土建筑以及构筑物（如庄园、农舍、堰坝、路亭、长明灯、庙宇、塔、渡头、桥梁、驿路、关卡等），大都由某个古村镇居民建造和负责管理，如距离该古村镇比较近而且关系密切，则应和作为文物的古村镇一起保护。距离古村镇比较远的，则根据它们本身的价值和保存情况决定是否可以列为文物保护单位。

5. 如古村镇的整体性已经遭到根本破坏，其中还保存着的少量历史文化内涵丰富或有特殊艺术、科学价值的个体建筑已经完全失去了原生态的历史环境，在原地保护已经没有意义，则允许将它们拆迁到附近安全的场所妥善保护。由于重大的国防、交通和水利建设的需要，一些作为文物保护单应的建筑确实无法在原地保护，也应采取易地保护的方法。

6. 已经严重毁损而失去了整体性的且已不可能修复的个别乡土建筑，应将它的艺术性比较高或技术上有特点的个别构件或构件的局部收集起来予以保存，数量较多时应建立地方性的博物馆。部分价值最高的，可建立全国性的博物馆收藏。

三、古村落保护的基本原则

7. 古村镇的保护应该以古村或古镇的整体作为一个文物保护单位，它们原有的全部各类古建筑都应该予以保护，不再在它们之间区分轻重和保护级别。古村镇是由它全部的各种类型建筑物形成的有机整体，这是一个系统性的整体，反映着乡土环境中社会、文化、经济等各方面的生活，每一类建筑在这个系统中都有它的独特功能，失去了部分建筑，就会破坏古村镇的系统性，也就是破坏它们的原真性，而它们原生态的真实性不允许破坏。

8. 在某些情况下，一些古村镇存在着经济上、文化上或历史上特别密切的互补或互动关系，可以称为一个古村镇群。它们或是沿水陆交通线呈线状串联，或是形成以一个村镇为中心的网络，或是线状和网络状关系并存。每一个这样的古村镇群是一个有机的大系统，它们所蕴含的历史信息往往特别丰富并有特殊重要的价值，应该尽可能地把它们合成为一个文物保护单位或一个文物保护单位群。有一种以特殊的民俗崇祀活动为契机聚合起来的古庙宇、古村镇和其他古公共建筑物形成的群体，也具有特殊的意义，应该作为一个文物保护单位或文物保护单位群。

9. 整体地保护一个古村镇，除了保护它的各种类型建筑物外，还要保护它内部和外部一定范围内原有的生活、生产设施和其他公用的基本设施（如水井、池塘、水碓、碾盘、油榨、牲口棚、拴马桩、引水渠、寨墙、堤岸、道路、桥梁、船埠、茔地等等），它们是古村镇整体不可缺少的功能部分。

10. 保护古村镇，还要保护或保存它的居民的日常用具。包括家具、炊具、灯具、农具、工具、器物、设备（如中药店、油榨、茶馆、酒店、铁匠铺、竹木作坊、染坊、豆腐坊、糟房等等所用的）等等。

11. 要慎重保护历史、生活、生产劳动、民俗等在古村落和古建筑中留下的一切有意义的印记（如各种记事石碑、石刻、车辙、篙窝、洪水印迹等等）。

12. 环境是古村镇原始选址的依据，是它们存在并发展的外部条件，所以原生态的环境是古村镇作为文物的原真性的因素。应该在作为文物的古村镇周围划定一个适当范围的原状环境作为建设控制区，包括其中的农田、山丘、河流、湖泊、林木等等。

13. 应避免在文物古村镇附近建设有污染危害的工业项目以及高速公路、铁路等等。如在较近范围内规划这些项目时必须有针对文物建筑安全性的环境影响评估。

14. 古村镇在被选定为文物保护单位后，应尽早编制它们的保护规划。在编制保护规划之前，应对古村镇进行全面的、深入细致的多学科综合研究。保护规划应该实用、简明、反映研究成果，并尽量降低规划的编制成本。

四、开辟新区

15. 由于古村镇中近半个世纪来人口大量增加，兄弟长大又要分家析产，而且随着经济和文化的发展，居民对生活质量的要求日益提高，在保护历史原真性前提下作为文物保护单位的古村镇和它的各种建筑物不可能充分适应这些变化，因此，应该及时开辟新区。新区要有规划，规划要有前瞻性。新区与旧区之间应该有隔离带，作为保护古村镇的建设控制区的一部分，防止新区建设干扰古村镇的面貌和生活气息。新区与旧区之间应有密切的联系，使旧区居民也可以方便地使用新区的各种商业、服务业设施以及文教卫生和体育娱乐等设施，也便于新区与老区居民之间亲密的交往。

16. 古村镇作为文物保护单位之后，会吸引一些人来旅游参观。为向旅游者提供的各种商业旅游业服务应主要设在新区内，以保持古村镇的原有面貌和生活状态。

五、古村镇内部的合理调适

17. 文物古村镇内原则上不得再建造新建筑。土地改革以后新建的建筑，凡扰乱了古村镇原有的整体布局、损害了古村镇文化生态和破坏了景观的，都应该拆除，个别有较大历史价值的可以保留。对古村镇的历史面貌干扰不大的新住宅等也予以保留，必要时稍加改造，改造不得完全仿古，避免以假乱真，但应保持建筑群的和谐。外围的建设控制区内必要时允许进行少量的小规模的新建筑，但事先要经过慎重的环境影响评估，同样不允许完全仿古。

18. 作为文物保护单位的古村镇，应该尽可能继续它原有的类型性功能，就是保持它主要的经济、文化活动，包括农耕、畜牧、矿冶、商业、水陆运输、手工业、文化产业、民俗崇祀中心等等。如某种经济、文化活动已经失去了继续存在的条件，则应尽可能选择与原有功能相接近的功能，使其中大部分古建筑仍能适应新的用途，既避免闲置也避免使用不当，从而导致古建筑破坏。

19. 不强求从作为文物保护单位的古村镇中迁出大量原住户，也不强求留住大量原住户。应依靠在古村镇内完善和改进公共工程和设施，包括供水、排水和排污工程，防汛、防灾工程，古村镇内外的交通设施，能源和照明设施，以及在古村镇或新区内建设医疗卫生设施，教育和文化设施，娱乐休闲设施和适度的商业和服务业设施等等，提高古村镇作为居住区的功能，提高居民生活的安全、方便和舒适度，以保持古村镇内有适量的居民，维护古村镇的生活气息。有一部分作为文物的古村镇不能完全适应生活急剧的大幅度变化而有一定程度的“博物馆化”，但它们会因具有的历史文化价值而保持活力。

20. 作为文物保护单位的古村镇所必要的新建设施，应主要位于严格保护区外侧的建设控制区内。如必须在严格保护区内，则应尽量合理地利用原有的建筑物，必要时允许少量建造一些小型的新公用建筑物和构筑物，但要力求位置隐蔽、体量小、形式简单朴素，不可扰乱古村镇原生的格局、形态、轮廓和色彩。新建筑物和构筑物要与古村镇中原有的古建筑和谐，但不可完全仿古，更不可移植外地的建筑形式和风格，不可追求高档和豪华。

21. 为了提高古村镇中居民的生活质量和适应各种古建筑的新功能用途，允许对古建筑内部进行适度的改造，包括装置上下水和排污系统，配置现代化的卫生设备、照明设备和厨房设备，增加室内的天然照明度，改善室内自然通风，对室内墙面、地面顶棚进行必要的装修，调整楼梯的坡度和宽度以及安装为新功能所必需的家具、用具设备等等。这些措施都不可以改变古建筑的结构和空间格局以及外部和院内的面貌。建筑的改造应当遵从文物建筑保护的“最低程度干预原则”“可逆性原则”“可识别性原则”和“可读性原则”。所有改造均应经过专门机构的评审、批准后方可进行。同时，应保留每一类建筑中的一两幢不予改动，并保存它原有的家具、工具、器物和历史、生活、习俗等特色和印记。

六、复建

22. 如果古村镇中缺失或部分缺失了少数对古村镇的完整性有很重要意义的建筑，如水口建筑、村门、牌坊、庙宇、祠堂、书院等等，可以谨慎地予以复建。但事先要向知情的老年居民调查它们过去的情况，搜集有关的图像和文字资料，获得明确的、可靠的信息，做出力求接近原物的复建设计，经过老年居民和专家的论证，规模较大的需经文物主管机关批准。

23. 复建时应尽可能使用原建筑的旧材料，缺失部分予以补足。石质或砖质的纪念性建筑如牌坊和村门等，复建时也可以不追求完整而保留它的残破面貌，但要充分保证它的安全性。

24. 复建之后，应写详细说明刻在石碑或金属板上，置于复建建筑物的内部或近旁，并将老年居民等所提供的资料、旧照片及参照物的照片或测绘图陈列在方便的地方，供人参考。

25. 作为文物保护单位的古村镇，可以由精通当地各种传统建筑工艺并充分理解文物保护科学理念的技工经有关管理单位审定合格后发给资质证，组成维修队，负责本村镇内古建筑日常的维修和小型的建造。

七、绿化

26. 在作为文物保护单位的古村镇内外进行绿化时，力求保护原有的植被，尽量利用农作物，种植乡土树种和花草。不可采用本地没有的城市园林因素，如行道树、草皮、修剪成形的绿篱和彩方等等，而要保持树木的自然状态。

八、旅游

27. 可以利用作为文物的古村镇开展旅游活动，向社会、主要是青年，传播历史文化知识，提高修养，培育心性。也可以适度获得经济效益。

28. 不得为吸引游客而伪造迷信（如古村镇布局中的八卦、阴阳太极、七星八斗等），更不可“打造”“包装”古村镇而伪造一些“古”建筑（如琉璃牌楼、塔、凤楼麟阁、花桥、亭台、城门、花园等等）。总之，必须严格保护古村镇原生状态的真实性。不可把古村镇商业化。

29. 要坚持不超过古村镇的合理旅游容量，避免旅客过多对村镇建筑以及原住户生活质量的侵害。

2007年3月29日修改稿

原载《乡土建筑遗产的研究与保护》，同济大学出版社，
2008年6月

关于楠溪江古村落的保护*

刚才葛县长说了很多热情洋溢的话，葛县长称我是古村落保护专家，我算不上什么专家，我只是诚惶诚恐地一步一步地做，力求做出几件好事情。这次葛县长叫我来，在电话里头，我听到葛县长几句话，就知道楠溪江的形势跟前两年不大一样了。1989年我第一次来，1992年最后完成我们初步的研究作业，这以后就很长一段时间没来，前年才重来了一趟。很坦率地说，这期间我听到一些很伤心的话，一些同事、学生，包括一些台湾的朋友来过楠溪江后给我带来一些很伤心的信息。五天前听到葛县长的电话，我就感到他下了很大的决心，在楠溪江做了很好的工作，对楠溪江是个转折点，所以我就来了。我很高兴中央电视台的记者跟我同来。

我看到《永嘉报》上提到“爱我母亲河，文化楠溪江”的口号，楠溪江也是我的母亲河。刚才葛县长说到，我对楠溪江有很深的感情。是啊，这么美好的环境，这么优雅的建筑，这么丰厚的人文情愫，楠溪江古村落在我们民族的文化历史上应该有一席之地，所以我看到这个口号非常开心。昨天、前天到几个村子里看了看，各方面都动起来了，有些建筑在维修，工程量不小，村民保护的意识也提高了，我们有句话：“在经济建设的高潮之后就有文化建设的高潮。”温州人的经济活力在

* 根据2002年6月26日在永嘉对县级有关干部报告的录音记录。

全国早就出了名，各地的人们都不敢轻视。记得有一年到新疆的喀什去，从吐鲁番到喀什要经过大戈壁，有些地方连草都不长，汽车常常开一个钟头都不见人烟，我们却看到有温州人开的饭店，还有一家温州人开的美容店，名为“小香港”，孤零零的。温州人的开拓精神、吃苦耐劳，让我感慨万千。前几年，全国除了西藏之外都有温州人，现在连西藏也有了许多温州人。我早就希望温州人在文化建设上也有这样的干劲，也有出色的成绩。现在全国都在保护古建筑，这次我来这里，看到楠溪江的工作正在以不小的规模进行着。一个地方的人有开拓精神，在各个方面都会表现出来，我很高兴看到这个场面。

我要在你们乡土建筑保护的高潮到来之前说一些看法，但我这些看法根本谈不上是经验，我就说说我们遇到的一些情况吧。我手里头是个国际文件，是古建筑保护的国际机构ICOMOS于1999年才通过的，叫《关于乡土建筑遗产的宪章》，我收到了以后立刻找学生把它翻译出来，有一些跟我们的提法基本一致。例如，说乡土建筑的保护要以完整的村落为单位。这是我们十几年前一开始就主张的。楠溪江的乡土建筑保护，比其他许多地方都要难。其他那些地方大都是要保护东一个、西一个孤零零的村子，保护一个村，工作比较简单，而楠溪江有一大批村落，各有自己的特色，有各自独立的性格。芙蓉村和林坑村的性格完全不同，甚至于芙蓉村与相邻的岩头村差别都很大，又都很有价值，都应该保护，所以说楠溪江的工作非常困难。我就想在我们永嘉很多同志工作的基础上补充一些意见。

首先，要做一个楠溪江乡土建筑保护的整体规划，从楠溪江的上游到中游，上游还包括大源、小源。在普查的基础上做一个整体规划，哪一个村还可能完整地保护，哪些村子只能保护一部分了，哪些村子甚至只有个别房子能保护了。有些村子只能保护一座屋子、一个戏台，当然这是万不得已的，东西破坏光了嘛。有了整个楠溪江流域乡土建筑保护的总体规划，我们以后的工作就心中有数，不是东一枪西一炮。楠溪江又是风景区，所以点、线、面都要联系。你不能让人坐车在几十公里的路上跑，路边没有传统的乡土性的东西可以看。比如林坑，林坑太值得保护了，像林坑这么有特色的地方，我从来没有看到过，但从城里去，一上路就一个多小时，山清水秀固然看不够，但是不是还可以把沿路零星的老房子再保护一些，如溪口、岩坦、大学、屿北、李家坑，都还有一些残存的老房子，把它们维修维修，一路上不空，这样就点线结合了。像芙蓉、岩头、苍坡那样就都不是点，而是面了。林坑、上坳、黄南也是一个面。如果在点、线、面上做文章，能比较完整地呈现楠溪江的原貌。

在总体规划上我们还可以考虑保护自然，植树造林的问题。楠溪江的树种是单调了一些，从生态保护和旅游价值看，常绿阔叶林最好。楠溪江有份非常好的遗产，那就是油桐树，现在桐油经济价值小了，油桐数量大大减少。油桐叶大，春天一开花太漂亮了，而且中国的古典诗词有很多是关于桐花的，如果楠溪江在植被上要有突出的特色，油桐就可以作为特色，甚至于开花时候可以办个桐花节。现在全国各地以油桐为绿化树的可能还没有，而楠溪江有种油桐的传统。去年来时，杜鹃花开得也很灿烂，但杜鹃花各地都有。所以我们可以培育出一个油桐的特色。以上是我的第一个建议，就是从楠溪江流域的点、线、面结合做一个村落和自然的整体保护规划。

那么第二个建议呢，我们的保护要按照国际标准来做。当然楠溪江有些方面已经很难做到了，十年前按国际标准做，工作还好做一些。我们要保护的是聚落的整体，是一个完整的村子，不是几座漂亮的房子。我们从1989年做第一个乡土建筑研究课题开始，着眼点就是整个村子，十年以后，也就是1999年，ICOMOS通过的《关于乡土建筑遗产的宪章》（《墨西哥宪章》）才“建议在整体上”保护农村聚落，比我们晚了十年，这个我们觉得很自豪。大家手里都有这个《宪章》了吧?

保护工作的起点要高一些，跟国际接轨，就是古村落要整体的保护。单独的建筑不管多好，离开了村落整体以后，价值会损失很多。一个建筑失去了周围的历史环境，所携带的历史信息很大一部分都会丢失，作为历史见证的意义就不大了。陈氏大宗在芙蓉村里是什么位置，朝哪个方向，前边是什么，后边是什么，都很有讲究。你一个岩头的接官亭非常漂亮，可是如果其他的什么都没有了，孤零零一个亭子又有什么意思呢？那丽水街，简单无比，可是你要想到在嘉靖年间，开辟丽水湖的意义，要想到桂林公倡导子弟在坝墙上跑马练武艺，再想到清末挑盐脚夫路程上的艰难生活和村民们对他们的情意。把它们连在一起，就显出了丽水街充分的价值。

原则是完整地保护聚落，但有一些村子已经没有整体了，也不能说没有整体就不要了。我们也可以保护它们的一部分，当然档次难免低了不少。所有文物都有档次高的档次低的。昨天学到一句永嘉话，“骨头上的肉是娘身边的囡”，有父有母、家庭和美多好啊，但是万一成了孤儿，我们社会福利机构也要办个孤儿院把他养起来。我们要有个认识，就是各种类型的村子都要保护，我们不只要好看的，不好看的房子也要。我们现在听到一些人说他们村里还有一些不好看的房子，想拆掉。其实一个村子里的房子有好看的，也有不好看的，过去有钱人家房子雕梁画栋，穷人家的小房子很简单，你没有穷人就不叫村子，没有穷人谁给富人当佃家、当船工啊。所以穷人的小房子也要保护，拆掉了穷人的小房子这村子就不完整了，不完整就不真实了。不真实、不完整的村子怎么见证农业时代的历史文化呢？

我们搞了这么多年古村保护，得出结论，要保护老的必须开辟新区，我的老师梁思成先生，在五十年前为北京做规划的时候就建议新的发展区要建在老的保护区的外面。现在北京提出“既要保护，又要发展”，我说不可能，保护就要冻结现状，历史发展到此为止，老区不可能发展了，但可以利用。老区有一些小小的调整、小小的处理是可以的，但从根本上发展就不行了。现在村子的人口是过去的三倍以上，以前一个小院子住一户很舒服，“土改”以后住了三户、五户，如果要户户有卫生间，要上下水，不搞些措施提高生活质量是不行的。老房子里生活水平有可能提高，但有一定的限度，不可能很舒服，不可能很现代化，最多只有能容提高二十年的余地。再提高的潜力没了，新区就必须有了。有新区了以后，老区的人会慢慢减少。国际上有人议论，老区的活力降低了不好，老区应该保留一些住户。老区肯定有人要迁出去，而迁出去的又是最有活力的人，当然那老区不可能像现在这样红红火火了，活力会降低一档。但还是会有人愿意住在里面，也不可能变成空心村。我们千万不要立政策统统叫老百姓撤出老区，他喜欢留在那儿最好。老百姓安居乐业这才是盛世。新区与老区的关系要处理好。

建新区也要有规划。现在楠溪江的村子乱，不是老房子乱，而是新房子乱。老房子很整齐，新房子乱七八糟。当然，这不仅仅是楠溪江这样，全国各地都这样。新房子是好，叫我住，我也住新房子。我们保护古建筑的人从来不反对造新房子，新房子是经济发达的标志。十年前我来这儿，没有新房子，现在经济发达了，老百姓造新房子是好事。但是要规划新区，要有街有巷，有上下水道，还要跟老村子互相有照应，给老百姓处理好生活。也许是其他种种原因，现在的新房子造得太乱了，这跟《土地管理法》有关系，它说新房子必须在老房子的房基地上盖，如果没有老房子，就在村子里面的空地里造新房子。这么搞，新房子东一座、西一座，村子还怎么规划呀。根本做不了，弄得老区破坏了，新区也乱糟糟。有些空地是排水的地方呀，新房子往上一造，雨一下，水就排不出去了。以前的老村子不论下多大的雨，雨一过水就全流光。现在新房子东一个西一个造了，水路堵死了，雨水汇成塘，都成绿颜色的了，臭，蛤蟆乱叫。所以新区也要有统一规划，不能乱来。

下面还有个建议，刚才提到楠溪江的整体规划，从保护、旅游、文化方面来谈，除了做整个楠溪江的整体规划外，苍坡村、林坑村等个体村落也要做规划。做规划第一步要先做好研究，把村子的历史弄清楚，村子要定位，在历史、地理、文化上定位，在审美上做一个分析，这些工作我们都要跟国际接轨。申报全国文保单位也一样，研究是前提，研究了才知道该做什么事情。规划应该有专家来主持。五年、十年之后需要改一改，到那时我们对它的认识更深入了，而且情况也变了，时间也变了。我们越来越明确地认识到，研究不够具体，不够明确，做保护工作时就重点不清，甚至是非不清。

兰溪市的诸葛村，我们给它做了规划。诸葛村从以农业为中心向商业、手工业、轻工业一步一步转化，从原来的纯农业村逐渐向小地区的商业中心转化，在建筑上都有鲜明的痕迹，我们总说建筑是石头的历史，村子成了史书，这是一个典型例子。最后到了1930年代，诸葛村有了自己的电话交换站，那是孙传芳的部队撤退时候扔下的一套军用电话设备，村里就弄来打电话。孙传芳军队还扔下了一套发电设备，村民们自己搞了个小小发电厂，先用来装街灯，后来，在这些现代化东西激发之下，思路也活了，榨油厂、面粉厂、丝绸厂都用上了电，诸葛村就从一个纯农业和手工业的村子发展到30年代有了轻工业萌芽的村子。因此，村子的布局结构变了，建筑类型丰富了，连建筑装饰题材都变了，村子的行政管理体制也变了，这些都有实物可证。弄清楚村子的历史定位之后，在保护的时候就知道什么是重点，知道怎么去表现它。

我说说你们的岩头村丽水街，对丽水街的整修，事前研究得不够，花了钱，花了力气，把丽水街原来的美损伤了不少。街上长廊临丽水湖一边的美人靠和栏杆的做法，本来十分轻巧，廊子的柱子是立在悬挑出去的石条上的，美人靠下是空的，现在改得十分笨拙，柱子都立在实地上了，美人靠下封死了，建筑性的美损失掉了；以前丽水湖边隔不多远就有一个洗衣服的码头，配上凌空挑出的踏步、石阶，现在都搞没了，街上美人靠上坐着的老人和湖边浣洗的女儿、媳妇上上下下聊天的情景再也不会有了，生活当中人情的美损失掉了；原来丽水湖对面是一大片湿地，一直延伸到远远的村舍边，有芦苇，有水蓼花，有木芙蓉，天上还飞着白鹭，自然风景像画儿一样，而现在湿地被填平了，成了广场，白鹭再也不来了。丽水湖全砌成石头岸，整个像农村的水利设施。这是研究得不够，没有认识到丽水街的建筑美、人情美和自然美，匆匆忙忙就动手整治。有人跟我争辩，说沼泽地很臭，这不符合事实。我们在这里工作了许多日子，从来没有闻到过臭味，问过村民，他们说，只有给茭白上肥的一两天里有点臭味。现在在丽水街上走，倒是有臭味，那是从丽水湖里来的。臭味产生的原因，一是把泥土岸改成了石岸，湖水因此不能自净；二是近年村民不用人粪尿肥田了，粪尿排进渠水里，流到湖里，存下了。有些人家用渗坑，时间长了也会渗进湖里，因为丽水湖位置在全村的最下水处。退一步说，即使沼泽地有臭味，那也不必填平，三百多年前，正是你们的祖先桂林公建设了很巧妙的水渠，从五㶉溪里引水过来，这才使岩头成了楠溪江中游的大村。你们本来只要学一学桂林公，增加一些渠水的水量，或者再另辟一条水渠从西南方流进沼泽地，就可以使积水净化。你们却采用了最省心又最省力的方法，一填了之，而永远丧失了诗意美，真是愧对祖先。至于流进丽水湖的粪尿，用生物法或者管道法处理是免不了的。在职位上，就得做工作，暂时没有钱，你先做个合理的方案，总不能成天只抱怨。难道还想把丽水湖也填平了？还有人争辩，街上长廊下的处理，是为了安全。那也是采用了最懒、最笨的方法。浙江、福建两省，有很多河边长廊的做法是和丽水街的老样子相同的，我刚刚从福安来，见到那里的长廊并没有改。即使真的不安全，也可以采用别的措施而保存美人靠和柱子轻巧灵透的原状，只不过要小小地动一点脑筋罢了，但你们没有动这份脑筋。

我今天说这么一大堆关于丽水街、丽水湖和沼泽地的话，不大好听，不过，这件事很有典型意义，而且我确实有了点儿不高兴，甚至可以说有了点儿气，不说不痛快。

新填出来的广场上，那座城隍庙式的新戏台，很难融进老村去。昨天镇书记说，整个岩头镇总得有一个地方看戏。问题是戏台该造在什么地方，怎么造，应该有总体规划，从长计议。我看，从全村着眼，这座戏台的位置也并不好，更好的位置并非没有，问题在于你们对这个戏台的看法有问题，以为搞这么个辉煌的戏台，能给丽水湖生色，其实恰恰是毁了丽水湖这个全国都难得再找一个的农村公园，明代的公园。

第一是研究，第二是规划，我知道你们十年前就做过规划，我看过那个黄本子，听说后来又做过。我们保护村落，规划要领先，要不然很难下手。

一些重要的建筑如果需要修缮，就要做设计，因为楠溪江是历史文化名区。浙江省1999年有一个文件，就是说，重点的地方要做详规，做设计，这样就好些、安全些，出毛病的可能性也少一些。那天我跟芙蓉村的陈书记建议，下一步保护工作的具体操作也要规范化，要建立档案。修缮中新补的建筑材料要有标志，钉上一块小牌子；新上的砖、新上的瓦要有年代标志。我们在山西的郭峪村、浙江的诸葛村都要求这么执行，凡事都要有档案，就是要历史清楚。有些比较关键性的决策，譬如说苍坡村李氏大宗的敞廊是怎么定下来的，要有一个确定的说法。当年我们调查的时候，年纪较大的李书记说，李氏大宗沿湖有美人靠，而另一位年轻的李书记说没有美人靠。这事情麻烦了，我们的修缮只能确定一种说法，依它做设计。这些情况，决策怎么做的，要让后人明白，后人批评反对也有一个根据。施工过程都要有施工日记，希望我们的工作做得规范化。

下面还有一个提醒，修古建筑的工作比造新建筑难多了。在北京造一个十几、二十几层的大楼很快就起来了，但修古建筑很难。我去意大利的古罗马城，看到一个著名的建筑物用塑料布包着，我要在罗马呆七个月，我想等我走的时候这布总可以拆掉了，我可以到那时候仔细看一看。我就问负责人，这布什么时候拆掉啊？他说，这布盖着已经有十几年了，大概还得盖十几年吧。我一算，到那时我都八十多岁了。他们外国人就是这样一点点去弄，每一平方厘米取一个样，详细分析，究竟是什么气体造成侵蚀。后来他们跟我说，研究结果，对古罗马建筑损伤最厉害的不是各种各样的废气，而是橡胶。因为他们发现建筑变黑是汽车轮胎磨下来的橡胶微尘塞进了石头孔隙的缘故。像圣彼得教堂那样的大建筑内部也是这样一平方厘米一平方厘米地化验，最后查出游客是最大的污染源。游客呼出二氧化碳和水蒸气，水蒸气和二氧化碳一化合成了碳酸气，把壁画腐蚀了。修一个古建筑非常细致，非常难，我们要像他们那么做，许多人还接受不了，目前做不到。但是总而言之，我们应该尽可能细致一些。

细致一些并不等于花哨一些，不等于档次高一些，而是保留尽可能多的历史信息，首先考虑尽量减少对古建筑动手动脚。一切对保护古建筑没有好处的事都不做。有一种全国性的现象，修古建筑就要比原来的好，原来雕一朵花，现在就雕三朵，原来是硬山，现在就改成歇山，原来没有斗栱，现在就装上几攒，原来用布瓦，现在就给它铺上金黄色琉璃瓦，原来不用油漆的，现在漆得红红绿绿。这种心情我们能够理解，但我们做这项工作的人要冷静，要按老样子做，原来什么样现在就什么样，要继续使用的，可以把功能适当完善一下。但为了改善功能而添加的或改造的东西，都应该是可逆的，就是说，随时可以拆掉还原而并不损伤文物建筑本身。这是给自己留后路，万一做得不得体，来得及后悔。工作要做到位，要按国际标准来做。这工作要耐心，有时候也会挨骂：花了钱怎么没有“旧貌变新颜”？

对乡土建筑来说，另一个最大的问题就是要避免城市化、工程化、异域化。昨天我到苍坡，进了门，左手边，有一片三角形的草地，这块草地是去年、前年全国发作草地热时候种的。其实种外国式草地在全国各地都造成很大损失。既非常费水又非常费工，施用农药化肥又污染环境，三天两头乱吼的柴油铡草机闹得人心烦。农村的绿化本色就应该是豆棚瓜架油菜花，不要搞外国式的什么草地。我觉得那儿种一些萝卜、白菜就很好看，很协调。上次我到吕梁山去，黄土高原草木不长，好不容易到了城门口，看到了几棵树长在那里，每天早上，许多老头老太在那儿打太极拳锻炼身体，打完了拳还在树荫下聚一聚，聊聊天，这样挺好的。可是第二年去，树已经砍掉了，搞了一大片的草地，还挂上一个牌子“禁止践踏”。没了树荫，打太极拳的地方也没了，就没人来锻炼身体了。再说吕梁山区是干旱地区，哪来那么多水，而草地是要喝大量的水的呀！我们学校的草地，天天浇水，还要几十个人在那儿浇呢，吕梁山怎么养得起。到第三年我再去那儿，草地也没了，枯死光了。毁了树又死了草，人呢，因为禁止践踏草地的牌子没有了，锻炼身体的倒又来了，但是没有了树荫，就没有了味道，太阳毒，老头老太到那儿练一套拳脚就匆匆走了。所以说，我估计苍坡那片草再过一二年跟吕梁山那儿差不多下场。不要城市化、园林化，不要等距离地种同品种的树，像城市大马路的行道树那样。城里没办法，都是柏油路面，只好沿街这么等距离地种，而农村条件多么好，何必这样种？多难看！昨天我还在这里看到很多小叶黄杨树的绿篱，又修又剪，弄成几何形的。农村就是自然美，楠溪江就是“水秀、岩奇、村古、瀑多、滩林美”五大特点，要在发扬这五大特点上下功夫。

武义的俞源村，原来村口那夯土墙壁很漂亮，乡土本色，质感和颜色都好，现在拆了夯土墙，造了仿苏州的波浪形的云墙，白得照眼，还做上仿形的灯窗，不伦不类，过多异域化了，文化生态错乱了，跟老村不协调，不协调就难看了。岩头的丽水街，本来是自然的，现在连南面接官亭旁都人工化了。湖中间的琴屿，原来长着密密麻麻的树，看不透，散发着山野气息，现在树木稀稀拉拉，看上去透明了，里面至少有三分之一地面铺上了石板，树下放着石头凳子、石头桌子。那是城市里住宅小区的做法。我就希望还那原来农村样子，老老实实地把石头桌子，石头凳子，石头地面都砸掉。

小小一个村子也要避免全民经商，像云南省丽江、江苏省周庄搞全民经商，糟糕透了。现在芙蓉村的芙蓉亭旁开了两家商店，一家卖纪念品的，一家是茶馆，那边小巷子旁边也开了店。小小的一条如意街，从这头一眼看到那头，全都开店了。我看如意街的商业含量过头了，如意街原来不是现在这种味道。那家小茶馆挂很大的一块匾，跟如意街的尺度不成比例。前天去岭上，岭上有家小饭店，他们要我给它起个名字，岭上村的小店很好起名字啊，古典文学里跟岭上有关联的词很多，但我怕他们也挂一块大匾。其实我们可以设计一个小小的，容易识别的标志，好像高速公路旁边服务区的蓝牌子，上面画一把叉子、一把刀就告诉你要吃饭了。我们是不是也可以这样子采用一种标志。什么标志都没有也可以，一个小村子，一块地方有十几把桌子、凳子聚在那儿，大家一看就是可以吃饭的地方。我们要淡化老区的商业气息，但要有服务，要有饭吃，要有茶喝，也赚点儿旅游钱，怎么弄法？开发新区呀！老区把旅客吸引来，新区赚他们的钱。这事情要组织得好一些。最好是走合作化道路，统一经营，可以避免为了竞争而叮叮咣咣都挂上了招牌、广告，五颜六色，有布的有板的，有红的有绿的，乱七八糟，失尽了农村简朴的味道。搞合作化，我们有经验啊！

铁啊、钢筋混凝土啊就要尽量避免，用了也不露明。我第一次去林坑，地面铺的是大卵石块，很有野味。第二次去，地面上铺了方方正正的花岗岩石板，而且是红颜色的。一大片光光的红色，跟老村子太不协调了。石头地很平，跟天安门广场一样平，当然也是出于好意，怕人摔跤，但损失却很大。现在铺一片平的石板地很容易，方方正正的石板一个人用机器一天可以打许多块，而原来那些卵石块光溜溜的，至少要300年才磨得出来。对这些东西要怀着历史感情，是祖祖辈辈的脚丫子磨的呀！我在台湾看到一个姓曾的人家，他家里的片页岩地板不怎么样，快磨得不行了。若在我们这里，搞装修的早就换了，他就不换，他说这些上面都是我父母的脚印。他就有这个感情。法国的凡尔赛宫，大门前面广场的地面都是用石块砌的，已经磨得圆圆的了，而且地面像波浪一样，高高低低不平。他们就放着不动，他们说，这是几百年历史造成的，我修它干什么呢？我们也许觉得很奇怪，几百年有什么了不起的，地球都几十亿年了呢！他就有这个感情，要保留几百年时光造成的高低不平的地面。意大利罗马城外的古代大道更是如此，妇女穿高跟鞋就不用去了，我们走也要小心，不小心脚就扭了。两千年的老路就这样，铁箍的车轮子轧出来的车辙都在。林坑村改造路面，可能是考虑到村里的小青年骑着摩托车回家方便，也可能是让旅游者走路方便，但都未必。更糟糕的是路面一抬高，挡住了水碓房的上半身，连它的引水渠也被填没了。现在水碓是没有用了，但是它曾经是每个村里都数一数二的重要设施呀，你总不能吃稻谷。有那座水碓，村子就有了生气，没有了它，村子的历史就不完整了。你们毁了它干什么呀？留着它，碍了谁了？叫水轮常转几圈，村里小孩子玩了它都会聪明一点。

我要讲个故事，我接待过一位英国的古建筑保护专家，我陪他看北京天坛，汽车开到西门，还要往里面开，专家马上跺脚叫："下来。下来。"停车、下车之后，他说："汽车怎么能开进天坛，我一辈子搞古建筑保护的人坐着汽车到祈年殿，这辈子的名声就完了。"走进去之后，见到有一大排大客车停在祈年殿旁，他说："你们知道什么叫破坏吗？不是房子塌了才叫破坏。你们这样把车开进来就是破坏了这里的历史环境。"你想想，天坛西门到祈年殿的距离比林坑村村口到村子最后一座房子远得多了，旅游者根本没有必要把汽车开到村子里面。我在希腊看到许多人背着15公斤的标准旅游背包，从雅典一直走到奥林匹亚，走慢的一个礼拜，走快的三四天。我们的旅游者却要把汽车开进天坛大门里。林坑的小青年骑摩托，可以在村口下车，走回家。旅游车就停在村口好了，旅客进村转一圈也不用走多少路啊，比天安门到午门近多了。所以好心好意想便利旅游者，其实倒了旅游者的胃口。

要真实，要搞清楚楠溪江的整体风格是什么，你要说雕梁画栋，比安徽差远了，跟福建、广东更没法比。我刚刚从江西回来，那边有一个穷县叫乐平，有三百多个戏台，每个戏台都是五楼式的，斗栱复杂得我都不敢考虑叫学生去测绘，大木架上的雕刻都用金箔贴面。我们楠溪江房屋雕梁画栋不占优势，楠溪江房屋豪华不占优势，楠溪江村落占的优势就是平易、简洁、雅致，富有人情味儿，我是一看就被迷上了。皖南的民居很出名，但那边的村落小巷两边是高高的墙，可以想象，在旧时代，一条狭长的小巷，你一进去，那边"吱"地一声就把门关掉了，防人防得很厉害，以为别人都是小偷，因为过去住家都是徽商。而楠溪江人家的门是不关的，院墙又矮，你可以看到里面有人在做年糕，逗小孩，站在墙外就可以聊天，家里一时没有了油盐，隔墙递只碗过去就都解决了，人与人之间的感觉很亲切。这种环境直到现在可能还影响着乡风。在皖南做调查工作，我就饿过肚子，而在楠溪江就从来没有饿过。十几年前的楠溪江没有商业，我们工作做到中午了，随便找一家人家推门进去都会给我们饭吃。主人把老酒汗给我斟上，那我当然就喝，太好了，这不是一般老酒汗的味道，楠溪江的人情味太浓了。我们到哪儿吃哪儿，所以我说吃过楠溪江的百家饭。朴实、亲切、自然，我们必须把这种风格保持，并且融汇到建筑里。

十年前，仁济庙屋脊上装上两条大大的两米多长的水泥龙，张牙舞爪，三年前，塔湖庙屋脊上也装上了两条大龙。龙是皇帝的象征，从前老百姓装龙要砍头的，历史学家都知道，只有皇帝是龙的传人，现在老百姓虽说已经当家作主了，也不是龙的传人。要那龙干什么，扯什么“龙的传人”，又唱又跳的，这是胡编。搞那种龙，恐怖得很。狮子也是，搞它干什么。楠溪江漂亮空灵的屋脊有的是，昨天我还凭记忆找到了，芙蓉村那一家的屋脊很轻巧。楠溪江原来是什么风格就什么风格，因为我们的传统就这样，就是这种很随和、见人都可以搂肩膀的味道。昨天一看到塔湖庙那龙，张牙舞爪，凶相毕露，你们又自认为龙的传人，我都不敢搂你们的肩膀了。昨天还听说岩头要造文峰塔了，要造得几十米高，有多少人能上去。过去楠溪江的人们爱读书，希望家族科举出成绩，村子的东南方造座文峰塔，也许可以达到目的，风水先生就算尽心了。这次我带来了十年前的图纸，画的是岩头村老文峰塔几块残存的石头。那年，我们从全村的东南西北把塔的残石一块块都找到，量了尺寸，画了图，还写上每块残石在什么地方，有填水沟的，有压腌菜缸的，有当小凳子的，都写着巷子名字，门牌号码，主人叫什么什么。看来那塔不过两三米高，上不了人。把那些旧石头搬来，差不多可以还原那座老文峰塔，如果找不齐了，缺几块就补一下，主要就是保持楠溪江的朴素，平易近人，那种小小老百姓的风格。不要二三十米高可以上人的那种塔。楠溪江出过很多文人家族，基本上都是理学家，如溪口戴蒙一家人，花坦朱墨瞿一家人，豫章胡姓一家人和塘湾的郑姓一家人。理学家从来都是抑制人欲，不张扬，主张一切从简，小小老百姓就更不张扬了。所以楠溪江的建筑很简朴，素木、蛮石，不油不漆。我们在修复古建筑时，要注意把握住楠溪江的整体风格。

我忍不住还要多说几句，当初我们把这些文峰塔残石一块块都画了两份，留了一份给那位姓金的管理局长。第二年再来，这位天天从早到晚喝得醉眼蒙眬的局长居然根本不记得有这回事了。这次把另外一份带来，但愿你们不会再喝醉了酒把它丢掉。

刚才我说的是大风格，也要注意细节问题，石头怎么垒的，窗花怎么刻的，屋脊怎么做的，都要注意。你们有个录像叫作《石文化》，楠溪江的石头垒得是又粗野又精致。昨天见到一位垒石头的老师傅，我请教他这石头墙怎么垒，怎么由下而上从粗野的自自然然逐渐向精致过渡。窗格子也是这样，楠溪江代表性的窗格子怎么样，细节怎么做的，我都想知道。楠溪江房子的石头墙脚都向外撇，向外撇的曲线既柔又刚，多么美。现在新房子的墙脚是直线向外撇，又僵又硬。老房子屋脊、屋面、屋檐也都是曲线，非常微妙的曲线。那天，我看到芙蓉书院正在做修复工程，特地请教了老师傅，问屋脊和屋面的弯曲是怎么做的等等，他结结巴巴说得好像不大对，看来有些做法已经失传了。那个柱子的侧脚，宋代有的，到了明清的官式建筑就没有了，可是在楠溪江有。侧脚怎么做的，老师傅肯定有口诀，我们是不是可以调查一下。弄清楚了，这样做出来的才地地道道、原汁原味，否则就形神两不似。工作要有耐心，想得长远一些，做得细致一些。当然如果要求像外国人那样细致认真，我们现在也做不到。

另外我还要说一个问题，那就是旅游问题。有人说开发旅游和文物保护没有矛盾，那要看工作怎么做，我说照当前的做法就有矛盾，但不能因此不搞旅游，旅游在目前是很重要的开发项目，但要老老实实承认这个矛盾。怎么去处理它，把它做好，我想，原则上是保护文物建筑优先，保护带动旅游，以古建筑带动旅游。我举个简单的例子，有人要办个动物园赚钱，老虎、狮子总要让它们吃饱吧，如果狮子脚瘸了，老虎病蔫蔫的了，孔雀尾巴断了，游人就不会再来了，你把售票厅造得再壮观、门票印得再漂亮也不来了，这动物园就赚不了钱。如果狮子老虎都健壮，孔雀在开屏，游客来了还会再来。你不必造售票厅，请个老人家掇把凳子坐在门口就能卖票。老房子就相当于狮子、老虎，旅游业就好比在售票亭卖票。只有养好动物才能讲可持续发展，不养好它们，只造售票亭，把售票亭造得金碧辉煌，动物园也办不成。所以，保护文物必定是优先的，开发旅游是利用保护文物的成果。

旅游的本质是文化活动、教育活动。1984年，快二十年前了，我到瑞士去参加一个国际大会，是旅游界与文物保护界面对面地交谈。文物界对旅游业的火气很大，旅游界在讨论了以后，当场发表了一个声明："我们要把旅游业从经济活动变为文化活动。"在大会上，旅游界对文物保护界说："你们提什么我们就去做什么。"文物保护界就说："有些地方要关闭，西班牙有几个洞穴，那里面有旧石器时代的壁画，不要再开放了。"旅游界就说："好。"文物保护界又说了："圣彼得大教堂的旅游应该淡季、旺季错开。每天不能超过一万人。"旅游界就说："好，我们去协调，定计划。"文物保护界说："还有几个地方，如某某、某某，也要限制游客人数。"旅游界马上说："好。"这样的对话我听了很感动，旅游界很豪爽，很文明，他们就懂得旅游要服从保护。你们看，资本主义国家也不是人人唯利是图，也有文化眼光，当时他们最大的旅游公司头头还是个诗人，送了我一本诗集。

在国外我常常看到这样的镜头：在古迹地，一个小青年在前面走，后面背个背包，背包上面放着一本打开的导游书，一个人紧跟着在后面念，旁边几个人跟着边听边看。他们就是一面走一面念一面听一面看。这样就长知识，这些镜头被我看到不是一次两次，是很普遍的。教会办的青年旅店，睡大通铺，不舒服。但这里常常见到用各种语言写的小本本，都是先来的青年给后来的青年留下的话，告诉他们本城什么地方有什么值得看的东西，看的时候要注意什么。我拿起来翻翻，简直是感动得不得了。外国人一次旅游就是一次学习，不像我们的小青年，问他："旅游看了什么了？"他说："累死了。"要么就是什么东西"好吃"。当然什么东西好吃也是知识，比如说温州的田鱼好吃，但这总还不是旅游的真正目的或者唯一目的。有一次在国外，跟一帮学建筑的人交谈，其中我年龄最大，我发现那些小青年知识很广泛。有一位到莫斯科就游历了七次。旅游长知识，他们跟我说，学校里建筑史课讲得很简单，因为他们出去旅游时候都亲眼看了那些建筑，当然讲课就简单了。我相信总会有一天，我们的旅游也发展到那样，这是旅游发展的大势所趋。将来我们的小青年也会以长知识为旅游的主要目标，所以文物古迹必须要保持真实，我们不能给他们假知识，不能“戏说”，要力求真实，可以说“不知道”，但不要骗后代子孙。将来我们的子孙来了楠溪江，如果让他们看到什么假东西，上当受骗，那我们就犯罪了。古建筑就是历史的见证嘛！那些电视剧《戏说乾隆》之类，我们不用追究它们历史的真实性，看过笑过也就算了，但旅游是文化活动、教育活动，所以老村子必须保持原真性。

老村子保持原真性，关键在于第一要另辟新区，容纳老村增长出来的人口和提高老区居民的生活水平。更迫切的是发展旅游服务业需要新区，旅游服务业最好不设在老村里。老区吸引游客来，用新区来赚他的钱。在老区看看，肚子饿了，就到新区吃饭，顺便买些土特产。这样新区就赚钱了。我觉得岩头好，那里现在已经形成这种局面了。苍坡、芙蓉的困难比较大，特别是苍坡。新区、老区之间要有个隔离带，一个绿化的隔离带。在老区里最要命的就是造新房子、开店。所以从一开始，我们就要抓紧建新区，不要等到像周庄那样子再来收拾。周庄的老百姓反对申请世界遗产，他们说，申请世界遗产是当官人的事，我们老百姓就是要赚钱。老百姓不支持保护村子的原真性，怎么收拾？老区当然不可能不增添一点商业、服务业，我想，老区的商业和服务业，是不是以集体经营好一些，好像合作社的意思。合作社给客人吃住买东西，那么赚了钱怎么分配呢？第一当然是按股份分红，但不要分光，剩一些让村里人共同得到好处，但不要分钱，分钱就困难了。就办些公共福利吧，办个小学，花三倍的工资请些特级教师来教。小学办好了，再办中学，也请些特级教师把中学办好，再给中学买一些电脑、图书。学校都有了，再办个卫生站，请好大夫，准备好药，搞医疗保险，买X光机。还有多余的钱，就每年给六十岁以上老人发两套衣服，再分5斤猪肉，七十岁以上的10斤猪肉，七十五岁以上的15斤猪肉。其实当年祠堂管事的时代，这种做法村村都有。这样办比分钱好，矛盾小。而且村委会手里掌握了一笔钱，好办事。在旧社会，村子建设得那么好，就是因为祠堂里有一笔不小的财产，能用来办公益事业。当然这事说得还太早。不过必须早就有打算，一开始就用合作制把商业、服务业控制管理起来容易，到了像周庄那样就很难办了。不要等到那种程度。开发旅游的问题，一个是要建新区，一个是经济利益要弄得大家满意。这样老百姓才支持，否则老百姓不支持，房子是他们的，村子也是他们的，他们不满意工作就难做。说“支持”不大好，因为本来就是老百姓自己的事情嘛！

赚钱这事，我们在山西吃了大苦头。有两个村子，相隔一里多路，一个村子大造假古董，把村子搞得像电影城一样，在那里拍一次电影，就要给那村好几十万钞票，旅游业也搞得红红火火。而离它一里多路的村子，很严格地按照文物保护原则来做，却冷冷清清。怎么办？这确实是个难题。造假的发财，认真的不发财。老老实实按《文物保护法》办事的那个村的领导挨上级的批了，说他思想保守，而造假古董搞电影城的却成了省级劳动模范。那个按文物保护来做的村，现在还能勉强维持下去，山西有个特点，就是煤多，那个村有三个煤窑，旅游搞不起来，还可咬着牙坚持。但煤窑最多维持十年就挖光了，十年以后，是不是也要靠造假古董混吃混喝了？这问题在国际上早就依靠政府的统一管理解决了，在西方的关于文物建筑保护的国际文献、规章制度、教科书、研究论文里，根本找不到有关旅游开发的内容。文物保护工作者不谈这些问题。在我们国家这些问题却还处在矛盾最尖锐的时期，文物保护工作者不能不考虑到它。这些政策性的问题，我想大家动脑筋总会有办法吧。

有次我在意大利参观一座老房子，里面住着一位老太太，漆黑的房子里面，她点了一盏油灯，叫我看那壁炉。那壁炉上残存着不长的一段粉彩画的花边，她十分自豪地说，这个可是洛可可的呢。洛可可是18世纪上半叶欧洲的一种装饰风格。在西欧，有些房子国家没有给它定为文物，房子主人会自己挂一块牌子，说我这房子是文物。房子出点毛病，他也请有执照的文物保护师来修，那就是贵，比一般的建筑师贵多了。修完了，他在大门口挂一块铜牌，刻着“某年某月文物保护师某人修”，其实他那房子根本不是什么国家认定的文物，他就是喜欢这么做。有时我也问问意大利人有什么保护文物建筑的经验，但那些经验我们是学不会的，他们老百姓自己都这么主动积极而且“专业”了，我们差得太远。现在他们做古建筑保护工作，就只要解决一下技术问题。而我们主要该学的是要顶得住五十年老百姓的骂，当然是政府要顶得住，个人挨五十年的骂早就完蛋了。

最后说一点关于软文化的事，软文化也有人叫它非物质文化。国际、国内都有人建议要保护软文化。你们也有，譬如你们的永昆。永昆在永嘉一个大范围里头都有。一个村子里的生活、风俗习惯都是软文化。昨天我看了苍坡的民俗表演，是表演一下婚俗，很有趣，也很有教益，但要保存它作为老百姓生活中的民俗已经不可能了。美国也有这类东西，比如旧金山附近有个资源早已枯竭了的废金矿村。我去参观，人们过着19世纪式的生活，街上走的是马车，街边织毛衣的姑娘穿着大花边的百褶长裙。有打马铁蹄的铁匠铺，也有邮局，邮局可以寄金沙，邮差骑着高头大马。还有中药铺，那些中药铺的抽屉上还贴着什么药、什么药，因为19世纪开金矿的时候有华工。药店边上是座关帝庙，看起来中规中矩，非常有趣。其实那些打铁的、赶马车的、绣花的都是在表演，那些人有上班、下班，下班以后就开着小汽车去唱卡拉OK、蹦迪士高了。我们村里的婚俗表演也差不多，婚俗里面有些有趣的情节，我也学了一招，知道新娘子下轿，地上要铺袋子，一袋接一袋，新娘子慢慢走过去，谐音成了“一代接一代”，她就会多生儿子。

我对楠溪江的鹅兜也很有感情，昨天我到了芙蓉村南门小溪边，数了一下，十一位妇女洗东西，有十个塑料盆子，只有一个鹅兜。而十年前来楠溪江，那时候看到的全是鹅兜。鹅兜真是太漂亮了，很有地方特色，十一个鹅兜摆在那儿，那多么美！我们现在不可能淘汰塑料盆。塑料盆轻、便宜，但我们是不是可以建议家家户户放一个鹅兜在台阶上。十年前，我看到一个孩子坐在鹅兜里，他妈妈挎着去溪边洗衣服，可爱极了。而今这鹅兜恐怕要失传了。前几年，我跟学生在岩头街请工匠做一个小一点的鹅兜，那个就很粗糙了，连木板都对不上缝。我怕将来没人会做了。做鹅兜的师傅，修房子的师傅，雕花的师傅，在国外就可能是活文物，属博物馆的编制。我们在紧缩编制，但我们可不可以作为特例扶持一下这些人？苍坡有位老木匠师傅，我问他有没有徒弟，他说不可能有人学了，我说呀，给他三倍的工资就有人学。这是活文物、软文化，这些东西的保护都要写在整体规划里面。

2002年6月26日

原载《文物建筑保护文集》，江西教育出版社，2008年11月

给一位老朋友的信

坤亨：

好几年了，我都没有对你们诸葛村的文物保护工作提什么建议，我虽然还是年年都去，看到的却是你们够忙的了。住那么三天两天，东张张西望望，就回了家。但我现在已经很老了，有些话不能不说了，等不及了。虽然想说的不是什么了不起的话，至少也不能算是废话。但是，今天还不想把话都说完，这是因为看你太忙，就先说几件急事，过些日子再往下说说。其中有一些话可能会引起你们的反对，那么，你们就先把那些搁到一边去。不过，请你不要丢掉，留给后人，让他们知道。天下有些事情是要长时间反复看看、想想才会明白的。

好了，下面就正经开说了：

第一，建议在你们的中学里，给高班的学生安排几次“聊天”会，听听两方面的知识：一方面是文物建筑的历史文化价值和保护它们的意义和原则；另一方面是老诸葛村的价值和保护它的意义。学生自愿参加，没有兴趣的便不必来，但希望他们有一天会来。

这不是我的凭空发明，是我在欧洲亲眼见到的一些事情引起来的。意大利的不少古建筑群里和希腊的老废墟里，天天可以见到有老师带着一批又一批的小学生到文物古迹处现场讲课。低班生很小，过马路还得要上了年纪的老师，多半是女老师，抱着、背着、拖着。孩子们的胸前都挂着一张卡片，写着他们的名字、国籍、学校和在罗马、威尼斯或者佛罗伦萨等等当地住的旅店，以便万一走散了可以由警察或者热心的过路人送还给带队的老师。老师指着文物给孩子们讲课，讲得入神，孩子们听得入神。这场面，我也看得入神——老实交代，当时我眼泪都流出来了。

几位年轻的欧洲朋友，知道了我的心思，就把我带到冷巷子里去看专为年轻旅客办的小店。那儿，客房里用的是十几二十米长的通铺，墙上挂着许多笔记本，朋友伸手拿下一本给我看，本子里密密麻麻写着在这里住过的小青年们留给后来者的嘱咐和建议。说的是哪里的交通方便，哪里的伙食便宜，更多的是哪个文物最好几点钟去看，哪个教堂从哪个位置去拍照最好。或者提醒后来者说，哪个教堂深深的地底下有殉道者的坟墓，很值得看，等等。朋友们告诉我，在欧洲，尤其是意大利，这种简单的专门为年轻人服务的通铺店不少。年轻人成群结队地到处去参观历史遗产，住这些小店很方便，花钱也不多，所以他们的历史文化知识都很有水平。我羡慕死了。

有一回，我从德国的德累斯顿乘火车到奥地利的维也纳去，一节车厢里只有我和一位年轻的德国妇女两个人，我们坐到一起，她笑眯眯用英语给我讲了沿路城市、乡村的曲折的历史和灿烂的文化。到了维也纳，要下车了，我忍耐不住，冒昧请教她的职业，心里以为她多半是个什么学校的历史老师或者什么旅游公司的专家。谁知道，她大大方方地告诉我，她是个医生。我傻瓜似的问她怎么有这么丰富的历史、地理和文化知识，她笑笑，说，这些都是我们年轻人的基本常识，干什么职业的人都该有的，当然，旅游也帮我们丰富了、提高了知识水平。我听了真觉得惭愧。

我想，我们的中学生能不能先从眼前的老家起始学一些乡土文化和保护它们的知识，给学习更大、更深、更系统的文化知识开个头？知识是会“改造”人的，我再加一句：这些知识能帮助学生们开阔眼界，活跃思想，提高文化水平，在生活的道路上走得欢快而不会错认了方向。

千万不要轻看了小小村落能对学生们的一生有多么大的帮助，哪怕他们离开故乡，远走高飞。

千万不要把文物建筑只当作能卖门票掏人家口袋的东西。文物，归根到底是传承文化的东西。现在我们全国上上下下，都只把文物当摇钱树，这是一个非常可怕的错误，它对咱们这个民族的文化有“压和蚀”的坏作用。

所以，要对村里的年轻人说明白，引导他们理解文化的“新”和“旧”。对老家的价值要有健康的认识，认识健康了，这老家才能真正成了“宝”。不是发财的宝，是增长知识的宝，是加浓感情的宝。当然，要说得年轻人高兴听，不要白白地又给他们添了一份负担。

在中国，这件工作大概还是很新鲜的，虽然在欧洲、在日本，早已经是常规了。我看你们诸葛村的人很有创造性，应该明明白白带个头。

第二，你们诸葛村人，过去曾经在好大的范围里开拓过中药市场。比起死读书、读死书、读书死的人们来，你们不愧是开拓性的聪明人的偶像——诸葛亮的后人。你们既十分完整地保住了古老的文物村子，在旅游业上也有了很大的成就。这绝不可能是只靠祖宗留下了遗产，而是你们很聪明地利用了这些遗产。

你们办事情，看准了利和害，就敢于下手，真是有胆有识。在上塘拆掉的那么一大片建筑，多是新的楼房，有好几层的，新式样的，多半是公家机关的。现在那地方恢复成水塘，也就恢复了原有的上塘的一圈岸边，好大的一圈，这一片成了当今全村的商业中心，它带动了全村的活力。

但是，你们还没有考虑恢复重建“文化大革命”刚刚来潮时候毁掉了的很重要的建筑，那便是三位妇女各自的纪念牌坊和一座关帝庙。我建议，要恢复它们，它们都很有历史的、文化的意义。

“文化大革命”来潮的初期，各地这样的牌坊有许多被毁掉了，但倒也不是全国一下子都毁光，我在四川甚至浙江都还见到过它们，依旧完好无损。离新叶村不远有个村子就留着一座纪念一位妇女的贞节牌坊。可惜我现在想不起那村子的名称了，路也不认识。

我认为，留着它们是对的，应该尽可能设法保护，拆掉就错了，应该重建。文化很复杂，不要想得太简单，更不要连想都不想，糊里糊涂就“革命”。

请看《高隆诸葛氏宗谱》，那里面记载着诸葛村三位有节孝牌坊的妇女，其中有一位最年轻的邵氏：“嘉靖壬寅年正月十一生，夫故时邵氏年甫二十，长子三岁，次子遗腹，家贫守节。父母劝其再适，伯姒亦力主之，愿代育其孤。邵氏坚拒不从，惟纺织，善事其姑，抚教二子。劳苦备尝，终身不怨。万历二十五年，邑侯汪公旌表之，颜其额曰‘苦节有传’。”凭什么把表扬这位含辛茹苦、又敬老又养小的女子的牌坊拆掉？还懂不懂是非好歹！

所以，用敬重心去看待诸葛村那表彰妇女的三座牌坊是有必要的，完整地保护它们是合理的，它们对诸葛村的整体面貌是十分有利的。它们也会带来更真实的历史和更多面的知识，带来村子更丰富的美丽造型。但它们竟在“文化大革命”中被拆掉了，片瓦不存。

后人对先人要有更多的理解，更多的敬爱，不要那么冷漠，那么不屑，何况对娘，是娘呀！谁不是在娘怀里长大的？

我认为，这一类事情的是非好歹实在不应该弄得不清不楚。当然，这位年轻轻的邵氏即使再嫁了也没有什么不好。“文化大革命”居然把诸葛村三座牌坊全拆光了，可见那一场“革命”实在是闹了一场祸水，是非、好歹都闹糊涂了！

所以我赞成把三座牌坊都重新造起来，因为它们没有错误的不良的含义，它们都很美，而且风格与形态大大不同于村里其他所有的建筑，可以使诸葛村的风光更丰富。它们代表着一个单独的建筑类型，一个在中国曾经很普及却被“文化大革命”几乎消灭了的美丽的建筑类型。

当然，还应该重建和村口第一座牌坊相近搭配的关羽的小庙。关羽是全中国都尊重的人，一位道德和武功都了不起的英雄，而且是诸葛武侯主要的合作者。没有这位英雄，诸葛武侯就太孤单，太寂寞了。几百年来，全中国人都尊重关公，到处都有他的庙，在跟他合作了很久的诸葛亮的子孙的村子里，怎么能没有他的纪念物呢！

有些朋友又会争辩说，把已经失去了的东西再仿造一个，它就是假的，而文物却不容忍一切的假，所以诸葛村不可以再重造牌坊和庙宇。这个简单的“道理”实在是既不合古理也不合今理。文物不能仿古，这句话是很正确的，全世界的文物工作者都同意，没有人反对。但是，当今在一定情况下如果小小的局部的复古能获得整体的真实，这又是全世界很少有人完全反对的。说实在话，除了瓶瓶罐罐那些小东西之外，大个头的文物，修修补补是常事，根本没有人能完全反对得了，连全世界最严守古建筑保护原则的意大利，它的最高档的文物圣彼得大教堂，里面也装了电梯。那些文艺复兴时代的府邸装电梯的更不少。

我到希腊的时候，雅典的伊瑞克仙神庙的六棵女郎柱刚刚用仿制品代替，原物卸下来放到室内去收藏，以利于更长期的保存了。这些事没有什么可争论的，就是要小心地、有分寸地去做罢了。关键在于这个“分寸”要弄好。

第三，又一件你们应该及早做的比较大的工作是拆掉村口的礼堂另择合适的地方去建造，同时也拆改礼堂正面左右各一段的短墙。这两段墙和那座礼堂是“文化大革命”的产物，式样不伦不类，很粗糙难看，却又是全村的第一撮面子上的建筑物，占着最重要的位置。

大礼堂的正面难看，早已批评者多多了。凡是经我推介去看过诸葛村的朋友，没有一个不为村口有这样一幢难看的大房子而叹气的。你们却还在这不长的几年里又涂抹过几次灰呀、油呀、漆呀什么的，弄得活像办大减价的百货店。

这个大礼堂又高又长，从进村的路口上看过来，它的屋顶单调而且粗糙，挡住了你们这个县、这个省、这个东南地区村子戏台都有的活泼玲珑的轮廓，这可是外来人对诸葛村的第一个印象呀！你们可曾经在中国农村里看见过这样又笨又重的大屋顶吗？请你们不要为我的这句话生气，老朋友总应该说实话，不能只顾哄你们高兴，那样就不够朋友了。

那个礼堂左右一对圆顶的短墙小门呢？也不要，那式样从来只在花园里面才用，外门是不用这样的门的，何况正在全村的村口上。

我建议，大礼堂应该搬走，这位置上换一座公共建筑，体量和形式都要和全村合适。不妨抓机会去买一座合适的老房子来。几百幢房子里有一幢外来的，只要不是远处的，问题不会很大。要紧的是把这大约二十米宽的立面弄好一点，现在那一排实在太不像样了。新来的要适合这个地段的环境，体量要小一些，不能又高又长，像现在这样，把身边高高低低、长长短短的空间都独占了。它的一根长长的屋脊，在村口关公庙原址那边看，又笨又大，根本不是农村建筑。这巷子里还有一座洋房，色彩鲜艳，偏偏又没有前围墙，太不协调了。总得要把院前的围墙砌上才好。

你们认为最不容易办的是村中心大公堂前的中塘。为了迎合一些人，你们把中塘用混凝土垫成了个阴阳鱼形的水池，既难看又俗气，还会给青少年们弄出点不好的影响来。你们迎合了当今一些人的兴趣（或者当时不过是有人随口说了一句，或者兴致来了说了个“方案”，并非认真，这是常有的事），却忘记了诸葛氏里最受人景仰的孔明老祖的智慧。那位老祖，讲究的是“淡泊以明志”，你们却总打算在他的纪念堂的大门前求些什么好处，这是对值得全民族钦佩的老祖的不敬。

那大公堂前的水塘嘛，还是去掉阴阳鱼全面满了水才好。水满了多么大方，现在你们做出来的样子，多么小气。我们中国人讲文化，从来是重大方而轻小气的，现在并没有改变，还是希望后人们性格修养大大方方。

那个中塘里的“布局”，还是单纯一点、老实一点、自然一点为好，中国的村落里都讲究引水、储水，为什么？因为中国的房子，从故宫的太和殿到农家的住宅，都是木结构的，怕火灾。所以，只要有可能，村民都要引水、储水。这水可以供洗涮，但本意更重要的是防灾。比较大的村子里就要分布好几个大水池。遇到旱灾，免不了要放些水到农田里去救庄稼，但必定还得保证至少有一个装满了水的大池塘在村里，救人命。你们村里的中塘就是这样的一个，所以即使遇到酷旱，也不能汲干，只有到快旱死人了才能汲取一点救命。你们现在有了灭火设备，这是好事，但你们可不要把历史文化轻轻地就丢掉。那水，多么美啊！而那填上去制造阴阳鱼的半池水泥，多么丑啊！

不过我还要替一些长官喊喊冤：他们也是常人，喜欢随意聊聊天。随意聊天就不必句句是真理。但是多少年的习惯却是，凡长官的话都是指示，而且都是真理，糊里糊涂就调动地方干部去“落实”了。我愿意推测，那个把中塘弄成阴阳鱼式的“上级指示”，大概不过是某领导高兴了随口说了几句闲话，现在早已经忘记了。

第四，村口上那一排新建的摩登的饭店和商店实在不能再让它们存在下去了。你们可以把那些饭店和商店搬到后面的新街去。那新街的位置对于经济活动很好，进餐、购物都可以，何必让这么个全国第一流的大文化村还没有进口就丧失了历史的品位！说实话，我不明白，这一大排餐馆和商店怎么能在一个十分重要的国保单位的入口实现。文物保护工作是地地道道的文化工作，但村口这些店铺却给文化精神打了一棍子。谁应该为提高诸葛村的文化水平负责？认真地负责！负有文物保护之责的国家机构干什么去了？知不知道我们最好的国际朋友为我们糟蹋了多少无价之宝而伤心！

全国都在把文物建筑当摇钱树，有些文物极品由于当了摇钱树而被弄假了、弄毁了，但它们的一些做法还是被某些人看作最好的，应该推广。我们这个民族还是多学学，提高些文化才好！还是知道一下自己对世界负有文化责任才好！眼光远一点，思想深一点，感情真一点，把文化看作民族的品格和道德，这样才会有出息。

我们的文化现在有不少方面还落在外国人后面，如果不重视甚至不承认这个落差，即使发了多少多少财也不会是个体面的国家。

我的各种主张、建议，都可能是错的，但我的心意是为你们好，为国家好，所以我无保留地写给你看，而且心里没有什么花招。你看了，如果有不同的甚至针锋相对的主张，请告诉我，我或者“从善似流”，改为同意你的话，或者再照旧多说些啰嗦话，都是正常的。你工作很忙，我常常把些想法吞在肚子里，为了让你有休息的时间。但现在已经不能再拖下去了。

或许，下次我会向你提出一些关于老村老屋的利用的建议。

坤亨，这份意见里的话你早已都知道，我也相信你会大都同意，只不过安排工作不太容易就是了。我写这么一份，为的是给你一个支持，再有点儿催促一下的意思。你也得考虑远一点的事情了。

这信里有些话的口气写得比较急，比较重，这是故意的，是帮你必要时能把话说得带劲就是了。

2013年年初

中国乡土建筑的世界意义

乡土建筑遗产的保护，现在已经成了国际文物建筑保护工作中普遍关心的问题。

1999年，国际文物建筑最权威的组织ICOMOS在墨西哥召开大会，通过了一份《关于乡土建筑遗产的宪章》。这是国际上第一次召开专门关于乡土建筑遗产保护的会议，发表第一份关于乡土建筑遗产保护的宪章。在它之前，1964年ICOMOS通过的《威尼斯宪章》是国际文物建筑保护界公认的最权威的文件，它奠定了文物建筑保护的基本价值观和方法论原则。以后陆陆续续又发表过几个《宪章》和《宣言》，对《威尼斯宪章》做了些补充和拓展，但仍然都根据它所制定的价值观和保护原则。《威尼斯宪章》提到过，应该保护的建筑遗产不限于有重大意义和重大价值的纪念碑式建筑，也要保护一些过去认为并不重要的普通建筑。不过，毫无疑问，它的主要着眼点还在于有重大意义和重大价值的建筑，也就是它叫作Monument的那类建筑。ICOMOS这个缩略名称里的“M”，就是Monument，一般说来，就是指教堂、庙宇、陵墓、宫殿、府邸和大型公共建筑之类，也就是教会和帝王将相大贵族们生前死后享用的建筑。那以后ICOMOS一直是国际上参加国家最多、影响最大的文物保护组织。《关于乡土建筑遗产的宪章》，是在《威尼斯宪章》通过了35年之后对它的一次重大的补充，它空前第一次正式认识了乡土建筑的价值，也就是农村环境中普通老百姓的建筑的价值。

我们中国的乡土建筑遗产保护工作也已经有了不差的开端，丁村、党家村和张谷英村的一些建筑遗产早已列为国家级的文物保护单位。从20世纪90年代开始，我们着手做了以村落整体为对象的保护规划，例如浙江省的诸葛村、俞源村，江西省的流坑村，四川省的福宝场，山西省的郭峪村和西文兴村等等。到21世纪初，列为国家级文物保护单位的乡土建筑数量大大增加，其中有一些以村落整体为保护对象，做村落整体保护规划的人也逐渐多了起来。

今年，2007年，国家文物局推动了全国第三次文物建筑大普查，把乡土建筑遗产作为普查的重点之一，这是我国文物保护工作的首创。在国际上比较，我们的乡土建筑遗产保护工作做得并不落后。

无论在国际还是在中国，把乡土建筑遗产放到重要的位置上，这都是文物建筑保护事业的一个极重要的转折，从今以后，普通而平常的老百姓的建筑以它们独特的意义和价值要大举进入文化遗产的领域了，这是这个领域的革命性转变，意义十分重大。这个中外文物建筑保护界的重大转变，和对“非物质文化遗产”的保护一起，是由于对人类文化遗产基本价值的认识的深化，是这个深化必然导出来的结论。

不论中外，公认的文物建筑的价值观是：虽然它们具有历史的、科学的、艺术的、情感的、使用的和其他各种各样可能具有的价值，但文物建筑的根本价值是作为历史的实物见证。其他各方面的价值，会随着历史的变迁而变化，也会因不同的人的视角而差异，但作为历史的实物见证，这价值是客观的和恒定不变的，即使人们对历史的评价变化了，它们作为历史的见证的功能还是不会变。

所以说，“建筑是石头的史书”。当然，也可以说是“木头的史书”，“砖头的史书”，意思都一样。

从这个核心价值观出发，本来早就可以简捷地得出一个重要的结论：如果只有为帝王将相使用的或为他们的意识形态服务的宫殿、府邸、陵墓、庙宇，它们所见证的或者说所书写的历史是极不完全的，极片面的。在它们所见证或书写的历史里，没有普通平民尤其是农民的生活和创造的历史，更没有他们对历史的见解和评价。这种片面性的产生，源于根深蒂固的占主导地位的帝王将相历史观，要克服这个偏见并不容易，所以对文物建筑的观念的片面性，滞留了许多年。

大学者梁启超说过，中国的二十四史不过是皇帝的家谱和断烂朝报而已。这个评论非常准确而且深刻。事实是，一个人把二十四史读得滚瓜烂熟，也不知道中国社会是什么样的，不知道占中国人口绝大多数的普通老百姓是怎么活着的：他们干些什么，怎么干的；想些什么，怎么想的；日子是怎么过的，过得怎么样；他们造过反，为什么要造反？要知道这些，从二十四史这样的“官书”里是得不到必要的知识的，只有从文人的笔记和民间的小说、戏剧、歌谣、传说、故事里去找，但也不能完全、不能系统化，更不能都准确。

那么，什么样的建筑能够记录或者见证宫殿、庙宇之类的所谓“意义重大”的建筑所没有记录或者没有见证过的民间大众的历史呢？当然是民间的乡土建筑。中国两千年的农业文明史，主要是农民的文明史，这一部文明史的见证，极重要的是千千万万农民生活在其中的乡土环境，主要是建筑。它们的见证详尽、具体而且生动。农民的社会结构和生活理想，农民的生产劳动，包括农业、副业、手工业、水陆运输业，农民的家居生活和文化生活，包括岁时礼俗、人生礼俗以及各种各样的娱乐和杂神崇拜，以及农民们的生老病死甚至农民中不断发生的“造反”等等，都在乡土建筑上留下鲜明的印记。只要稍稍用心，便能够一一解读，从村落的选址和结构，村落中具备的公共建筑物的种类，形态和布局，位置和朝向，住宅的形制、规模和装饰，直到卧室门的形状尺寸以及窗子的结构和装饰等等，都可以读出农民生活的现实和理想，生动而又可信。

所以说，只要承认文物建筑是历史的见证，那么，必然的，就要把乡土建筑当作文化遗产的重要部分，当作极其丰富、极其多样、极其细腻深入的乡土社会和生活的史书。这是一个不能争辩的逻辑结论。中国农业文明时代的乡土建筑遗产是世界上最丰富的，中国可以凭借它的乡土建筑对世界文化遗产宝库做出最大的贡献，原因在于中国漫长的农业文明时代里社会和文化的独特性。

在农村的居住建筑和生产性建筑方面，中国和欧洲也会各有特色，但毕竟没有根本的类型性的区别。造成中国乡土建筑在社会历史意义上和品类上大大超乎欧洲之上的，主要是由于在中国农业文明时代里农村生活中影响极其深刻的宗法制度、科举制度和实用主义的泛神崇拜，这三项强有力的社会文化要素都是世界其他国家根本没有的，而恰恰是这三项催生了当时中国农村中主要的公用建筑类型。此外，中国还有五十几个少数民族的建筑，在形制和形式上都有鲜明的特色。

在中华农业文明的主要地区，凡正常发育的农村聚落，绝大多数都是血缘聚落，便是聚落的绝大多数居民都是同一个祖先的后代，所谓“主姓”。少数非主姓的村民，大多也各属于一个比较小的宗族。中国漫长的农业文明时代，政府的管理实际上只及于县和比较大的镇，县以下的村落基本上都是自治的，这个自治体的管理则由宗族主持。（有一些镇和历史复杂的村多是非血缘聚落，则由“社”或“会”负责管理公众事务。）宗族掌握着村落的公权力和大量的公有财产，可以有计划地对村落进行全面的管理。

由宗族主持建造的公共建筑，最主要的是各级宗祠，包括大宗祠、房祠、分祠和香火堂。除了每年有一定次数的祭祀祖先和团拜之外，村民们还在宗祠里的戏台前看戏，在宗祠里议论大事和惩治奸恶。有些地区的风俗，从外村娶来的媳妇先要到宗祠里认祖，生了儿子到宗祠里挂灯。宗族兴办教育，村民在科举上有了成就，在宗祠里贴喜报、挂功名匾，在宗祠门前立桅杆、造功名牌坊。有些村子，宗族用公田所得的粮食支持公益事业，以求“老有所终，壮有所用，幼有所长，废疾者皆有所养”。为了这些事务，宗族出资建造了一些建筑，例如书塾、敬老院、孤儿院、义仓、义冢，还有牌坊和祠庙，等等。

每个血缘村落里，大宗祠和房祠都是全村最辉煌壮丽的建筑，它们是宗族和房派兴旺发达的标志，是村落的脸面。有些富裕的村落，大小宗祠竟有达到数十座的，它们大大地丰富了村落的景观。

宗族也负责公共性的工程建设，例如水渠、堤坝、堰塘、道路、桥梁、风雨亭和长明灯，还会有申明亭和旌善亭，等等。

科举制度也是中国特有的，起于隋代，止于清末，一千多年时间里，它的影响一直渗透到穷乡僻野。一个普通百姓，只要不犯法，不操“贱业”，便可以苦读“经书”，通过相当公平的考试，进入仕途。科举制度大大激励了一些农家子弟读书的积极性，宗族为了整体的利益，也很重视办理基础教育，设塾延师，建立文馆，资助穷困少年俊彦进学、赴试，奖励他们在科考上取得成绩。为了祈求族人取得科举的辉煌成就，还建造了不少庄严华丽的公共建筑，例如文昌阁、奎星楼、文峰塔、文笔、焚帛炉等等，有少数村子甚至造起了文庙和乡贤祠。科举成绩好的村落，会有功名牌坊、翰林门、状元楼之类。科举制度大大提高了农村的文化水平，读书而没有进仕的和当了官而退食还乡的人们，形成了农村的知识分子阶层，他们对农村各方面的建设都做出了很大的贡献，他们不仅有力地提高了村子建筑的艺术水平和文化蕴涵，自己也造些风格典雅的藏书楼、书院、小花园等等，氤氲出村落的耕读理想。这些文教建筑都是建筑艺术的精品，带动了乡村建设中的审美追求和对自然的亲切感。

中国农民历来没有真正意义上的宗教信仰，有的只是实用主义的泛神崇拜。实用主义的泛神崇拜也大大丰富和提高了乡土建筑的种类。中国农村里，佛寺道观是很少的，偶然有几个，也大都混到泛神崇拜里去了，如来佛和痘花娘娘、土地公婆并肩而坐，元始天尊和柳四相公、药王爷以及一些不知其名的土偶共处一堂，同享一炷香火。和这种现象并存的，是有许多非佛非道的神灵享有的庙宇，例如土地庙、龙王庙、三官庙、山神庙、黑虎庙、蝗虸庙、妈祖庙、临水夫人庙等等，其实大多也是在神坛上供着各色各样的“神”，甚至有来历不明、出身暧昧的什么“神灵”。神灵杂，庙宇也就多，有些不大的村落，竟有大小庙宇几十座。有些跟百姓关系好一些的神或者威力无边的保护神，到处都有庙，例如三圣庙、关帝庙和观音庙。

庙宇有大有小，大的是巍峨堂皇，楼台重叠，甚至可能有一座戏台，一座宝塔，小的不过只容得下一块神名碑罢了，但大多也一丝不苟，精雕细刻，很精致。它们都是村落里的艺术节点，大都位置在显眼的地方，对村落的面貌很有影响。

宗法制度、科举制度和泛神崇拜在最大量的居住建筑里也有鲜明的烙印。宗法制度主要表现在住宅的格局形制上，包括长幼有序和禁锢妇女的内外之别；科举制度主要表现在门头、匾额、楹联、桅杆和书斋别厅上，以及装饰题材和建筑的风格上；泛神崇拜则一方面表现在住宅里土地神、门神、灶神、行业神、各种庇护神等等的神龛布局上，另一方面表现在风水迷信上。这些也都是中国乡土住宅中独有而为其他各国所无的，同样有助于认识中国农业文明时期独特的文化历史。

总之，宗法制度、科举制度和实用主义的泛神崇拜给中国乡土聚落带来了大量艺术水平很高的建筑，这些建筑就是这些制度和崇拜的最生动的历史见证。它们无论在结构技术上、功能型制上还是艺术风格上，都是中国乡土建筑中最典型、最高水平的代表作，而为其他国家所无。

同时，中国还有五十多个兄弟民族，他们各有自己特色鲜明的文化，表现在他们特有的建筑类型上，如碉楼、鼓楼、风雨桥、芦笙坝子等等，各有自己独特的形制、技术和艺术。

因此，中国农村乡土建筑的多样性和丰富性大大超过了外国。保护好这些中国独有的乡土建筑遗产，是我们中国对世界文化遗产一项重大贡献。

宗法制度、科举制度和实用主义的泛神崇拜对传统乡土社会的影响都是在整个村落、尤其是血缘村落的人文环境里发育起来的，它们的存在和作用都依赖于村落的整体。它们也在相互间形成了一个文化整体，例如，宗族的兴旺依赖于科举的成就，要想科举有成，就得给文昌帝君烧香磕头，文昌帝君在村落里的存在要靠文昌阁，而文昌阁是由宗族出钱出力来建造的。本分的农民靠种田谋生，种田要养牲口，牲口病了得请马王爷来救治，给马王爷造个庙先要请秀才择吉、相地。秀才当年读书是在宗祠办的义塾里，义塾是由公田支持的，耕种公田的是老实本分的农民。一个村子，就是这样一个有机的系统性的整体，而且，宗族性的、科举性的、泛神崇拜性的建筑，一般都对村落的整体，例如村落的选址、结构布局、整体风格和周边自然环境的关系以及公共中心和艺术节点的形成等发生重要的影响。所以，只有整个村子，才能完整地、系统地反映乡土社会的文化历史信息，个别的建筑是承担不了这个作用的。

于是，理所当然，作为农业文明的实物见证的乡土建筑的保护，应该以完整的村落为单元，它包含着乡土生活各个方面的历史信息。从20世纪90年代初起始，我们的乡土建筑保护工作就采取了整体地保护一个村落的方案，得到国际文物建筑保护界的赞同，1999年ICOMOS通过的《关于乡土建筑遗产的宪章》里就说："乡土性几乎不可能通过单体建筑来表现，最好是通过维持和保存有典型特征的建筑群和村落来保护乡土性。"

在这样一个重大的文化事件中，中国乡土建筑以类型的丰富和特色的鲜明，丰富了世界文化遗产的宝库。我们可以通过自己谨慎而深入的工作对世界做出很有意义的重大贡献，这是我们的机会和光荣，更给了我们沉重的责任，我们千万不可以掉以轻心！

2006年夏初稿

2008年3月修订

原载《中国旅游报》2014年1月17日

怎样保护北京的古都风貌

保护北京的古都风貌，已引起人们极大的关注。

这个问题包括两个方面：一个是旧城区和文物建筑的保护，一个是新建筑的风格。

保护古都风貌，就是要保护旧城区和文物建筑。因为只有旧城区和文物建筑才是古都风貌唯一的、不可替代的载体，离开了这些载体，根本谈不上古都风貌。即使所有的高楼大厦都扣上形神俱备的大屋顶，也绝不是古都风貌。

目前，北京已经确定要保护的城区和建筑实在太少，而且形不成系统。无论是从政治史、经济史、科技史、宗教史、文化史、民俗史等纵向来看，还是从使整个古北京城的格局大体呈现出来的横向来看，都需要补充大量应当保护的文物建筑与旧城区。今后，再也不要草率地拆除有历史意义的文物建筑和旧城区，也别再把文物建筑周围拆得光溜溜的了，要尽可能保护文物建筑跟它们周围地段的历史联系。

北京古城之所以受到这么严重的破坏，原因在于当时没有采纳把中心外移的建议。如果现在采取措施，把中心外移，或者不再火上添油地继续加强旧中心，是不是还来得及补过于万一？比如说，北京的北中轴是否可以不打通，以保存旧城北部的格局和钟鼓楼环境？

除了旧城区和文物建筑，再没有什么别的东西能体现古都风貌了。

新建筑物绝不可能成为古都风貌的载体，因此也根本不应该对新建筑物提出体现古都风貌的要求。新建筑都去体现古都风貌了，谁来体现新都风貌？

新建筑物应该体现新都风貌，应该是面向现代化、面向世界、面向未来的社会主义建设时期的历史见证。这样的新都风貌，要贯彻百花齐放的方针，放手让建筑师去创造。要充分调动他们的想象力，而完全不必用什么模式去划框框。

现在，有些同志主张所谓“民族形式”“北京味”。民族形式也罢，北京味也罢，都无非是要求新建筑的局部或整体跟北京的旧建筑有某种程度的相似。这种要求，不但对创新不利，对保护古都风貌也是不利的。

据报纸报道，被认为合乎这种要求的建筑大致有三类：一是琉璃厂文化街式的，一是人民大会堂式的，还有一种是美术馆、民族宫式的。

人民大会堂其实是欧洲古典式加上一些似是而非的中式细节，谈不上民族形式或北京味，可以不论。

琉璃厂式的建筑是完全复古建筑，显然行不通，不可能大量推广，也可以不论。不过，它对保护古都风貌有害。所以还要说一说。前些年，当故宫里需要造一些小型辅助性建筑物的时候，前故宫博物院院长吴仲超先生力主不要造古式的。他说：“有了几个假古董，人家就会怀疑那些真古董。”这是一个不容易被人理解而又非常深刻的思想。琉璃厂文化街会使一个不深究的人信以为真，对北京旧城得出错误的认识；又会使认真深究的人误以为真正保护下来的旧城里也难免掺假。这就是“假作真时真亦假”。不许造假古董，是保护真古董价值的必然要求。

现在有可能被当作一种模式推广的，大概就是美术馆和民族宫这类建筑形式或者是它们的淡化了。这种形式代表古都风貌吗？显然不是；是现代风貌吗？也不是。它们是仿古的现代建筑。它们的风格是虚假的。

“建筑是石头的史书”。文物建筑的价值，就在于它真实地记载了历史。现代建筑要写现代史，就要真实地写。如果用虚假的风格去写，这一章现代史还有什么价值呢?

有人说，只有这样的建筑才有北京特色。这倒未必。最有巴黎特色的是埃菲尔铁塔，最有悉尼特色的是新歌剧院，最有纽约特色的是摩天楼，这些都是崭新的现代建筑。最有罗马特色的是大角斗场，最有伦敦特色的是西敏寺，最有莫斯科特色的是克里姆林宫，它们都是真正的古建筑，但在建造之初也是崭新的“现代”建筑。世界上没有哪一个国家的哪一个城市是以仿古建筑作为自己的特色的。旧北京已经有故宫、天坛、北海、颐和园作为代表，新北京的特色有待我们去创造。

是不是只有让新建筑跟古建筑有点“形似”或“神似”才能新旧协调呢？这种说法也不妥当。大量的新建筑，不去跟现代化的社会主义建设大潮流协调，而去跟相对来说数量不多的旧城区和文物建筑协调，这至少是轻重倒置。进一步说，用相似法去完成新旧的协调，对文物建筑的保护也是有害的。国际公认的文物建筑保护纲领性文献《威尼斯宪章》中规定，在有必要扩建文物建筑的时候，应当使扩建部分具有当代的风格，决不允许仿古，为的是防止淆乱历史，防止文物建筑失去历史的真实性。近几年，这项规定已被推广到旧城区的保护中；凡在旧城造新房子也都必须采用当代风格。当然，在邻近文物建筑物和在旧城区中插新房子时，要仔细推敲新旧之间的构图、尺度、颜色、体积等等的关系，要在强烈对比下取得和谐。这显然比简单“形似”更困难一些。

保护文物建筑和旧城区的环境，主要靠城市规划和城市设计的宏观控制。“形似”并不能保证新建筑不破坏这个环境。例如，北京旃檀寺的一组大建筑物，尽管扣上了地道的清式大屋顶，还是破坏了北海的景观。如果当年在规划上控制建筑物的高度和体积，那么，即使在那儿造一幢纯反光玻璃房子也无碍于北海景观。

总之，旧的要保住，旧者自旧；新的要创造，新者自新。

原载《光明日报》1986年5月23日

留一方遗址废墟

叶廷芳先生打电话来，对圆明园遗址的现状很优虑，建议找些人商量个办法。叶先生是研究德国文学的专家，熟悉欧洲知识分子的习尚。欧洲的思想家、文学家和诗人，向来很关心建筑和文物建筑，在他们的著作里，常常有不少关于建筑和文物建筑的篇幅。建筑学里有些很有影响的隽言，就是哲学家或文学家说出来的。例如，“建筑是凝固的音乐”，是歌德和谢林说的；“建筑是石头的史书”，则是雨果、果戈理等人共有的说法。关于古建筑的最生动的描述，多出自文学家或思想家之手，要是撒开了举例，那可以编成一部多卷集的专书。随便点几个，如歌德对斯特拉斯堡哥特式主教堂的描述、雨果对巴黎圣母院的描述、欧文对西班牙的阿尔罕布拉宫的描述和司汤达对意大利园林的描述，等等，都是经典性的。那生动和准确，都远远超出建筑师所能做到的。拉斯金甚至写了两本建筑学的专著，一本叫《建筑七灯》，一本叫《威尼斯的石头》，篇幅都很大。欧洲文物建筑的保护运动，也是首先由文化界发动起来的，影响最大的有拉斯金、雨果、梅里美等。拉斯金领导了一个文物建筑保护的团体，发表了一篇有历史意义的重要宣言，梅里美则主持过法国的文物建筑保护工作，提出过很有影响的主张。雨果是梅里美的支持者，并对英法强盗劫掠和焚烧圆明园发表了愤怒的谴责。

欧洲思想家、文学家和诗人关于建筑和文物建筑的论述，并不是空泛的舞文弄墨或者借题发挥，而是很有见地、很有学术价值的。这是因为他们发现，建筑——尤其是文物建筑——的文化含量十分丰富，引起了浓厚的兴趣，他们的心敏于感受，他们的笔善于表达。

中国历代的文人似乎对建筑很少有见识和理解。那些汉晋大赋，铺张扬厉，热热闹闹，其实是在恭颂皇帝的非凡伟大，并不在议论建筑。杜牧的《阿房宫赋》，凭空虚构，别有所指。引用最多的《洛阳伽蓝记》，也不过夸张地把些庙宇记叙个大概。倒是曹雪芹借贾宝玉之口议论了一番造园艺术，还有些见地。这是因为中国传统文人一向多看重感兴，不大注意观察和思考。近代中国文化发生了大变化，现在才有些作家提得起兴致看看建筑，邓友梅写北京四合院，就很见功力。

叶廷芳先生向来关注建筑和文物建筑保护，是建筑学术会议的座上客。前些年曾经写过文章，对北京市的规划建设提出了大胆的设想。他对于圆明园遗址的意见，大致有两条：一，遗址就是遗址，要保存原状，不要画蛇添足，或改或造；二，废墟有废墟的美，要学会欣赏，这也是文化素养。我大体赞成他的意见。圆明园遗址是北京市级文物保护单位。文物的价值，就在于它携带着历史的、文化的、科学的等等的信息和寄托着人们的感情。因此，文物的生命就在于它的真实性，也就是这些信息的真实性。失去了真实性，文物就没有意义了。所以，保护文物，第一重要的就是保护文物的“原生态”。圆明园作为遗址，具有两种历史信息：一种是清代初年的宫廷园林的造园艺术，另一种是19世纪下半叶中国遭受的帝国主义的欺凌和掠夺。圆明园的造园艺术在中国园林史中是独一无二的，作为一座集锦式园林，它大不同于身边的颐和园（清漪园），而且创造了巧妙的布局。圆明园作为帝国主义侵略者野蛮和贪婪的见证，也是独一无二的，它规模大，近在京畿，惨状毕呈，文献资料也齐全。保存了圆明园遗址的原状，就同时保存了两种历史信息。

遗址，或者说废墟，有它的审美价值。雕梁画栋、金碧辉煌的宫殿可能是美的，而“西风残照、汉家陵阙”也有另一种美，它能给人一种深沉悠远的历史沧桑感。有许多文学艺术作品之所以能拨动人们的心弦，成为杰作，就是因为深刻地表现了这种历史沧桑感。作为唐诗开卷之作的陈子昂的《登幽州台歌》：“前不见古人，后不见来者，念天地之悠悠，独怆然而涕下。”诗里什么也没有看见，而只有一“念”，这一念却是幽州台的景色和诗人的登临所引起来的。区区二十二个字的一首诗竟成了千古绝唱。圆明园的废墟，岂不是一个能使人百念丛生、百感交集的地方？“铜驼荆棘”，曾引发了多少诗文，残山剩水，又曾被多少画家描绘。我到欧洲游历，最使我心潮澎湃，也至于涕泪俱下的，是古希腊和古罗马的遗址废墟。它们述说着一个光辉灿烂的文明和这个文明一去不返的毁灭。那个绝壑深涧的德尔斐，那个海角天涯的苏尼翁，能够引起你多少关于宇宙、世界和人生的沉思！即使铁石人到了那里也会感念万千。我到了伊斯坦布尔，总领事馆的朋友们再三劝我到小亚细亚去看看，我却为了要参加一次在爱琴海上游船里召开的会议而匆匆回了雅典。近日看了一本大开本精印的小亚细亚希腊化时期的遗址，才知道我损失了怎样珍贵的一次机会。

要懂得遗址中携带着的历史信息的价值，要感受破破烂烂一堆石头的遗址的美，需要一个文化高度发达的社会背景。这个条件我们现在还不具备。近年来席卷华夏大地的拜金主义和文化的粗鄙化、低俗化，更加使我们难以接近这个条件。

我们乡土建筑研究组里曾经有一个很好的学生，一次他见到几位某大学的教授，一听说他参加乡土建筑研究，深深表示惋惜。他们给他算了一笔经济账，结论是：这一年亏大了。这个学生从此心不在焉，再也没有能像其他几位学生那样兴致勃勃地工作，深深被乡土建筑蕴涵的文化价值感动。我自己也经常遇到同样的挑战，每年都有许多表格要填，有关于我们的工作的，有关于学生的成绩的。这些由堂堂国家教育主管机关拟定的表格，都有一个项目，叫作“经济效益”。不用说，我每次都空下这一格。幸而几年下来倒也没有出什么事。不料，今年我们的乡土建筑研究却被一位教授斥为“不务正业，误人子弟”。我们接到的忠告是，教学工作要跟建筑师注册考试接轨。这虽然不是立竿见影的经济效益，却依然是眼前的经济效益。对完整的、还在正常使用的乡土建筑尚且如此，对遗址、废墟又会怎么样呢？作为知识精英的大学教授尚且如此，“芸芸众生”又会怎么样呢？

当今，报纸上每有新闻报道什么地方发现了古建筑，不论是庙宇还是民居，都说这是一笔可观的“旅游资源”。恕我孤陋寡闻，我还没有见到过哪一篇报道说它们是“文化资源”的。文化事业当然需要花钱，文化事业也有可能多多少少赚几个钱，但是，如果把拜金主义引进文化事业中来，把文物古迹当作摇钱树，让文化事业和文物古迹到市场经济中去闯荡，那是一定要毁了文化事业和文物古迹的。所以，这几年，只要一听到某处历史古迹被“开发”了，就可以摇头叹息它保不住了。

不久前在北京开了一个关于历史文化名城保护的国际会议。一位与会的朋友告诉我，外籍人士在会上谈的是如何“保护”，而我们的专家学者谈的却是如何“开发”。一个说西，一个说东，满拧。这一条国际的“轨”看来不大容易接上。

“开发”文物建筑，我们国内已经见到过不少例子了。在当今社会整体文明程度很低的情况下，在当今物欲横流的情况下，在当今各种体制和规范还不健全的情况下，这些“开发”能有什么样的结果，可以想见，已有的例子实在教人伤心。

我们今年春天刚刚到一个以民居闻名的地区去过。那里有一个“开发”得很成功、经济效益不错的村子。在村口，对着一座明代的石牌坊，造起了一幢钢筋混凝土的两层楼房，叫作“贵宾接待所”，里面不知都干些什么，可以推测到八九不离十的是至少必有出售民俗文物这一项。进了村子，一二百米长的一条街，挨肩膀开起了一溜饭馆和小卖店，都是拆掉了原来古老住宅后檐墙改造而成的，宁谧朴实的乡土气息再也没有了。旅游业的经营者干的是一锤子买卖，赚了这一拨人的钱，不指望他们再来第二次，旅客的失望和愤怒他们无所谓，文物保护更是扯淡的事儿，捞一把才是正经。

“开发”还有另一种情况。不久前报纸上说，苏州正在修复一百多个“微型”园林。但修复之后，将要标价出售50—70年的使用权。“人生七十古来稀”，这就是说，现在出生的中华人民共和国小公民，这一辈子将没有机会去看一看这些“微型”园林，虽然倒也许有机会乘太空船去潇洒一回。这类园林都附属于住宅，出售园林的使用权，当然包括住宅。那么，这一批古老住宅为了适应大亨阔佬二毛子的现代化居住需要，将会被改造成什么样子，那就只好假装不去想它了。

话当然还得说回到遗址废墟上来。1995年8月23日的《中国文化报》上有一则消息，标题叫作“我国加强对大遗址文物保护”，这里面说：“国家和各地文物部门开始采取切实措施，解决这一保护工作的难点。”“措施之三”是：“改变由国家包下来的办法，动员鼓励遗址区农民参与保护。……采取谁投资谁受益的政策，吸引当地乡、村和农民参与文物的开发利用、发展旅游业……”文物建筑保护工作是一项多学科综合性工作，是很细致复杂的专业性工作。至于它的遗址的保护，更需要保护者具有很高的文化素养，在世界范围来说，也是直到几十年前才认识到保护大遗址的重要意义的，至于它的保护原则，更是晚近才有比较一致的看法，制定了一个国际性文件。这个“措施之三”是完全违反了文物建筑和大遗址保护的基本原则的，但它发表在专业的文化报上，标题说的是加强保护。

保护大遗址和保护文物建筑一样，是一门独立的专业，在发达国家都要由有专门学历、持有专门执照的专家负责。未经培训的建筑师没有资格主持。我们到现在还没有考虑培养这样的专家。虽然我们曾经认为“劳动者最聪明”，但实事求是地说，我们的农民，目前大约还没有达到那样的文化水平，可以参与大遗址的“开发利用”。这种“谁投资谁受益”式的开发利用，只能是“文化搭台、经济唱戏”，最后是戏未必唱得好，台则难免要垮。看看甚至已经列为联合国“世界文化遗产”的长城八达岭段，那个“居庸外镇”，作为“投资得益”的热点，一派繁华景象，哪里还有一丝一毫能引起人们深沉历史感的边塞风光。而且岂止繁华而已，简直是一片混乱。陈子昂到了这里，大约会写诗曰："前可见饭厅，后可见商亭，念文化之奄奄，独怆然而涕零。"

首都身边的长城的"开发利用"如此，天高皇帝远的那些大遗址，"开发利用"起来会是什么样子，还能难以预计吗！

叶廷芳先生给我打电话为圆明园遗址的命运发急的时候，我告诉他，虽然近在咫尺，十几年前还天天去跑步，近几年却再也不去了，求个眼不见为净，免得伤肝又伤心。但是不去也不免伤肝又伤心。1995年7月13日看到《北京晚报》的一则新闻，叫作"神奇的世界图腾荟萃园"。这个园在圆明园的"海岳开襟"岛上，由门头沟区龙泉镇投资。园内仿制了"七十多个国家博物馆的藏品"，不但有"妖魔鬼怪"的头，"狰狞可怖"或"莫名其妙"的面具，还有"原始部落酋长的座椅，若想体会一下酋长的威严，你可以在这座椅上坐一坐"。根据"谁投资谁收益"的原则，进这个荟萃园去看一眼当然要买门票，在酋长椅上坐一坐，更是要出血挨一刀宰。至于那些图腾嘛，只消想一想遍布全国的各种集景式公园和神怪园就能明白是什么货色了。不过，不得不佩服"原始图腾"这个选题，因为，从来是"画鬼容易画人难"，那些图腾，仿制起来比维纳斯像容易得多，成本也低，而收益却不见得少。至于为什么圆明园里乱占的住户外迁很难，而这个园却由门头沟区龙泉镇来投资，则是一件叫人难以理解的怪事了。

面对着愚昧、无知、贫穷、贪婪和不负责任，以及自己套在脖子上的体制问题，圆明园和其他大遗址的保护，比整治堵在家门口的太行、王屋两座大山更加困难得多了。

过去，有人相信"阶级斗争一抓就灵"，不论出了什么问题，以为弄一些读书人来斗一场就可以解决。现在，有人相信"市场经济一抓就灵"，一切困难都归咎于市场经济还不够发达，不论有什么问题，以为只要推向商品市场就可以解决。其实呢，就像在奴隶制社会里并不是一切劳动都由奴隶去做一样，在有几百年市场经济历史的国家里，也不是一切都市场化、商品化的。教育、学术和文化事业，就不能都推向商品市场。文物建筑和古迹遗址的保护，决不能搞商业性开发，那样做，对历史、对人类都是不负责任的。即使我们还不能懂得遗址废墟的历史、文化意义，即使我们还不能欣赏遗址废墟的审美价值，参照世界各国的经验教训，也应该咬紧牙根，郑重地负起历史责任来，把有价值的遗址废墟保护好，“传之永久”。一百多年前，意大利、希腊和小亚细亚诸国开始认真保护它们的古迹遗址的时候，经济水平远远低于今天的我们。现在，斯里兰卡这样的不发达国家，也很精心地保护着大片大片的遗址，其中有法显曾经在那里进修的僧院的遗址，一眼望不到边的荒凉。这些遗址废墟，跟所有文物建筑一样，都没有直接对它们进行商业性开发，追求眼前的经济效益，看了真叫人动心。我们常常以五千年的文明史为荣，但是为什么我们不懂得爱惜我们文明史的见证？

古迹遗址当然不能保护起来不给人看，适度的开放旅游是应该的。但把它们作为旅游参观对象，主要应该是为了发挥它们的历史文化价值，作为一种教育资源。因此，保护是开发利用的前提，只有保护好它们的历史文化价值，它们才有旅游参观的价值。能靠它们赚几个钱当然也可以，但是应该有度有节，不能弄得遗址像商场一样，不但看不到它的真价值，甚至会伤了它的真价值。不这样认识古迹遗址的“开发利用”，就必定要坏事。

有不少人建议把圆明园当作爱国主义的课堂。这当然是好的。但这只说到了圆明园可能具有的价值的一部分，它的全部价值远远大于作为爱国主义课堂。我们要保护的，应该尽可能是它现在还有的价值的全部。

曾经有过一个“圆明园学会”。既然成立学会，想必是为了要干一些事。没有听说这学会被取消或自行散伙，那么，他们对圆明园的现状总是很关心、很了解的了。于是，我们可以有两个合乎逻辑的推论：一个是，他们满意这个现状和它可能的发展。果真如此的话，我们再提意见也毫无用处。一个是，他们不满意，但无可奈何。如果连他们都无可奈何，我们再提意见还有什么意义呢？落花有意，流水无情，薄命的是我们的文化遗产，还是我们的人民？

补记

写这段杂记的时候，对圆明园的印象还是十几年前的，所以写了些关于遗址保护的话。十月底，我去了一趟，才发现原来那里的问题已经不是如何保护遗址的方法如何了。不仅目所睹的，在恣意破坏这所世界闻名的园林的遗址，而且耳所闻的，竟是高速摩托艇和大锣大鼓的噪声，教人心烦意乱。大约是为了最大限度地获得门票效益，园里还纵横砌了不少道大墙，连圆明园的规模都已经无法领略了。

年轻人满有信心地告诉我，这就是市场经济下的民俗文化，必然的历史潮流，你那些“精英文化”已经过时，再也不要期望复辟了。

其实我从来不敢以“精英”自许，只习惯于说些平头小百姓的话。我到已经有几百年市场经济历史而且市场经济远远比我们发达的欧洲各地去，看到那里对遗址废墟的保护和研究，更加觉得我的文化素养根本达不到“精英”的水平。不知为什么，我们这里市场经济刚刚起步，连最初级的规范都还不齐全，我们的文化，包括建筑，却已经相当可怕地粗鄙化、低俗化了。更奇怪的是，竟天天可以拜读到一些名家的文章，论证市场经济下文化的走向就是如此，不必焦灼云云。或许我们都配备了神行太保戴宗的纸甲马，只消几步，便赶到老牌市场经济社会头里去了，在文化的粗鄙化和低俗化上超了前。然后可以像聪明而又糊涂的兔子那样，打个盹，讪笑欧洲人像乌龟，姗姗来迟。但是，如果欧洲人——其实也还有我们的近邻亚洲人，压根儿不走我们一些名家料定的“规律性”道路，那我们岂不是会太寂寞了？那时候，我们将用什么方法来吹嘘五千年古老的文明呢？一本《易经》大概不免太单薄了吧，即使妙笔果真能生花，恐怕也生发不出多少新鲜玩意儿来了。

刚刚纪念过抗日战争胜利五十周年。在那短短的几天里，倒是着着实实向人们灌输了一番爱国主义，有一句话说得山响，叫“前事不忘，后事之师”。但几天热闹过去，又有什么东西能提醒我们记得前事呢？当年的侵略者倒是念念不忘抵赖甚至美化罪恶，而我们却眼珠子红红地盯着人家的资本和商品。只应天上才有的锦城丝管，三秋桂子、十里荷花的西湖风光，都能赢得游人沉醉。但沉醉了容易忘事，留一方遗址废墟，叫沉醉的人们也有机会清醒一下来回忆前事，岂不更好！

原载《读书》1996年第2期

五十年后论是非

今年是2003年，半个世纪前，一些人对老北京城动手的时候，梁思成先生当面对北京市的主要领导人说，“在保护老北京城的问题上，我是先进的，你是落后的”，“五十年后，历史将证明你是错的，我是对的”。差不多在同时，马寅初先生在铺天盖地的批判浪潮中写道，“因为我对我的理论有相当的把握，不能不坚持，学术的尊严不能不维护”，“为了真理，即使牺牲自己的性命也在所不惜”。

两位大智大勇的学者，被逼得说出这样无可奈何的话语，该伤心的不是哪个人或哪些人，而是我们整个的民族。

人口问题，后来毕竟客观上证明了在无声无息中老去的马先生的正确。梁先生却没有这样的运气，在政府雷厉风行地推行“计划生育”的时候，当了几年“反动学术权威”的梁先生等来了以“人民内部矛盾”的结论“落实政策”，患着肺气肿的梁先生住进窗玻璃被砸碎的房子里受着严寒的煎熬，终于病情恶化，在极度孤独中去世了。现在，距梁先生说历史将证明他是正确的那句话已经将近五十年，他究竟正确不正确呢？看看老北京城还在不断遭受着破坏，似乎结论仍旧不清楚。

难道梁先生是错了吗？当然不是，他提出来的保护“整个北京城”的主张，确实如他自己所说，正是世界上最先进的思想。但是，在他老人家去世之后的三十年里，至少有两件事是他万万想不到的。正是这两件事，使他的主张看上去似乎并不正确。

第一件是，他想不到在我们这个坚持社会主义又经过一浪高过一浪“反资反修”洗礼的国家，房地产开发的经济利益会成了城市建设的主导力量。

第二件是，在现实的困难面前，竟会有那么多有关的人放弃原则，搞出偷换概念的伪饰之词，迎合了开发商对老北京的大规模破坏。作为一位杰出的教育家，如果梁先生地下有灵，最使他“困惑”的肯定是第二件事。

第二件事里包括着一大堆杂乱无序的东西。由于言之者经常概念糊涂，逻辑失范，又不断地自我矛盾，所以很难一一厘清它们，作为讨论的对象。

对老北京城的破坏，大体说来，有三种力量。一种是纯政治的，一种是技术和经济的，第三种则是房地产利益的驱动。

最初的冲击来自政治。例如，梁思成先生参考世界各国的经验教训，和陈占祥先生一起提出了在西郊另建新的中央行政中心而保护老城的主张，大人物知道了之后说：现在有人要把我们赶出北京城呀！那罪过可就大了。于是，新的行政中心就只好放在老北京城里。硬把一个现代大国的中央行政中心放进一个15世纪封建帝国的皇都里，这就决定了老城非毁灭不可，以下的事就顺理成章地发生了。

比如说，“节日游行阅兵时，军旗过三座门不得不低头，解放军同志特别生气”，于是，没有人能阻止拆掉长安左门和长安右门。

又比如1953年11月北京市政府的一份文件里说：北京古城“完全是服务于封建统治者的意旨的。它的重要建筑物是皇宫和寺庙，而以皇宫为中心，外边加上一层层的城墙，这充分表现了封建帝王唯我独尊和维护封建统治、防御农民‘造反’的思想”。于是，首先得把城墙拆除。拆掉城墙是“今后彻底迅速地改建旧城的一个良好开端”。虽然细品起来，这几句话和当时“定鼎”古都中心并且打算改建故宫的决定有微妙的差异，但都从政治角度着眼则是一样的。

决定把行政中心放在北京城里之后，便不可避免地引起了一系列的技术和经济问题，首当其冲的是交通堵塞。梁陈两位先生提出的方案，本来就是为了避免这类问题而争取最大可能地保护老城。但这时候，唯一可行的办法便只有拆老建筑了。于是那些人拆牌楼、拆地安门和西安门、拆金鳌玉蛛桥、拆大高玄殿的习礼亭和牌楼，接着又把城墙和城门楼子拆光。

和技术问题相关联的是一些所谓经济问题，例如，拆城墙可以得一批砖，填护城河可以得一片地之类。

政治和技术的冲击，梁先生在生前都亲眼看到了，对立双方阵线分明，他虽然无力阻挡，但他知道是什么人犯了历史性的错误，他能坚信自己的正确。

但是，在他身后发生的第三种冲击就很不一样了，房地产开发利益和某些部门利益发生了直接的联系，于是，一批似是而非的说法出笼了。

例如，把在古城里进行房地产开发等同于“发展”，而“发展是硬道理”。把剃光头式地拆除古城机体的“旧城改造”说成是为了提高居民生活水平，给老百姓“办实事”。

更有一些人，把拆除原有的真正的古建筑，例如四合院，再造新的“仿古”四合院，叫作“保护历史文化街区”。只把旧皇城里6.3%的建筑“保护”下来，号称“整体”保护皇城等等。

再加上“风貌保护”“有机更新”这样的“理论”，显然，当今关于老北京城残存体素的存废争论，阵线不分明，是非比过去更难明辨了。

要想理清是非，当前得紧紧抓住两个问题。第一是，老北京城的定性定位；第二是，什么是真正的文物建筑保护。

老北京城的定位定性是最根本的。

老北京城不是一般的“旧城”，它是我们国家法定的“历史文化名城”之首。我们国家有三千多座将近四千座“旧城”，其中只有一百来座被列为“历史文化名城”。“历史文化名城”，就是说它涵有丰富的和独特的历史和文化信息，具有丰富的和独特的历史文化价值，它“非同一般”。古老的北京城有什么样的历史文化价值？它是明清两代世界上最大的封建帝国的首都，而且还保存着一些金、元时代的遗迹，它又是世界上有完整的总体规划的古代城市中最大的；它是中国两千年都城建设的最高成就，它集中了中国传统建筑中最成熟的、最多样的精品。梁思成先生把老北京城叫作“都市计划的无比杰作”，毫无异议是世界上独一无二的历史文化珍品。

对待这样不一般的旧城，唯一正确的原则是加以保护，在严格保护的前提下，精心设计，适当改善，稳妥地逐步提高它的居民的生活质量。自从法定老北京城为“历史文化名城”之后，就是向民族、向世界、向子孙后代做出了承诺，承诺要保护它。如果不保护，而把“非同一般”的老北京城混同于一般的“旧城”，加以“改造”，那么，这个“历史文化名城”的招牌岂不是儿戏？给它挂上这块牌子岂不是言而无信？如果不加以保护，请问，挂上“历史文化名城”的牌子是为了什么？

既然做出了保护的承诺，当然意味着要付出代价，甚至不惜付出很沉重的代价。但对于这样一个举世无双的老北京城来说，对于一个蕴含着极其丰富、极其独特的历史文化信息的老北京城来说，对于一个有很高艺术价值的完整统一的老北京城来说，付出巨大的代价是值得的、是必要的，这是中国对世界的责任。而且是早晚会有回报的。

“旧城改造”，这几年叫得最响的“实事”，是完全弄错了对象。对于全国三千多近四千座旧城中的绝大多数来说，“旧城改造”是合适的，而对作为“历史文化名城”之首的北京城来说，是犯了概念淆乱的大错误。它不是一般的“旧城”，因而不能加以大规模的“改造”。

“发展是硬道理”，当然对。发展是一百多年来中国的志士仁人的理想，不惜为它赴汤蹈火。但这是高度浓缩、高度概括了的政治性的话语，隐去了一些重要的限定。如果展开来说明白，至少应该说“可持续发展”，或者说“全面的、综合的、均衡的、健康的发展”。像1958年“大跃进”那样的“发展”，“大炼钢铁”那样的“发展”，绝不是硬道理，这本来是不言自明的。如果我们牺牲了世界绝无仅有的老北京城的历史文化价值去“发展”它，代价大于所得，那就是“大跃进式”的、“大炼钢铁式”的“发展”，那是罪过，现在只有唯利是图的房地产开发商才会这样做。

但是，紧接着就出了新的问题：什么叫保护？怎样去保护？其实这问题的答案在原则上很简单，保护就是采取措施把一件历史文化遗产保存下去。这句话里有自然而然的含义，那就是，保存下去的当然是历史遗产真实的本身，不是复制品，不是仿制品，更不是毫无根据假冒的赝品。这一点本来是很明确的，不应该有什么争论。但是现在恰恰在这一点上，出现了一些“理论”，偷梁换柱，把改造冒充为保护，以保护之名，行改造之实，而最终的目的是谋房地产开发之利。

保护老北京这样的特大型城市，必须要让人继续居住在城里，而北京城里老房子的基本质量都偏低，不可避免地要在保护的前提下对它们进行一些必要的、合理的、有限度的改善。这种改善在技术上并不太难，改善之后可以达到相当满意的居住水平。这从有很多地位颇高的人士乐于住在四合院里而不想去住高楼大厦便可以得到证明。但这种做法，包括因居住密度过高而不得不外迁一部分居民在内，工作要非常细致、非常认真，更重要的是无利可图，于是，便发生了谁来投资的问题。这样一来，事情就和上面的一个问题有了牵扯：“旧城改造”是可以依靠房地产资本的，而“历史文化名城保护”却未必完全可能。政府本来应该负起责任积极去设法解决，可以认为，这是在确定老北京城为“历史文化名城”的时候便已经承诺了的。但是，某些部门也想在房地产开发上捞点好处，利之所趋，义便丢到了一边。于是，有些怪事怪说便应运而生。

在各方面舆论压力之下，2001年3月，北京划出了25片历史文化保护区，后来又增加了15片，一共40片。但是，怎么保护它们呢？2002年下半年北京报纸上发表了其中一片南池子的保护规划。这个号称保护的规划真是天大的笑话，它把南池子的老房子几乎全部拆光，重新建造。新建的将是两层楼房，布置成整齐划一的方格子，房子是单元式的，完全外向。中外古今，人们找不到这种做法和“保护”两个字有什么关系。人们也没有足够的智力看出它和老北京的“历史文化”一丝一毫的关系。听说其他各片的规划里也有采取这种做法的。后来南池子出了点荒唐事，这件规划的后事如何便暂时没有人提起了。

今年2月21日至3月6日，北京公示了三眼井胡同的保护实施方案。三眼井也是40片保护区之一，但3月6日报纸和电视在报道中所用的却是“改建”两个字。各种媒体用同样的话给这个方案做了概括：“将三眼井胡同改建成北京市第一个充分体现四合院原有风韵和格局，具有仿古民居建筑特色的历史文化保护区。”恐怕没有谁能理解，仿古民居怎么能构成历史文化保护区。也没有谁能理解，报道中所说的“为三眼井历史文化保护区注入传统历史文化内涵”是什么意思。既然是历史文化保护区，为什么还要“注入”历史文化内涵？怎么注入，像丧良心的唯利是图的贩子给猪肉注水那样吗？

过了几天，南池子重新又出现在报纸上了，这次说的是作为历史文化保护区之一的南池子的“改造工程”已经开工，“改造旧四合院17所，每个院……地下2层，地上1层”。看来大约写稿的人忙中出错，好像应该是地下1层，地上2层。但这样把南池子贵族化的全新“改造”，怎么能施之于历史文化“保护区”呢？又怎么能施之于首都北京呢？

老北京究竟还算不算“历史文化名城”？算，就保护，不算，就摘牌子，实话实说，不要挂羊头卖狗肉。报纸上夸赞三眼井要变为“仿古民居的历史文化保护区”的时候，有一句很有意思的话，说这种做法“全面更新和提升了城市改造理念”。这简直是无理搅三分了：你不赞同这样的保护吗？那是你没有与时俱进，没能改造你的保护理念。但保护理念岂是什么人想改造就能改造的。

三眼井和南池子的“保护”或者改造，从报纸新闻上看，显然是依据了所谓“风貌保护”的理念，这是一种不要“刃”却要“利”，不要西施却要西施之美的理论，很难理解。如今竟成了“与时俱进”的新“理念”的依据，真教人莫名其妙。

1949年3月，梁思成先生应周恩来的托付，编制了《全国重要建筑文物简目》，其中第一项文物便是“北平城全部”。这就是说，梁先生设想的是对老北京城实行“整体保护”，这在当时确实是很先进的思想。正是从整体保护的构思出发，梁、陈两位先生才建议把中央行政中心放到西郊去的，如果仅仅保护故宫、天坛之类几个大型纪念性建筑，那就无需做这样的建议。不幸的是，梁陈方案被打了棍子，在那个年代，棍子打下来便成“绝杀”，没有讨论的余地。这个招数一出，新的行政中心便顺理成章地放到了封建皇都的中心里，北京城的整体保护就再也没有可能了。

梁先生的第一位目标失败之后，20世纪50年代的苦苦谏诤，就只好陷在牌楼、城墙、金鳌玉蝀桥等个别项目上了。于是，我们，我们这个民族和全人类，终于失去了当时世界上唯一还保存得相当完整的“都市计划的无比杰作”，永远地失去了。

一座中世纪封建帝国的都城，有什么价值呢？欧洲人有一句名言，说的是“建筑是石头的编年史”，在一座建筑上可以很直观、很真实，甚至很细致深入地读出一段历史来。那么，老北京城就好比一部集大成的丛书，另一部《永乐大典》。作为京畿之地，它拥有一个大国首都全部的功能，包括朝仪、礼制、祭祀、行政、文化教育、宗教、后勤保障、作坊、仓储、警卫、娱乐、家居、市井商贸、金融与服务业等各种系统，所有这些功能系统都有相应的建筑系统，每个建筑系统里有相应的生活。正是这些建筑系统构成了老北京城的机体，在这机体之中蕴藏着不计其数的历史文化信息，包括整体的艺术价值在内。眼下关于老北京的书可以说已经“汗牛充栋”，可是对于老北京城的历史文化遗存来说，只写了九牛之一毛，而且，不论怎么写，不论写多少，都赶不上老城本身的蕴含那么丰富、那么生动、那么充实。可以说，老北京城的历史文化价值简直是不可穷尽的。

早在1949年之前，老北京已经失去了一部分很重要的建筑系统，例如旧皇朝的六部行政系统和翰林院等。当然不必去恢复它们，但还可能保存下一些痕迹，包括遗留在地名里的。

历史文化信息，作为信息，它们是中性的，有真假之分，有轻重之别，却不能用“政治标准”来区别好的和坏的，定下信息的价值。表现地主阶级头子“唯我独尊并维护封建统治”的故宫，不是“坏”东西，而是无与伦比的文物，因为它蕴含着太多太多的历史文化信息和太高太高的建筑艺术价值。老北京城整体的价值也同样是无所谓“好”与“坏”，它是不可替代的。

个别建筑物，在孤立状态下去考察，历史文化价值可能不高，但它位于一个建筑的功能系统中，就能提高整个系统的价值。所以，不能轻易从北京城整体中去掉“那些价值不高”的建筑。系统中出现空白，系统的整体价值就会降低。

例如，2月27日的《北京晚报》有一篇关于“保护”老北京皇城的“深度报道”，里面说，整个皇城里只有6.3%的建筑或四合院是“具有一定历史文化价值”，“对于这些明清四合院和近代建筑，也将按照文物的保护要求进行保护”，那么就是说还有93.7%的建筑物或四合院是不受保护的了。这样的大规模“更新”，不论“有机”还是“无机”，“微循环”还是“大循环”，都不能说是保护了皇城。要知道，除了一流的四合院之外，北京还有二流和三流的四合院，这是历史的真实，保存了它们，才是保存了一座真实的、完整的老北京城，才是传达真实的历史信息给后代。何况皇城里二三流的四合院，只要下功夫修缮，使用质量完全可以提高到适应普通老百姓的生活水平。虽然可能达不到某些人和开发商把城中心变为“贵族区”的愿望。这种只保存6.3%老建筑的做法，莫非又是“全面更新和提升城市改造理念”了？试想一下，皇城里93.7%的老建筑全都“更新”和“改造”了，只有几幢老建筑零七碎八地散布在这一大批新建筑的夹缝当中，要找它们都很难，那么，保存它们还有什么意义呢？岂不成了笑话。

“整体保护”这个词语近来在报纸上出现了几次，但是，说的是什么呢？是呈现老北京城“凸”字形轮廓，是加强中轴线，是开挖几处前几年填掉的河渠，是加高内城墙东南角侥幸剩下来的200米残迹，是复建永定门等等。这些工作，并非毫无意义，做了或许比不做好。要说做了这些工作就是对老北京做“整体保护”，那是根本谈不上的了。目前的这种做法，号称保护老北京的“结构”，这也是很新的说法或者“理念”。这个“理念”的要害也是回避对老北京原有体素的保护。说起老体素，马上有人会说它们是破破烂烂的“危房”。其实呢，被认为危房的，有很大一部分并不很危，并不是非拆不可；而且，所以有一部分会破破烂烂，正是几十年没有认真维修的结果。不认真维修，是因为言而无信，早就不打算保护它们。

整体保护老北京城的时机已经失去了。许多关键性的体素已经没有了，要整体保护老北京城已经不可能了，这是铁定的事实，不论再写多少新闻报道，再提出多少新造的“理念”，都无济于事，自欺可以，欺人办不到。还是老老实实承认现状，做点力所能及的工作为好。

有人说，错批了一个马寅初，中国多生了几亿人口。看看中国一些农村里有多少剩余劳动力日日夜夜打麻将，真教人心惊胆战。错批了一个梁思成呢？我们失去了多少珍贵的历史文化遗产，愧对子孙，愧对世界。看看大型推土机轰轰烈烈地推倒一条老街、半座古城，看看多少“仿古文物”冒充古董，看看那些丧失原则去为现实的错误辩护的“理论”，我们也胆战心惊。

失去的已经无法挽回，暂时还没有失去的也可能不久就会被“旧城改造”或者“仿古保护”的奇异举措毁掉，那么，我写这许多话还有什么作用呢？就因为梁思成先生当年说过“五十年后，历史将证明我是对的”，现在到了五十年。我们要拨开实践的和“理论”的阴霾，说一句“历史已经证明了您的预言”，安慰他，也安慰尊敬他的人，如此而已。不过，证明梁思成先生的正确，是五十年来全世界文物建筑和历史城镇保护的潮流，不是北京城本身的实践。就好像人人都知道马寅初先生当年坚持的确实是真理的时候，中国人口已经到了13亿，怎么办呢？

补记

终于，2003年8月14日，《北京日报》和《北京晚报》都发表了关于南池子的改造"成果"的报道。日报的标题是"古都民居重现历史风貌"，晚报的标题是"南池子历史风貌再现"。两篇的内容完全一样，显然出于同一个文本，只在文字上做了很少一点区别。值得注意的是两篇的标题都用了"重现"或"再现""历史风貌"的提法，充分利用了一些人在历史文化名城保护上的"理念"的混乱和谬误。更有意思的是，晚报的一个小标题竟是"修缮改建夺回历史风貌"，"夺回派"在久违之后竟然又露脸了。所谓"风貌"说的是"斜坡式屋顶，青砖灰瓦，朱漆大门"，报道说是"严格按照北京民居样式新建的二层小楼"，一看照片，都是钢筋混凝土结构的。

第二天，也就是15日，《北京晚报》又发了一段权威人士的讲话，里面说："我们一定要坚定不移地推进危旧房改造，坚持与时俱进，在建设规划、融资方式、政策指导、管理模式、工作方法上大胆创新，拿出时代智慧。"但这个讲话没有一个字提及对待历史文化保护区应该有什么样的态度和原则，尤其对北京这样一个世界上绝无仅有的帝国故都皇城里的历史文化保护区。要说"大胆创新""时代智慧"，也谈不上，20年前的琉璃厂早已经做过一轮了。

15日的报道说，南池子的工程是"本市第一片历史文化保护区的修缮改建试点，文化保护专家和社会各界对试点工程给予充分肯定"。看来，这南池子方式将会推广到其他39片历史文化保护区去。果然，8月25日，《北京晚报》又发表了"烟袋斜街复古"的消息。电视节目上也有两位"专家"出现，"充分肯定"了南池子的改造"好得很"。不过，我不知道他们是哪一路的专家，因为他们也都没有一句话提到关于历史文化保护区的问题。而这是一个十分专业、十分严肃的问题，即使暂时不提这个问题的正确答案，至少，不应该如此草率、如此简单化、如此专断地动手做这样的“试点”，而应该仔细、认真地反复探讨，以免万一试点有毛病造成永远不能挽回的损失。合理的程序，是要在动手之前先得到保护专家和社会各界的充分肯定，而不是事后要他们来捧场。南池子1076户居民的生活水平当然要提高，但未必就一定要把皇城里的历史文化保护区改得面目全非。这问题的处理是要向历史负责，向世界负责的。衡量这问题的是非，有国际公认的准则，不是什么人“拿出时代智慧”来一口咬定，再动员媒体起哄造势就可以了的。我们已经不需要再等五十年才来判断是非了。

一个五千年历史的国家，如此缺乏文化意识。经济的落后，要赶上并不太难，文化的落后，要赶上就难了！唉！

原载《建筑史》2003年第2期

保护圆明园遗址可采用双重做法

怎样对待圆明园的遗址，已经争论了几十年了。大致说来，一方主张保存它被毁后的状态，作为帝国主义侵略我国的罪证，以警惕国人，永远不要忘记“落后就要挨打”的历史教训；另一方则主张恢复它的原状，作为我国高度发达的文明的表征，激励我们充满信心地建设新的文化。双方争持不下，难以得到共同的结论。

这样的争论在全世界都有，包括在文物建筑保护方面走在前头的欧洲各国，因为他们经历过两次大战的摧残。在那里，争论也同样没有结果。这样一般化的争论是不可能得到一致的意见的，因为矛盾存在于客观的实际上，即遗址废墟本身具有两重互相矛盾的性质和价值。

那么究竟怎么办呢？办法是：既然圆明园遗址具有双重意义，那么，我们就不妨采用双重做法，复建一部分景点，保留一部分废墟，在二者之间搞平衡。但指导思想是统一的，即：以复建部分显示我国古代文明的辉煌，以它的辉煌映照出帝国主义者的贪婪和野蛮。这是一个完整的构思。[①]

需要重点说明的是部分复建的意义和方法。因为复建决不能违反保护文物建筑或遗址的基本原理。

什么是那个基本原理？就是：保护文物建筑或遗址，首先要保护它

① 这点意见和1996年时有点儿不同。

所携带的历史文化信息，保护这信息的原真性。在圆明园这个具体项目里，我们讨论的是废墟，是遗址。这个废墟失去了原建筑的大部分信息，但废墟又获得了它特有的历史信息，这便是关于清代朝廷的腐败和帝国主义者的野蛮的信息。那么，表面上看好像问题依旧是老样子，但其实不一样。我们不可能再现原有的圆明园，文物建筑一旦失去便永远失去了，然而我们能不能比较真实地、比较可靠地再现一部分圆明园原有的光辉成就呢？这应该是可能的。清代的建筑已经高度程式化了，尤其是官式建筑，还有《工程做法》一类的书可以参考，关于圆明园本身，则有早期的《四十景图》和“样式雷”烫样，相当清晰完整。如果我们沉下心来，力戒浮躁，十分精心，十分细致，不盲目追求进度，不规定期限，不屈从某种与文物建筑保护不相干的愿望，去修复几个景点，可以很接近原物，从而使人们多少能对我们民族光辉的文明成就有些了解。当然，复制品的价值远远不能和原物相比，这一点是十分明确的，所以，复制的景点，在认识上，必须把它们当作在原址上制作的足尺模型。自然博物馆和历史博物馆都有一些模型陈列着，不能说它们对我们的认识毫无意义。

这套模型的制作，首先应该严格遵循文物建筑和遗址保护的基本原则：复制品无论如何不能干扰甚至破坏发掘出来的原存基址遗迹。《文物保护法》第二十二条说：“不可移动文物已经全部毁坏的，应当实施遗址保护，不得在原址重建。”它的着眼点就是要保护好真正的历史原物，哪怕只是遗址，那是比复制的整个足尺模型都更有历史价值的。因此，对复制品要有一些特殊的设计要求。即，第一，它应该是可逆的，有朝一日需要拆除复制品的时候不致破坏原来真正基址的遗存；第二，它应该具有历史的可读性，即在参观复制品的时候，可以看到它下面原来真正的基址。为满足这些要求，我建议把复制品周围的地面适度填高，室内的地面架空，全部用厚玻璃，下面架空装灯，并且把室内地面做得可以分块掀开。中国古建筑都有一个比较高的台基，而圆明园古建筑的原基址遗存又比较低平，则这样的架空式复制品是比较容易做到的，并不致明显变形。而且，这种架空的做法又满足了第三项要求，即复制品的可识别性，也就是，认真去看，则复制品看得出来就是复制品，而不刻意追求“天衣无缝”。对文物保护来说，凡修缮、剔补、构件更换、复制，要的是“天衣有缝”，当然不是很难看的缝，而是很巧妙而又很明白的“缝”。

其次，就是决不可给全部景点做复制品，既要复制一小部分，又要保留相当多完全现状的残毁遗址，也就是说，不但不可以让清廷的腐败和帝国主义野蛮掠夺罪行的实存历史见证完全消失，也不可以都只保存在复制品的玻璃地板下面，而要把它们以足够的数量和足够的强度呈现在光天化日之下。

要紧的是，复制哪些在玻璃地板下保存残迹的景点，保留哪些把残迹全部呈现出来的景点，都得仔细下功夫斟酌。要从圆明园的整体着眼，从所有遗址的状况着眼，既考虑它们原来的艺术成就，也考虑保护它们的技术可行性，但不要考虑能用它们来赚多少钱。

而且，复制部分和不复制部分的对比，不但要存在于圆明园的整体之中，还要存在于每个复制的景点之中，即在复制的景点里也要部分地保存着裸露的残址。例如，一座四合院，只复制三面，留下一厢的残迹，正房或厢房，不要复制。这样，善与恶、美与丑的对比就会更强烈，更具有戏剧性，当然不是“戏说”的戏剧性，而是真正悲剧的戏剧性。

如果我们只是不动脑筋地照原样重建圆明园的景点建筑，那又将是一种耻辱，一种对历史、对文化、对科学茫然无所感知的耻辱。但愿不致如此。如果我们保留整个圆明园为废墟而完全不复建，那也不免太简单化，以致侵略者的罪行得不到充分的揭露和鞭挞。

如果对圆明园残址采用保护和表现它的双重性质和双重价值的方法，戏剧性地既表现了中国园林和宫殿的伟大成就，又表现了帝国主义的野蛮和贪婪，那么，这将是一件极富有创造性的工作。这工作所需要的敏锐的创造性和深沉的坚韧性，会远远大于简单地只全部复建或者只留残址所需要的。这又将是一件十分有意义的工作。工作是值得做的，但切不要急功近利，要走一步研究一步，步步谨慎，这工作才能做得成功。

附记

这一篇短文，意思和1996年写的《留一方遗址废墟》有所不同，主要原因是不久前前去仔细看了一趟，发现经过几十年的“管理”，圆明园其实已经看不出是什么东西的“遗址”或者“废墟”了。建筑的遗址，并没有经过有计划的发掘、整理，情况不明；园林的遗迹早已面目俱非，山形水势随意改变，连湖岸边上千棵柏木桩都挖了出来；可以称为废墟的，大概只剩下“西洋楼”那些残石了。在圆明园里逛一圈，和在郊野里闲逛差不多，只多了些商业气息罢了。造园艺术的“辉煌和顶峰”和帝国主义的“野蛮侵略”，哪里还有一丝一毫的痕迹可以寻觅?

所以，我想，还是应该把圆明园的历史，包括它的成就和毁灭，形象地展示出来，用成就反衬野蛮，用辉煌反衬国耻。而且复建部分是完全“可逆”的。于是，我就提出了这篇短文中的构思。我以为，不妨先弄一两个景点做试验，精心设计，精心施工，边干边研究、边征求各界的意见，一点一滴地修正、前进。这样大概会比这些年的“管理”和“管理者”热切期望的“全面复建”要好一些。

工作要抓紧做，不能懈怠，但不要急于求成，不要追求在某个黄道吉日报喜讨彩。文物保护工作是一项研究性的工作，要有耐性去探索、创新，不能一哄而上，也不能简单地听从“上级”的愿望或者指挥。文物工作者应该有“独立之精神，自由之思想”，更希望各类行政领导懂得尊重他们。

原载《新京报》2004年10月26日

野蛮迁建使我们失去了科学精神

2004年12月3日，我到孟端胡同去看45号院的迁建工程，我大大感到意外，拆卸工作竟会那样野蛮。我看到工地围墙挡板上写着古建筑公司的名称，这应该是个专业的古建筑施工组织，但他们对古建筑的迁建规则几乎是毫无了解。

迁建古建筑本来是一件万不得已才干的事，既然干了，就要千方百计保护住古建筑原来的历史文化价值，而要保护它那不可再现的价值，就得在易地重建的时候最大限度地保持它的原状，尽可能多地使用原来的材料和工艺方法，这就叫“原拆原建”。

因此，迁建古建筑是一件很精细的工作，要用对历史极其负责的精神，精心设计，精心施工。这是“古建公司”主事人应该懂得的起码道理。

为了保证做到“原拆原建”，第一件要做的事就是对这座古建筑在原址上进行详尽的测绘，制出竣工图水平的测绘图来，还要标志出长期使用过程中形成的各种痕迹。这不仅仅是为了复建的准确性，而且是要留下一份可靠的档案。既利于研究者的需要，同时可以防止复建时施工单位草率从事。

完成这一套图纸之后，下一步就是要给古建筑的各个构件编号，无论巨细。编号既标在构件上，也标在图纸上。这个编号是把拆下来的构件在复建的时候准确归位的保证。没有编号，一座古建筑成千上万个构件，怎么才能准确归位？

为了确保编号起作用，就要按编号顺序拆卸，拆卸下来的构件，按照以后复建时可能的施工顺序，一一依次包装，这才能避免复建的时候发生混乱。

中国古建筑的骨干体系和装修都是木材，当年建造的时候，科技水平很低，没有经过防腐、防虫、防火、防变形等处理，因此，趁迁建的机会，应该利用现有的科学技术，补上这番处理。在国外，给旧木材剔除朽烂和虫蛀部分之后，还要在装了防虫、防腐、防火、防变形药剂的大池子里浸泡些日子才拿出来晾干，用于复建。

给木材做防腐、防虫、防火、防变形等处理，目前我不敢奢望，但我认为，制作详尽的测绘图和给构件编号并有序包装，是完全可以做得到的，一点难处都没有，只要认真，有科学作风。

孟端胡同45号院有没有做过详细的测绘图，这我不知道，但我不相信施工单位给全部构件编了号。12月4日的《新京报》报道工地野蛮拆迁的时候，引用了一位“拆建管理人员”的话说：“他们（指提出批评的人）连进都没进来，怎么知道我们没编号？”另一应管理人员说：“我们肯定都会详细登记编号，不然怎么重建？”

话说得很硬，但是，他们不知道，既然编了号，就得实施“无破坏拆卸”，就是说，要小心翼翼，保证每个构件都不因拆卸而破坏。如果破坏了，编号就毫无意义。3号那天我们虽然被阻挡在围栏外没有进去，但隔着围栏却清清楚楚看见了他们怎么样拆砖墙和屋顶的。拆墙用的是丁字镐，一镐刨下一堆砖来，从三米左右的高处无阻挡地轰然摔下。那砖本来都是四棱八角极整齐的硬青砖，一层砸一层，还能完整吗？有一些在镐头刨下去的时候就已经碎裂了。

再看怎么拆屋顶。用的是竹节钢的撬棍，捅破望板，用檩子当支点，来来回回地下手撅。只听见噼里啪啦几阵子响，望板碎裂，连檐折断，一大片一大片地连同椽子就掉下来了。掉不下来的，就再用撬棍捅，用脚踹。地面并没有人立即整理，乱七八糟堆成一大堆，即便再整理也已经不可能了。

这是一种极野蛮的破坏性拆毁，经过这样的拆毁，要按原样复建是根本不可能的了，即使对构件做过“详细登记编号”也完全没有用处。反过来说，既然从施工单位的野蛮拆毁来看，他们根本没有打算“原拆原建”，那我们凭什么相信他们事先给构件材料编过了号呢？而且，工作方式如此粗暴，我们能相信他们测绘过详尽的图纸了吗？工地管理人员说“他们连进都没有进来”，不是我们不进去，是他们不许我们进去，关起栅门来恶言恶语地叫骂。这恰是“拆迁”负责人的心计所致，他们怎能叫人家看到这样的“拆迁”呢？（按：后来事实上没有易地复建，而是毁掉了，当初允诺的复建，不过是欺骗舆论而已。）

作为国际公认的“都市计划的无比杰作”的北京，它的整体保护已经不可能了，现在，我们又失去一座顶级的大四合院——还可能是一座公爷府，古老的北京，是不是要弄得片甲不留了呢？我们失去的是我们的科学精神、历史感情和现代文明。失去这些，我们还算什么呢？为了野蛮地破坏北京古城，我们已经在世界上丢尽了脸了。

我不得不问一问北京负责古建筑保护方面的主管部门，你们为孟端胡同45号的“迁建”做过些什么工作呢？你们曾经对“古建公司”要求过测绘档案图、要求过构件编号、要求过有序包装、要求过无破坏拆卸吗？如果要求过，你们检查过吗？到现场看过他们怎样拆卸吗？如果你们什么都没有做过，那么，这是为什么呢？我写下来的这一套国际上的规范做法，其实你们早就全都知道了呀！

主管部门会说：孟端胡同45号不是文物保护单位，而你说的这一套做法是适用于文物保护单位的。那么，又有一件公案要提出来了：这座大宅两年多以前已经空出来了。在这两年多的时间里，许许多多文物专家和建筑专家都去看过，都被它的舒适、精美和别出心裁的创造性感动，给它以很高的评价，都热烈要求就地保护它，都对先前的拆除决定提出过严正的抗议，后来在万般无奈情况下才同意搬迁。在这个长长的过程里，北京市的文物主管部门完全有足够的学术支持和足够的时间把它定为文物保护单位，为什么不定呢？现在，既然你们已经同意花一笔钱搬迁它而不拆毁它，岂不是表示已经在实际上承认它是文物保护单位了吗？那么，为什么不老老实实负起应该负的责任，按照文物建筑搬迁应有的方法来办事呢？你们言而无信，不愧疚吗？

原载《新京报》2004年12月7日

从北京古城的保护所想到的

一所古建筑、一片古街区或者一座古城，要不要作为文物保护，不决定于它是不是“破破烂烂”，也不决定于它的居民的生活状态，而决定于它的历史文化价值。它们的历史文化价值是不可再生的，而破房子可以维修，生活状态可以改善。住宅区破烂到极点是半坡，城市破烂到极点是高句丽王城，它们不都是毫无争议的宝贵文物吗？

古物的破烂和居民生活的不堪是显而易见的，人们并不需要具备特殊的专业修养就能明白。除了唯利是图的投机商之外，任何人都会为那种状态感到悲伤甚至愤怒。

但是，要深入认识古物的历史文化价值却并不容易，需要有很高的历史眼光和文化修养，需要有世界性的知识。而要保护那些古物，只有少数人的使命感和责任心是不够的，还要有整个社会广泛的认识和支持，也就是整个社会尤其是当政的人要有比较高的文明素质。

在古建筑物的拆除还是保护的争论中，拆除论者往往拿出他们的杀手锏来，这就是：迫切需要改善居民的生活状态，一天都不能拖延。而总是处于少数派地位的保护论者，马上便似乎在道义上被孤立起来，有口难辩了。

这种情况，几乎在所有的短视和远见、局部和整体的利益的争论中都演出过。短视的和局部的利益的维护者，总是悲天悯人，一开始就能堵住论敌的嘴。

人间珍品的老北京城，它的破坏，拆城墙、拆城门楼子、拆牌楼、拆王府，大部分都是这样一步一步走过来的。为了拆天安门前的长安左、右门，还开了三轮车夫的血泪控诉会。现在又有人把大杂院里极其穷困的生活场景揭出来给力争保护古城的人看了。但是，古老北京城的存废，岂是可以用这种方式决定的？

古北京城的存废问题关键在于它究竟有没有历史文化价值。有，就要保护，保有保的原则、思路和方法；没有，就拆，拆有拆的原则、思路和方法。保，绝不是不顾居民生活的苦难；拆，未必就能改善居民的生活，对一部分人来说，倒可能生活变得更困难。

于是，不得不把一些问题澄清一下。

第一个问题：危改房的正规名称应该是贫民窟。它的根本症结在于居民的贫穷而不在于房子的“危旧”。居民是因为下岗、收入低、负担重等原因而不得不住在大杂院里的，不是因为住在大杂院里才变穷了的。消灭贫民窟的唯一办法是帮助居民就业、提高收入、减轻负担，再提供“经济适用房”，陆陆续续在政府扶植下迁出一部分住户，而不是先拆除贫民窟。如果不治穷，一些住户即使搬到经济适用房去住，也会把新房子变成贫民窟的，这样的实例不是没有。所以，企图用大规模拆除旧城的方法来改善居民的生活状态，那是按错了脉，开错了药。

对欧洲19世纪大城市贫民窟的悲惨生活，描写得最动人心魄的是人道主义作家雨果和狄更斯，但他们二位都是文物建筑保护的热烈鼓吹者。恩格斯在他的重要著作《英国工人阶级状况》里猛烈谴责了贫民窟的存在，但他也曾经尖锐地批评过巴黎市政长官奥斯曼拆除贫民窟的措施，揭露他不解决贫穷问题而只管拆贫民窟是伪善，是为资产阶级图眼前干净，帮助他们镇压贫民。恩格斯认定贫民窟的存在是个社会问题而不是建筑问题。

第二，北京市贫民窟里居民生活状态的恶劣，绝大多数不在于房子的“危”，而首先在于原四合院里经过几十年的混乱变成了公房大杂院，产权不清，无人负责，住户过多，人均建筑面积太少，人们不得不在院子里搭满了简陋的棚屋，挤在里面生活。其次是设施十分落后，没有厕所，自来水无法分户，用的是煤饼炉子，而且居民为了省几个钱要跑老远去买劣质煤饼，灰分多，污染又严重。由于长期没有认真维修，原来的四合院房子“危、漏”的不是没有，但是不像宣传的那么多，“危、漏”的主要是院子里搭建的那些房子或棚子。正是那些拥挤而破败的棚屋给人以极其悲惨的印象。不能不分青红皂白地把许多原四合院老房子都叫“危房”，而且笼统地把一大片地段叫作“危改区”。所以，要提高当地居民的生活水平，还是那句话：关键是提供他们条件陆续迁出一部分，再整顿清理搭建的棚屋，直到完全拆除棚屋，而不是拆原四合院的老屋。

第三，绝大多数破损比较严重的原四合院老房子都可以维修复原，并不是非拆除不可。“墙倒屋不塌”，这是中国古建筑的一个重要特点，屋不塌是因为它们采用的是非常简单的木结构，农村里普通的庄稼汉自己都会建造。北京的四合院都是单层的，又很少复杂的雕梁画栋，尤其容易对付。在全国许多县里、镇里、村里，近年来修复了不少真正破坏得一塌糊涂的文物建筑，那难度比修复北京四合院要大得太多了。如果因为北京四合院数量大，以致成了“不堪负担之重”，那么，采取一些简便的措施把一些老房子再安全地维持一二十年甚至更久，以待将来，也并不是太没谱的困难。因此，在老北京城的保护方针之中，不必把“拆除”并列为正当措施之一，而应该坚定地尽一切可能去抢救原四合院的老房子，而不应该轻言放弃。北京四合院已经拆得太多了哇！

第四，绝大多数老四合院在经过维修和完善设施之后，是可以达到相当好的居住水平的。而且它“上通天、下接地”，有许多一般住宅楼无法具有的舒适性。近来报纸上报道，自从保护老北京的舆论高涨之后，四合院的市场大大看好，这不是没有道理的。有少数小院太过于湫隘，也可以根据条件经过精心设计来改善使用，例如，把两个小院之间的墙打通，使它们成为一所住宅；或者，使小院成为相邻四合院的一个跨院。也可以把小院用作社区的服务性场所，如医疗站、临时托老站或托幼站、小学生午餐室、家政服务员或保安员休息室、消防器械库、电器或钟表拉锁修理店、干洗店、花卉店、宠物托管店，等等。这些都正是社区居民生活中所必需而又是老北京胡同里很缺乏的。为了改善居民的生活状态，这些设施当然应该在考虑之中。

第五，老北京绝大多数的小胡同里，急救车是可以出入的，少数急救车到不了门口的住户，大部分与机动车道的距离也在允许的范围之内。现在北京的消防车体量比较大，小胡同里出了火警，若干辆一起来，会有困难。但是，消防车的尺寸并不是铁定了不能改的，可以造些小型的，如果多设消火栓，消防车就可以不带水箱。而且救火的办法很多，并不是一定要用消防车，例如，可以使用直升机施放干粉灭火剂或者干冰。

大部分大杂院恢复成独门独院的四合院之后，胡同里住户密度不大，私家车的数量不会很多。稍稍长远一点说，可以建造地下车库。还可以再采取一些措施降低私家车的数量。巴黎市中心的孚日广场，建于17世纪初年，曾有几代国王在这里居住，也住过大作家雨果。为了保存它的原貌，孚日广场的街灯至今还是老式的电石灯，每天傍晚由身穿古式服装的老人扛着梯子来点燃。这广场当然不许进汽车。为这些不便，当局给住户一点补偿。住在这里的都是社会的上层人家，他们并没有为这些不便而烦恼，相反，倒以为住在这里显得很高雅。恐怕要不了多久，北京老四合院的住户也会因住在这样富有历史感和文化气息的住宅里而颇为得意。

第六，保护老北京的小胡同四合院当然需要一大笔钱。不过，未必会比轰隆隆大规模拆迁花得更多。因为，一来可以鼓励一些人，包括外地人，来购买四合院。现在这个市场已经看好，随着保护的决心不再动摇，随着基础设施逐步建成，随着一部分四合院维修完毕，随着社区公益和服务行业的配齐，老四合院的市场一定会更好。那么，政府为保护老区所需要的投入就会减少。二来，只要立即动手帮助一部分居民开始外迁，并且继续下去，其他的维修工作不定下期限，如奥运会、国庆节、“七一”等等，则经济负担多匀开几年，也会轻松得多，政府出售地皮可能有更多收入。

文物保护界有一句经验之谈：只要日常注意花几个小钱补补屋漏，通通下水道，就能避免花大钱翻修屋顶，挖开地沟。北京市几十年来对老四合院采取放弃不顾的态度，以致积债成山，现在如果说保护老四合院要多花点儿钱，也是对几十年荒疏的赔偿。何况，北京在城市建设上可以节约的浪费还是很不少的。

如果政府的“经济”算盘是在古北京城范围里放开房地产开发而从中大赚其钱，那就太没有出息了。败家子的恶行，不在讨论范围里了。

第七，关于老北京城的存废问题的思考，也应该和一切理性思维一样，要透彻、清晰、首尾一致。要抓住基本点不放，不要搞模棱两可的“既要保存、又要更新”这样的折衷主义，把它误认为“全面性”，使问题变得宾主不分，混乱无序。再提一次那句老话，保有保的思路、原则和方法，拆有拆的思路、原则和方法，不要乱七八糟掺在一起。概念要精确，要易于理解和传递，不要玩弄说不清道不明容易被随意解释的新词语、新观念，如“风貌保护”，如“微循环式发展”和“有机更新”，它们没有说明白，老北京城究竟要保护还是要更新？要保护老城的原有建筑还是另建“风貌”仿古的新建筑？南池子的改造是不是他们肯定的样板？要谨慎地考虑到一种主张的实践后果。例如“一些不堪负担的、价值不高的、算不上文物的四合院可以拆除”，“凡没有列入保护名录的古建筑都可以拆除”，如果实行起来，会是一种什么样的结果。作为故宫外围缓冲区的皇城，据这些专家的意见，只有6.3%的四合院有保存价值，那么，有93.7%的四合院可以拆掉，另建新屋。照此办理，这个“历史文化名城”，甚至重要性仅次于故宫的皇城，还剩下什么？要知道，古北京城已经由政府承诺要“整体保护”的哇！

第八，有人说，北京城整体是“历史文化名城”，不是文物，不能用保护文物的方针来对待它，因为城里还有居民，居民要生活，还要不断提高生活质量。这个说法其实也站不住脚。“历史文化名城”见载于《中华人民共和国文物保护法》第二章第十四条。第二章的标题是“不可移动文物”，可见“历史文化名城”是归类在“不可移动文物”里的。第十四条说的是“保存文物特别丰富并具有重大历史价值或者革命纪念意义的城市，由国务院核定公布为历史文化名城”。这个界定和第二条对于文物的界定并没有实质的区别。因此，对历史文化名城当然也适用第四条“文物工作贯彻保护为主、抢救第一、合理利用、加强管理”的方针。有人在其中生活的城市，保护的方法当然要和没有人居住的不可移动文物的保护不同，这是起码的认识。但是，保护的基本原则应该是一样的，所以，第十四条最后只说：“历史文化名城和历史文化街区、村镇的保护办法，由国务院制定。”并没有说另行制定“保护原则”。

就拿北京这个历史文化名城来说，它的绝大多数老房子并没有“危旧”到非拆不可的程度，有一部分“危旧”得严重一点的，也并非不可抢救。而且，再重复一遍，维修、装备和整顿之后的老四合院和街区，完全可以满足相当高水平的生活的要求，它还有新式住宅楼绝不可能有的优点，这已经是被大量的实例证明了的。完全没有必要用“历史文化名城”与“文物保护单位”的差别作借口把“拆掉”一部分“没有价值”的四合院作为“保护和发展”北京旧城的方法之一。

一些做如此主张的专家，根本忘记了什么是文物保护单位和历史文化名城的价值。文物保护法第十三条把“不可移动文物”的价值规定为“具有重大历史、艺术、科学价值”，而不是经济和实用价值。第十四条所说的历史文化名城的价值也是同样的意思。而这位专家所说的“没有价值的四合院”，则只是指在眼前经济和实用价值差一点而已。用这样的标准来谈北京城的保护问题，真是驴唇不对马嘴。何况，老四合院并非毫无经济和实用价值，而是下了功夫之后便可能大大地有。

当然，如此这般地做去，对政府来说，是经济效益远不如倒卖地皮，工作也麻烦得多。不过，请莫忘记，1948年冬季，解放军包围北京的时候，是曾经下定决心不用重武器攻城，而宁用大得多的血肉之躯的牺牲来保护住北京城的。历史要对得起那些下了这样大的决心的英雄们。

第九，强调文物建筑和历史文化名城的区别的人又说，文物建筑是纹丝不能变动原状的，而历史文化名城则还要发展。

这问题也要说个明白。

文物建筑在原则上是不可以改变原状的。但是，因为有“合理利用”的必要，否则，把文物建筑尘封起来，也很容易毁坏，所以，一定程度的改变是不能完全避免的。中国的超级文物建筑北京故宫，早就有了电灯、避雷针、自来水、消防设施、公共厕所。西方的超级文物建筑，如梵蒂冈的圣彼得大教堂，甚至装了电梯供参观者登上屋顶。罗马城里的一批文艺复兴时代的大府邸，有不少也装了电梯。至于自来水、暖气、电灯、卫生间当然不在话下。这些变动，国际上并不见有人反对，因为不能反对。所以，国际公认的文物建筑保护的第一条原则并不是丝毫不许动文物建筑，而是“最低程度干预”的原则。

至于历史文化名城还要发展，这话也并不确切。它确实需要发展，但发展是人为的，不是“不以人的意志为转移”的。发展什么，发展程度，怎样发展，都是可以经过深思熟虑加以控制的。世界上，凡是保护得成功的历史文化名城，在特定的范围里都并没有伤筋动骨的发展，偶然有几座不恰当的新厦，也被公认为败笔，其实当初也可以避免。这些城市的发展都在旧城外的新区，如巴黎的拉德芳斯、罗马的依乌阿、伦敦的道克兰。凡在旧城里搞发展的，如雅典、日内瓦、莫斯科，毫无例外地都面目俱非，不再是历史文化名城了。所以，还是那句老话，关键在于高瞻远瞩，用人类智慧的总汇，来确定古城要不要保。保，有保的思路、原则和方法，不保，另有不保的思路、原则和方法。

目前北京这种新老城市混杂的局面极不合理，老的破坏了，新的又困难重重，于是，终于有人重新设想了在老城区外另谋开发新区的规划方案。半个世纪绕了一个圈子，代价是一座无比珍贵的历史文化名城的毁灭，恰恰和1948年冬季解放军包围了北京城之后，那几位为了保护北京城而造访梁先生的军人的誓愿相反。

但这又给抢救老北京城的残片以机会，加上国际文化界的关注，希望我们的专家们对零落不堪的老城区抱一种悲悯的心态，不再把“发展”的光辉前景强加于它。让它成为一个安安静静过舒心而有文化气息的生活的宝地罢。

上述第八、第九两条所讨论的问题，它的提出者，是简单地站在反对保护的立场上的。如果认识到北京城“无比的”价值，站在保护它的立场上，开动脑筋，千方百计去想办法，总是可以想出办法来的。

总之，对于古老的作为历史文化名城的北京来说，保有保的思路、原则和做法，不保有不保的思路、原则和做法，不可以把两套思路、原则和做法搅和在一起。而老北京城的保与不保，不决定于它是不是破烂，它的居民的生活状况是不是悲惨，而决定于它的历史文化价值。认识老北京城的价值，要的是世界性的眼光，是历史感和文化意识。老城区居民的生活状态是一定立即要花大力气去改善的，改善的关键在帮助他们脱贫，逐步迁出一部分住户，而不是拆掉他们的房子。老四合院、大杂院是可以维修的，可以采取措施使它们满足相当高水平的生活，不可以把拆除一部分四合院作为保护老北京的措施之一，而应该千方百计去抢救它们，决不轻言放弃。四合院小胡同地区的整体使用状态也是可以改善的，院落和地区经过改善提高之后，可能成为令人羡慕的高档居住区，成为北京城的骄傲。保护老北京，要的是清醒的认识，坚定的决心和深入细致的工作，经济性、社会性和专业性的工作。

不要简单化，不要情绪化，要科学地、冷静地、眼光长远地对待老北京的保护问题。

重建永定门、重建大高玄殿三座牌楼之一、重建一角残城墙，等等，雄辩地说明，过去对待老北京城的态度是太粗暴了，现在有点儿后悔了。那么，立刻幡然醒悟罢！我们不说“太晚了”，如何？

原载《世界建筑》2005年3月

质“保护名城风貌”

保护名城“风貌”之说，近几年来在我国很流行，成了一条原则，讨论的是如何贯彻，并没有人去认真推敲一下。其实这个说法很不确切，很不严谨，它会在理论上造成混乱，实践上造成损失，因而是错误的。

考保护“风貌”之说，盖来源于对历史文化名城之保护。保护历史城镇、历史聚落，从20世纪60年代以来，在世界上已经成为大潮。我们在痛痛快快大拆大破之后，摸着伤疤急起直追，做亡羊补牢之举，当然是非常必要的。

但是，保护历史城镇和聚落，有它的多方面的深刻意义，包括历史的、社会的、文化的、科学的、经济的、情感的等等。这些意义，并不一定，或者并不仅仅表现在城镇和聚落的视觉“风貌”上。“风貌”的保护，不过是综合地保护历史城镇和聚落的一个方面而已，把保护历史城镇和聚落简单化为保护它们的“风貌”，那是很片面的，说明对文物保护的复杂意义有点儿隔膜。

要保护历史城镇和聚落，唯一正确的办法，当然是保护它们本来的建筑物和其他构筑物以及它们之间的关系，也就是保护它们的“体素”。只有保护了这些实实在在的东西，才能保住城镇和聚落的多方面的价值，包括它们的风貌。因为这些价值和风貌都只能以这些实在东西为载体。所以，世界上各国的历史城镇和聚落的保护，都着眼于这些根本的、原生的体素，并不单提保护“风貌”。而保护“风貌”之说，却把着眼点放到了次生性的、表层的东西上，倒置了本末。

正因为保护“风貌”之说是片面的，是本末倒置的，所以，它引发了一些重要的错误。例如，第一，拆掉真古董而去造假古董；第二，在建筑设计中推行复古主义；第三，不去保护文物建筑与周围环境在历史中形成的真实联系，有时候甚至为了“展现风貌”，竟不惜破坏文物建筑的历史环境。

这些错误的产生，都是因为只要“风貌”，不要历史的真实性，而历史城镇和聚落以及文物建筑的价值，就蕴藏在它们的历史真实性之中。

在一些人看来，假古董的价值至少不下于真古董，也许更高。因为假古董可以造出仿清、仿明、仿唐、仿三国、仿汉甚至仿天晓得的春秋战国的“一条街”出来。只要仿出了“风貌”，那就万事大吉，假又何妨？真古董的“风貌”反倒往往不那么完整、统一、纯粹，保之何益？风貌，风貌，有风貌就好，真古董所包含的历史、科学、文化情感等价值，这些人并不认识，并不理解，是否能保住，他们当然不会去考虑。

因为不认识、不理解那些价值，就不认识、不理解历史城镇和聚落的新旧“体素”的历史真实性的意义。所以，仅仅为了“风貌”的统一，那些人就要求历史性城镇和聚落里的新建筑物一律复古仿古。大屋顶、小檐口、楣子、花牙子，各种可以引起“认同感”的符号，“形似”“神似”的文脉，好不热闹。名为尊重历史，其实在伪造历史，颠倒历史，扼杀历史。而从保护历史城镇和聚落的科学理论看来，新旧“体素”的历史真实性比“风貌”的统一更重要得多得多！所以要“旧者自旧，新者自新”，新不仿旧，旧不仿新。在原有“体素”已经破坏掉的情况下，勉勉强强造三层的“四合院”是没有什么意义的。

保护文物建筑的环境，主要目的是保护它们的本身和它们与周围地区的历史联系。但一些人在做保护设计的时候，只从“风貌”出发，着眼于文物建筑的“景观效果”和“视线走廊”。为了效果和走廊，大大变动文物建筑的环境。例如，为走廊开辟豁口，或者索性把周围地段改成一片绿地。这样就降低了文物建筑的历史文化价值，造成无法弥补的损失。

只要认真推敲一下，就能发觉，“风貌”这个词的含义是很不明确的。它究竟指的是什么？指城镇、聚落的“体素”的面貌吗？那为什么不用比较容易有统一理解的“景观”？指城镇、聚落中的人文活动吗？那么，保护名城“风貌”，它的意思就跟世界上某一种做法相当，那就是所谓“整体保护”。以北京为例，就得保护各种《竹枝词》里描写过的人文活动，比如，厂甸的庙会，什刹海的灯会，沿街叫卖糖葫芦、煮老玉米和烤白薯。也许还有“无风三尺土，下雨一街泥”，咱们也还得穿上长袍马褂，见面作揖打千。

可是，这种“整体保护”，在世界上任何一个地方都没有行得通。

从保护“风貌”的鼓吹者的文章和规划设计看来，又好像并没有把人文活动纳入“风貌”之内。

于是，我们看到的就是一个解释起来有相当大的任意性的“风貌”。伪造的古代建筑可以是历史名城的风貌，百丈楼头加个大屋顶或者小檐口也是历史名城的风貌，把中轴高、四周矮的北京反转成四面高、中轴矮的北京也叫作保护了它的传统风貌。呜呼，风貌、风貌，汝果系何物耶？

咱们向来有一个“理论”，叫作“不要从概念出发”，而要从实际出发。然而，人类行为的一个基本特点，就是“凡事都要问一个为什么”，也就是要动脑筋想一想。要想，就离不开概念，没有正确的概念，就想不明白。想不明白，办事就会胡来。

正确的思维，需要含义清晰的、正确的概念。咱们应该养成科学思维的习惯，再也不要轻视概念的意义了。

咱们认真一点儿吧。

图书在版编目(CIP)数据

建筑遗产保护文献与研究 / 陈志华译著 .—北京：商务印书馆，2021
（陈志华文集）
ISBN 978-7-100-19862-2

Ⅰ.①建… Ⅱ.①陈… Ⅲ.①建筑—文化遗产—保护—文集 Ⅳ.① TU-87

中国版本图书馆 CIP 数据核字（2021）第 073713 号

权利保留，侵权必究。

陈志华文集
建筑遗产保护文献与研究
陈志华 译 / 著

商 务 印 书 馆 出 版
（北京王府井大街 36 号 邮政编码 100710）
商 务 印 书 馆 发 行
北 京 中 科 印 刷 有 限 公 司 印 刷
ISBN 978-7-100-19862-2

2021 年 10 月第 1 版　　开本 720 × 1000 1/16
2021 年 10 月北京第 1 次印刷　　印张 23¼
定价：128.00 元

（一）

"建筑是石头的史书"、"建筑是艺术的最高峰"。十九世纪，这两句话在欧洲很流行，已经很难确凿地说是哪位聪明人先想出来的。总之，十九世纪，欧洲人已经认识了建筑在人类文化中的地位了。

建筑在文化中的地位，决定于它的性质、作用和它达到的高度，技术的和艺术的高度。它不是"避风雨的场所"，它是Monument，这就是它的性质。

从黄土地上的窑洞，到小女孩温馨的闺房，到豪华的宫殿，到金字塔、圣母教堂、万神庙，到万里长城，建筑性质的多样和变化的跨度之大，包容了整个的人类文化。人类没有第二种作品，有建筑这样的气魄，崇高、豪华、精致，有性格、有感情。

建筑是人类最大的文化档案。它记录着人类为创造世界而付出的一切，真实、生动、准确地记录着人类文明的发展和成就

20×20=400

IRLANDE

St Patrice, a été esclave en Ire pendant six ans.
Il a fait ses études à Marmoutiers et à Lérins.
Accompagne St Germain d'Auxerre en Angleterre.
Pape St Célestin lui fait évêque d'Eire. 33 ans là-[illegible]

Ste Brigitte.

St Colomban 513-615 Entre l'abbaye de Bangor.
Il se trouve à Annegray, Faucogney (Hte Saône.)
Puis, il se fixe à Luxeuil, qui est aux confins de Bourgo[gne]
et de l'Austrasie.
Encore, il fonda Fontaines, et 210 autres.

Sa contemporaine, la reine Brunehaut fonda
St Martin d'Autun, qui fut rasée en 1750 par les moines eux-m[êmes]
Elle a expulsé St Colomban de Luxeuil après 20 ans.
Il a allé à Tours, Nantes, Soissons, ...
et commence sa vie de missionnaire. De Mainz, il suit
le Rhin, jusqu'à Zurich et se fixe à Bregentz, sur lac Const[ance]
Son disciple est St Gall.

Brunehaut est maintenant la maîtresse de Constanz.
Le St passe en Lombardie. Il fonda Bobbio, entre Gênes et
Milan, où Annibal a eu une victoire.
Il meurt dans une chappelle solitaire de l'autre côté de la Trebbia

Perse. LUXEUIL: 2e abbé St Eustaise. Il a toute coopération
du roi Clotaire, seul maître des 3 royaumes francs.
Il est aussi la plus illustre école de ce temps. Evêques et [illegible]
saints sont tous sortis de cela.

3e Abbé Walbert, ancien guérrier